Lichtbogen-Stromrichter

für sehr hohe Spannungen und Leistungen

Von

Dr.-Ing. Erwin Marx

o. Professor der Elektrotechnik an der Technischen Hochschule
Braunschweig

Mit 103 Abbildungen im Text

Berlin
Verlag von Julius Springer
1932

ISBN 978-3-642-50422-8   ISBN 978-3-642-50731-1 (eBook)
DOI 10.1007/978-3-642-50731-1

Vorwort.

Das vorliegende Buch soll zeigen, daß die Umformung sehr hoher Spannungen bis zu beliebig großen Leistungen durch Lichtbögen möglich ist. Die Wege werden beschrieben, auf denen diese Umformung, und zwar sowohl die Gleichrichtung von Mehrphasenströmen, wie die Rückumformung von Gleichstrom in Mehrphasenstrom, gelungen ist. (Es ist in der letzten Zeit üblich geworden, Einrichtungen, die diesen beiden Zwecken dienen können, als „Stromrichter" zu bezeichnen.) Seit langem ist bekannt, daß die Übertragung großer elektrischer Energien über weite Entfernungen mit sehr hohen Gleichspannungen viel günstiger als mit Wechselspannungen erfolgen kann. Diese Großübertragung von elektrischer Energie mit Gleichstrom von beliebig hoher Spannung ist nunmehr mit einfachen Mitteln durchführbar. Mit Lichtbogen-Stromrichtern sind auch alle anderen Umformungen von Spannungen möglich, die bisher wegen des gleichzeitigen Auftretens von hohen Spannungen und starken Strömen nicht erfolgen konnten.

Der Lichtbogen brennt bei den hier entwickelten Lichtbogen-Stromrichtern in strömender Luft von einigen Atmosphären Überdruck. Der erzielte Wirkungsgrad ist sehr gut. Bei der Neuartigkeit der beschriebenen Wege kann das Buch keinen Anspruch auf Vollständigkeit machen. Wenn trotz der noch im Anfangszustand stehenden Entwicklung die bisherigen Forschungsergebnisse in Buchform dargestellt werden, so geschieht dies, weil viele grundlegende Erörterungen zum Verständnis notwendig sind und weil eine Schilderung des Weges, auf dem die schließlich gefundenen Verfahren und Anordnungen entstanden, unbedingt nötig erscheint. Die beschriebenen Einrichtungen werden keineswegs die einzigen sein, die zur praktischen Durchführung der Lichtbogenumformung geeignet sind. Es sind hier, um ein Beispiel dafür anzuführen, zur Großumformung nur Anordnungen mit feststehenden Elektroden untersucht worden, und es hat sich gezeigt, daß sich ohne Elektrodenbewegung die erforderlichen Bedingungen gut erfüllen lassen. Es ist jedoch nicht gesagt, daß sich nicht durch eine Elektrodenbewegung etwas günstigere Arbeitsbedingungen, insbesondere bezüglich des Wirkungsgrades und der Löschsicherheit, ergeben können. Auch in vielen anderen Hinsichten werden weitergehende Arbeiten Verbesserungen bringen. Neben dem Zweck, die Verwendbarkeit von Lichtbogenventilen als Stromrichter zu zeigen, soll dieses Buch zu solchen weiteren Arbeiten anregen.

Eine Übersicht über die Einteilung des Stoffes, sowie über die bisher erzielten Ergebnisse ist dem Buch in der Einleitung vorangestellt, damit die jeweils interessierenden Abschnitte leichter gefunden werden können. Das Buch ist in zwei Teile eingeteilt, von denen der erste die allgemeinen wissenschaftlichen Grundlagen für den Lichtbogenbetrieb, der zweite die praktische Durchbildung der Lichtbogen-Stromrichter bringt. Lesern, die sich nur kurz unterrichten wollen, empfehle ich, nach Durchlesen der Übersicht mit dem Teil B oder mit Abschnitt 26, S. 112, zu beginnen. Im Bedarfsfalle kann dann auf die früheren Abschnitte zurückgegriffen werden.

Die Versuche sind, soweit das nicht anders angegeben ist, sämtlich im Hochspannungsinstitut der Technischen Hochschule Braunschweig ausgeführt worden. Meine Mitarbeiter, die Teile des Gesamtproblems in Form von Doktor-, Diplom- oder Studien-Arbeiten untersuchten, haben an der raschen Entwicklung dieser Umformung großen Anteil. Ich verdanke ihnen neben der sorgfältigen Versuchsausführung manchen wertvollen Verbesserungsvorschlag. Ich habe dies im Text an den in Frage kommenden Stellen zum Ausdruck zu bringen versucht. Viele dieser Herren haben mich auch beim Lesen der Korrekturen unterstützt.

Die Notgemeinschaft der Deutschen Wissenschaft sowie die Helmholtz-Gesellschaft unterstützten die Durchführung der Versuche durch Geldmittel. Ich bin ihnen dafür zu großem Danke verpflichtet. Die Allgemeine Elektricitäts-Gesellschaft, insbesondere Herr Professor Petersen, Herr Dr.-Ing. Schien und Herr Professor Piloty, brachten den Arbeiten von Anfang an großes Interesse entgegen und haben ihnen manche wertvolle Unterstützung zuteil werden lassen; auch ihnen sage ich meinen herzlichen Dank. Die Herren Professor Unger, Pungs, Dießelhorst, Pfleiderer und Friedrichs standen mir in dankenswerter Weise mit Ratschlägen und Auskünften über angrenzende Fachgebiete zur Verfügung. Dem Verlag danke ich für sein Eingehen auf meine Wünsche.

Die Durchführung der beschriebenen Arbeiten erfolgte in einer Zeit des schwersten wirtschaftlichen Tiefstandes, dessen Ende noch nicht abzusehen ist. Mein lebhaftester Wunsch bei der Veröffentlichung dieser Arbeiten ist, daß sie mit dazu beitragen möchten, durch Verbesserung und Verbilligung der Fernübertragung der Elektrizität das Wirtschaftsleben zu heben und wenigstens einem kleinen Teil der Millionen von Arbeitslosen wieder Arbeit und Brot zu geben.

Braunschweig, im Juni 1932.

Professor Dr.-Ing. Erwin Marx.

Inhaltsverzeichnis.

Einleitung.

Im Teil A werden die allgemeinen Grundlagen für den Lichtbogenbetrieb gegeben. Der Stoff dieses Teiles gliedert sich nach den drei, bei
Lichtbogenventilen sich abspielenden Vorgängen. Bei Lichtbogen-
stromrichtern ist es nämlich nötig, daß zwischen zwei Elektroden
periodisch ein Lichtbogen eingeleitet wird, daß dieser Lichtbogen eine
Zeitlang brennt und daß er schließlich wieder zum Verlöschen gebracht
wird. Die Einleitung oder Zündung eines Lichtbogens kann,
wenn man von mechanischen Bewegungen der Elektroden absieht,
dadurch erfolgen, daß die Betriebspannung zwischen den Elektroden
einen so hohen Wert annimmt, daß ein Überschlag zwischen ihnen eintritt. Es ist jedoch nur bei Prüfanlagen oder Anlagen für kleine Leistung
zweckmäßig, die Erzeugung der Überschläge an den Umformungs-
funkenstrecken durch die Betriebspannung vorzunehmen[1]. Bei den
hier in erster Linie behandelten Anlagen für große Leistung, die stets
mehrphasig arbeiten müssen, wird der Lichtbogen in den einzelnen
Phasen jedesmal durch eine besondere Zündeinrichtung eingeleitet,
die periodisch durch eine hochfrequente oder stoßartige Spannung
einen Überschlag zwischen den Elektroden hervorruft und dadurch den
Arbeitslichtbogen einleitet. Es wird also bei der Lichtbogenumformung
eine Zündeinrichtung benutzt, die der eines Gasmotors vergleichbar
ist. Das Brennen des Lichtbogens, das durch die Zündung eingeleitet wird, muß mit möglichst geringen Verlusten, ohne zu große
Erwärmung der Gesamtanordnung, und ohne wesentlichen Elektrodenabbrand erfolgen. Um die Verluste klein zu halten, muß der Lichtbogen mit möglichst geringer Länge brennen; wenn die Verluste gering
sind, bleibt auch die Erwärmung in der Umgebung des Lichtbogens
gering. Ein hoher Wirkungsgrad vermindert also zugleich die durch die
Abführung der Wärme bestehenden Schwierigkeiten. Ein zu großer
Elektrodenabbrand läßt sich bei rascher Wanderung der Lichtbogenfußpunkte (magnetische Ablenkung) und guter Elektrodenkühlung
vermeiden. Schließlich kommt als letzter Vorgang das regelmäßige

---

[1] Vgl. Erwin Marx, Lit. 51.

Die hinter „Lit." stehenden Zahlen beziehen sich auf das Literaturverzeichnis
am Ende des Buches. Seitenzahlen sind nur dann in den Fußnoten angegeben,
wenn eine bestimmte Stelle in einem Werk oder in einem größeren Aufsatz bezeichnet werden soll.

Löschen des Lichtbogens in Frage. Dieses periodische Löschen ist die schwierigste Aufgabe; an ihr sind alle früheren Versuche zur Lichtbogenumformung gescheitert. Die Stromrichterschaltung und die Zündungszeitpunkte können in allen Fällen, insbesondere bei der Gleichrichtung von Mehrphasenstrom und bei der Rückformung von Gleichstrom in Mehrphasenstrom, so gewählt werden, daß die Löschung des Lichtbogens im Nulldurchgang des Stromes erfolgen kann. Wenn der Strom zu Null wird, verschwindet der Lichtbogen an sich. Die Aufgabe der „Löschung" besteht also eigentlich nur darin, das Wiederentstehen des Lichtbogens durch die zwischen den Elektroden wiederkehrende Spannung zu verhindern. Dieses Ziel kann durch rasche Beseitigung der Lichtbogenreste (Wärme auf den Elektroden, Wärme im Gaskanal, freie Elektrizitätsteilchen) sowie durch sonstige Erschwerung des Wiederentstehens eines Lichtbogens erreicht werden.

Für Teil A besteht also die Aufgabe, die allgemeinen Grundlagen für diese drei Vorgänge nach den in der Literatur bereits vorhandenen Angaben sowie nach neuen, in Braunschweig ausgeführten Untersuchungen zu geben. Aus der sehr umfangreichen Literatur über Durchschlag- und Lichtbogenvorgänge ist dabei nur das herausgenommen, was für den vorliegenden Zweck von Wichtigkeit ist.

Der Teil B dieses Buches, der für die Praxis der wichtigere ist, stellt die allmähliche Entwicklung der „Lichtbogenkammer" dar, die als Ventil für die Umformung sehr großer Leistungen bei sehr hoher Spannung geeignet ist. Als wesentlichste Punkte für die Gestaltung dieser Lichtbogenventile ergaben sich im Laufe der Untersuchungen die folgenden:

1. Der Lichtbogen muß in einer geschlossenen Kammer brennen, in der ein Druckgas strömt.

2. Die Elektroden müssen eine Lichtbogenlauffläche besitzen, auf der der Lichtbogen zwischen Zündzeitpunkt und Löschung mit großer Geschwindigkeit, aber mit geringer Verlängerung läuft.

3. In jeder Elektrode muß eine düsenförmige Luftausströmöffnung vorhanden sein, durch die die Lichtbogenfußpunkte kurz vor dem Nulldurchgang des Stromes herausgetrieben werden.

Diese Bedingungen werden durch die Lichtbogenkammer Abb. 71, S. 112 erfüllt. Die Elektroden wurden so ausgebildet, daß während des Betriebes eine Umkehr der Stromrichtung, also beispielsweise ein Übergang von der Stromlieferung zum Strombezug, möglich ist.

Eine besondere Schwierigkeit bei der Entwicklung der Lichtbogenkammern bestand in der maßgebenden Prüfung dieser Einrichtungen. Da die Lichtbogenumformung mit dem Ziele entwickelt wurde, die Großkraftübertragung mit sehr hoher Gleichspannung zu ermöglichen, so mußten die Kammern bei der Prüfung mit großen Strömen und sehr hohen Spannungen beansprucht werden. Es wurde hierzu eine Prüfschaltung entworfen und benutzt, bei der die große Stromstärke und die hohe Prüfspannung getrennten Stromquellen entnommen werden können. Es war dadurch beispielsweise möglich, mit normalen Mitteln Lichtbogenkammern zu prüfen, die für einen Dauerstrom von 250 A (Scheitelwert) bei einer Sperrspannung von 150 kV geeignet waren. Einer weiteren Erhöhung dieser Werte stehen keine Schwierigkeiten im Wege.

Weiterhin werden die Schaltungen behandelt, die für die Lichtbogen-Stromrichter (Gleich- und Wechselrichter) in Frage kommen. Dabei sind wiederum zahlreiche Versuchsergebnisse angeführt. Schließlich werden die Vorteile der Gleichstromkraftübertragung vor der Drehstromkraftübertragung behandelt. Es wird hierbei vorausgesetzt, daß Gleichstrom nur auf den Fernleitungen benutzt wird, daß sich also am Anfang und am Ende jeder solchen Übertragungsleitung ein Lichtbogen-Stromrichter befindet.

Die sonstigen Anwendungen, wie Frequenzumformung, Spannungs- und Leistungsregelung durch Zündverstellung usw. werden nur kurz erwähnt.

Für die Leser, die mit Teil B beginnen wollen, sind dort im Text viele Hinweise auf die Abschnitte des Teiles A gemacht, so daß eine Unterrichtung über die allgemeinen physikalischen Erscheinungen und Gesetzmäßigkeiten jeweils im Zusammenhang mit der technischen Entwicklung der Stromrichteranordnungen möglich ist.

A. Allgemeine wissenschaftliche Grundlagen für den Lichtbogenbetrieb.

I. Einleitung eines Lichtbogens durch den Durchschlag der Luft.

1. Stoßionisation in der Luft[1].

Ein Lichtbogen entsteht, wenn man von mechanischen Bewegungen der Elektroden absieht, in den meisten Fällen dadurch, daß die Spannung zwischen den Elektroden über die Durchschlagspannung hinaus gesteigert wird. Der dann auftretende Durchschlagfunke setzt den Widerstand der Gasstrecke auf einen geringen Betrag herab; es fließt dadurch bei genügender Ergiebigkeit der Stromquelle ein starker Strom, der Lichtbogenstrom.

Über die Vorgänge beim Durchschlag von Gasen besteht eine sehr umfangreiche Literatur[2]. Es soll hier nur das angeführt werden, was zum Verständnis der Lichtbogen-Stromrichter nötig ist. Die regelmäßige und sichere Zündung der Lichtbögen stellt eine sehr wesentliche Teilaufgabe für das Arbeiten der Lichtbogenventile dar. Es spielen für die Zündung der Elektrodenabstand, die Elektrodenform und der dadurch unter Umständen bedingte Polaritätseffekt, die Wandungen der Lichtbogenkammer, Luftströmung, Luftdruck und Lufttemperatur, der zeitliche Verlauf der zur Zündung benutzten Spannung usw. eine große Rolle. Wenn alle diese Einflüsse richtig beurteilt werden sollen, so ist dazu eine ziemlich weitgehende Kenntnis der physikalischen Vorgänge notwendig. Es soll versucht werden, diese in den Hauptzügen zu schildern.

In der Luft befinden sich stets außer den Molekülen, in denen die elektrische Ladung ausgeglichen ist, elektrisch nicht neutrale Teilchen: Elektronen, die sich von den Luftmolekülen losgelöst haben, positive

---

[1] Es ist bei den folgenden Erörterungen im allgemeinen an Luft als Dielektrikum gedacht. Bei anderen Gasen liegen die Verhältnisse im allgemeinen ganz ähnlich, nur bei den elektronegativen Gasen (z. B. Chlor) sind größere Abweichungen vorhanden.

[2] Townsend, Lit. 120. W. O. Schumann, Lit. 97. Dort auch eingehender Literaturnachweis. A. Schwaiger, Lit. 101. A. Roth, Lit. 84. W. Rogowski, Lit. 79, 80, 81. v. Hippel u. J. Franck, Lit. 30. Erwin Marx, Lit. 47, 50, 52. W. O. Schumann, Lit. 98, 99, 100.

Ionen, das sind Moleküle, denen ein Elektron fehlt, die also eine positive Überschußladung besitzen und negative Ionen, das sind Moleküle, denen sich ein Elektron angelagert hat. Auf solche elektrisch nicht neutrale Teile wird dann, wenn ein elektrisches Feld vorliegt, eine Kraft ausgeübt, die der elektrischen Feldstärke proportional ist. Die Kraft erzeugt eine gleichförmig beschleunigte Bewegung der Teilchen, solange diese nicht mit anderen Teilchen zusammenstoßen. Ist die elektrische Feldstärke sehr groß und ist der Weg groß, den ein Teilchen zwischen zwei Zusammenstößen zurücklegt (freie Weglänge), dann kann ein solches Teilchen eine so große kinetische Energie erhalten, daß es bei einem Zusammenstoß mit einem Molekül ein Elektron von diesem ablöst. Diesen Vorgang bezeichnet man mit „Stoßionisation“. Die Frage, ob eine solche Stoßionisation auftritt oder nicht, hängt also von der Bewegungsenergie der Teilchen und dadurch wieder von der Feldstärke und der freien Weglänge ab. Die Elektronen sind sehr viel kleiner als die positiven Ionen. Folglich ist die freie Weglänge der Elektronen viel größer als die der positiven Ionen. Der Energiezuwachs, den beide auf dem gleichen Wege und in gleichem elektrischen Felde erhalten, ist gleich groß. Bei der größeren freien Weglänge der Elektronen werden diese aber bei viel niedrigerer Feldstärke zur Stoßionisation gelangen als die positiven Ionen. Zunächst soll deshalb bei der weiteren Betrachtung nur eine Stoßionisation durch die Elektronen angenommen werden.

Durch diese Stoßionisation werden viele neue, nicht neutrale Teilchen gebildet, die sich nun auch ihrerseits an der Stoßionisation beteiligen können. Es ergibt sich dadurch ein sehr rasches Anwachsen der Zahl der nicht neutralen Teilchen. Die Stoßionisation hängt von der mittleren freien Weglänge und dadurch von der Luftdichte stark ab. Die Luftdichte ist dem Drucke proportional und der absoluten Temperatur umgekehrt proportional. Bei normalen Temperaturen und bei Luftdrucken von 0,2 bis zu etwa 24 ata* ist die zur Stoßionisation nötige Feldstärke etwa proportional dem Luftdruck. Im homogenen Felde, bei Elektrodenabständen von 1 bis 5 cm, bei Atmosphärendruck und einer Temperatur von etwa 20^0 beträgt die zur Stoßionisation notwendige Feldstärke etwa 30 $kV_{max} \cdot cm^{-1}$.

2. Bildung von Raumladungen und positiven Entladungskanälen.

Bei der Stoßionisation werden aus elektrisch neutralen Molekülen elektrisch nicht neutrale Teilchen gebildet. Die Summe der entstehenden positiven Überschußladungen muß dementsprechend gleich der Summe

---

* C. Reher, Lit. 75.

der negativen Überschußladungen sein. Nun wandern jedoch die Elektronen bei gleicher Feldstärke einige hundertmal rascher als die positiven Ionen[1]. Infolgedessen bleiben die positiven Ionen viel länger in dem Gebiete, in dem sie entstanden sind, als die Elektronen, und es bildet sich eine positive Raumladung. Diese positive Ladung, die stets dort auftritt, wo Stoßionisation erfolgt, beeinflußt nun in entscheidender Weise die weiteren Vorgänge, da sie das vor Auftreten der Stoßionisation bestehende elektrische Feld weitgehend verändert. Zwischen dem positiven Raumladungsgebiet und der Anode wird das elektrische Feld gegenüber dem Ausgangszustand herabgesetzt, an der Kathode dagegen erhöht.

Ganz besonders wichtig ist ferner für die weitere Entwicklung des Durchschlages die Bildung von einzelnen Kanälen mit starker positiver Überschußladung, die an einem Sonderfall erörtert werden soll. Stehen sich zwei Spitzen, zwischen denen eine Spannung besteht, gegenüber, so bildet sich zwischen diesen ein elektrisches Feld aus, das an den Spitzen stark konzentriert ist. Bei Erhöhung der Spannung wird deshalb in unmittelbarer Umgebung der Spitzen zuerst die Feldstärke erreicht werden, die die in der Luft vorhandenen freien Elektronen zur Stoßionisation befähigt. In der Umgebung beider Spitzen bilden sich dadurch Gebiete mit positiver Raumladung[2]. Es sei zuerst das Raumladungsgebiet an der Anode betrachtet und es sei angenommen, daß dieses Gebiet etwa eine kugelförmige Gestalt um die Spitze herum besäße. Nach diesem Gebiete hin laufen die aus dem Raum oder von der Kathode herkommenden Elektronen. Das Stoßionisationsgebiet ist keineswegs fest begrenzt. Die tatsächlich vorliegenden freien Weglängen der Elektronen schwanken sehr stark um einen Mittelwert herum. Tritt nun zufällig auch außerhalb des eigentlichen Stoßionisationsgebietes eine starke Stoßionisation und dadurch eine Bildung von positiven Ladungen auf, dann wird an einer solchen vorgeschobenen Stelle das Feld gegenüber der Kathode erhöht, und weitere von dort herkommende Elektronen werden nach dieser vorgeschobenen Stelle hingezogen werden[3]. Abb. 1 sucht diesen Zustand schema-

---

[1] Die Elektronen lagern sich in den meisten Gasen nur langsam an Moleküle an, so daß die entstehenden negativen Ionen dieses Bild nur wenig verändern. Es gibt allerdings Gase, wie z. B. Chlor und Brom, in denen die Anlagerung der Elektronen an Moleküle sehr rasch vor sich geht (elektronegative Gase). Für diese Gase gilt die nachfolgende Betrachtung nicht.

[2] Die Verhältnisse sind vom Verfasser eingehender geschildert worden im Arch. Elektrotechn. Bd. 24 (1930) S. 61, (Lit. 50). Dort ist erstmalig das Entstehen und die große Bedeutung der von der Anode ausgehenden Entladungskanäle mit positiver Ladung klargelegt worden.

[3] Solche Zufälligkeiten spielen später im Abschnitt 27 wieder eine Rolle, da sich daraus die Streuung der Durchschlagfußpunkte auf den Elektroden ergibt.

tisch darzustellen. Zwischen den Spitzen sitzt eine solche über das Stoßionisationsgebiet vor der Anode vorgeschobene Raumladung. Die Äqui-
potentiallinien werden dort nach der Kathode hin ausgebaucht. An der
nach der Kathode hin gelegenen Spitze einer solchen positiven Raumladung werden also die Bedingungen für eine weitere Stoßionisation
besonders günstig liegen. Es treten neue Raumladungen zu den bereits
vorhandenen hinzu. Diese erhöhen weiter die Feldstärke und damit
die Stoßionisation an dem vorgeschobenen Punkt usw. An diesem
Punkt tritt also eine gegenseitige Steigerung von Feld, Stoßionisation
und Raumladung auf. Das Stoßionisationsgebiet vor der Anode muß
also an einzelnen Stellen nach der Kathode hin oder allgemein dorthin,

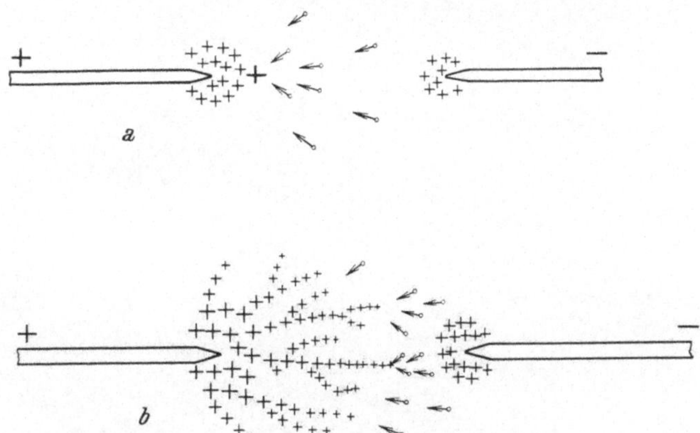

Abb. 1. Die Ausbildung der Entladungen zwischen zwei Spitzen. Die Kreuze deuten positive Ionen,
die Kreise mit den Pfeilen Elektronen an.

wo die Elektronen herkommen, wachsen. Es schieben sich Kanäle nach
der Kathode hin vor, in die sich alle Elektronen aus ihrer Umgebung
hineinstürzen. Den Kanälen können dadurch auch seitliche Äste wachsen. Abb. 1b zeigt einen fortgeschrittenen Zustand dieser Entladung,
und Abb. 2 gibt eine photographische Aufnahme wieder. Man erkennt
insbesondere auf der photographischen Aufnahme sehr deutlich die
zahlreichen spitz auslaufenden Kanäle, die von der positiven Elektrode
ausgehen.

Diese von der Anode ausgehenden Kanäle mit positiver Ladung
können nur sehr kurze Zeit bestehen, da die Ladungen sich gegenseitig
abstoßen und da sich infolgedessen der Querschnitt des Kanals rasch
vergrößern muß. Sobald jedoch durch Zufall wieder an irgendeiner Stelle
in der Nähe der Anode eine starke Stoßionisation durch die Elektronen
stattfindet und sich dadurch positive Ladung aufhäuft, stürzen sich
in der bereits beschriebenen Weise die Elektronen dorthin und lassen
dort einen neuen Kanal entstehen, der wieder nach der Richtung hin

wächst, aus der die Elektronen kommen. Auch dieser Kanal muß bald wieder verschwinden usw. So stellt also eine solche Vorentladung einen stets in rascher Veränderung begriffenen unstabilen Vorgang dar. Abb. 2 ist durch Anlegen eines kurzzeitigen Spannungstoßes an zwei Spitzen gewonnen worden. Deshalb sieht man auf diesem Bild nur einzelne Kanäle. Stellt man eine entsprechende Aufnahme bei längerem

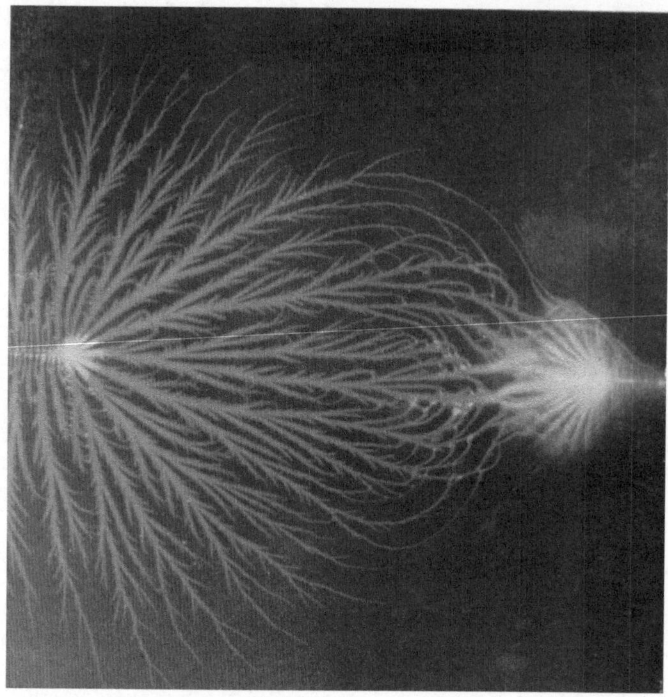

Abb. 2. Photographische Aufnahme der Entladungen zwischen zwei Spitzen. Die beiden Spitzen (links die positive, rechts die negative) sind in die photographische Schicht eingebettet. An die Spitzen wurde ein Spannungsstoß von 61 kV Scheitelwert angelegt. Elektrodenabstand 6 cm. (Arch. Elektrotechn. Bd. 20.)

Anlegen einer Spannung her, so erhält man viele Entladungskanäle, die sich scheinbar gegenseitig durchkreuzen und überdecken (Abb. 3). Diese Kanäle sind natürlich nacheinander entstanden und bestätigen die eben aufgestellte Behauptung[1]. Die Kanäle leuchten intensiv; in ihnen herrscht eine höhere Temperatur und geringere Gasdichte als in der Umgebung. Ein solcher Kanal würde sich immer weiter als Leiter für die Bewegung der nicht neutralen Teilchen ausbilden, wenn nicht ein zwingender Grund für seine rasche Zerstörung, nämlich der Über-

---

[1] Vgl. auch E. Uhlmann, Lit. 123, Abb. 9 und 10.

schuß an positiver Raumladung, vorhanden wäre. Die kurze Lebens-
dauer der Entladungskanäle ist zugleich ein Beweis dafür, daß in ihnen
Ladungen eines Vorzeichens stark überwiegen. Aus den Kanälen heraus
entwickelt sich schließlich der vollkommene Durchschlag. Bevor dieser
erörtert wird, sollen zunächst die Vorgänge an der Kathode besprochen
werden.

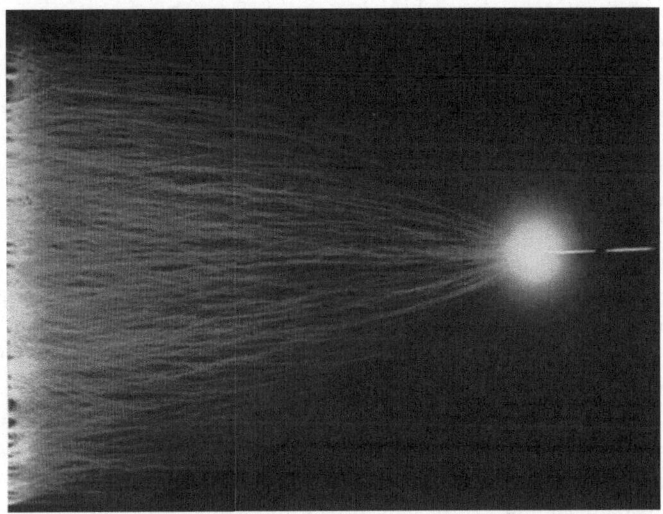

Abb. 3. Vorentladungen zwischen positiver Platte und negativer Spitze. Die positive Platten-
elektrode steht links, senkrecht zur photographischen Platte, die Spitze ist in die Schicht der
Platte eingebettet. (Gleichspannung von 40 kV, 1 Sekunde lang. Elektrodenabstand 9,5 cm. (Roser,
Dissertation Braunschweig.)

3. Entladungsform an der Kathode.

Die an der Kathode entstehenden Entladungen verlaufen ganz
anders als die an der Anode. An sich tritt bei hoher Feldstärke auch
in der Umgebung der Kathode durch die aus ihr (z. B. durch
lichtelektrischen Effekt) austretenden oder aus ihrer unmittelbaren
Nähe herkommenden Elektronen Stoßionisation ein. In der Umgebung
einer spitzen Kathode entsteht dadurch, wie bei einer Anode, ein Gebiet
mit positiver Raumladung. Diese Raumladung erhöht jedoch hier bei
der Kathode das elektrische Feld nach dieser Elektrode hin, während
sie die Feldstärke nach der Anode hin vermindert. Unmittelbar an der
Kathode entsteht also durch die Raumladung ein sehr hohes Spannungsgefälle, das wieder eine starke Stoßionisation und Vermehrung der positiven Ladungen zur Folge hat. Durch dieses starke Feld ist hier auch
schon vor dem vollkommenen Durchschlag der Gasstrecke eine Auslösung von Elektronen aus Luft- oder Metallmolekülen durch den Stoß

der durch das hohe Feld stark beschleunigten positiven Ionen möglich. Aus diesem Grunde liegt an negativen Spitzen die Anfangspannung der Glimmentladungen niedriger als an positiven[1]. Infolge dieser feldverändernden Wirkung der positiven Ladung an der Kathode hat das dortige Stoßionisationsgebiet nicht das Bestreben, sich auszubreiten. Nimmt man wieder an, daß Elektronen, die aus dem Ionisationsgebiet nach der Anode hin heraustreten, zufällig außerhalb dieses Gebietes zur Stoßionisation kommen, dann bildet sich ein positiver Ladungskomplex, der nach der Anode hin vorgeschoben ist. Eine solche Anhäufung von positiven Ladungen setzt jedoch an seinem nach der Anode hin gerichteten Ende die Feldstärke herab. Weitere Elektronen, die durch dieses Gebiet hindurchlaufen, werden also an solchen vorgeschobenen Stellen an der Stoßionisation gehindert. Ein derartiges vorgeschobenes Gebiet wird also, da sich die positiven Ionen langsam nach der Kathode hin bewegen, wieder verschwinden müssen. Es zeigt sich aus diesem Grunde bei allen von einer negativen Elektrode ausgehenden Entladungen eine gleichmäßige Begrenzung dieser Gebiete und ein breites, fächerförmiges, allmählich schwächer werdendes Leuchten (vgl. Abb. 1, 2 und 3). Man ist dadurch bei allen Entladungsfiguren (Lichtenbergschen Figuren und Klydonogrammen, Gleitfiguren[2] usw.) ohne weiteres in der Lage, an den scharf auslaufenden Spitzen die positiven Entladungen und an den breit auslaufenden Entladungsenden die negativen Figuren zu erkennen[3]. Man kann zusammenfassend folgendes sagen: In jedem Stoßionisationsgebiet ergibt sich durch die größere Geschwindigkeit der Elektronen eine positive Raumladung. Wandern Elektronen nach einem solchen Raumladungsgebiet hin, dann wachsen ihnen aus diesem Gebiete Kanäle mit positiver Raumladung entgegen. Bewegen sich jedoch Elektronen aus einem positiven Raumladungsgebiet heraus, dann ist eine solche Kanalbildung unmöglich, die Entladungen enden dort in breiten, gleichmäßig schwächer werdenden Leuchterscheinungen. Die Spitzen von Entladungskanälen zeigen stets nach der Richtung, aus der die Elektronen herkommen.

---

[1] Vgl. W. O. Schumann, Lit. 97 S. 67 u. f.

[2] Solche Entladungsbilder sind z. B. an den folgenden Stellen in größerer Zahl zu sehen: Karl Przibram, Lit. 73. Harald Müller, Lit. 58 S. 9 und 23. Erwin Marx, Lit. 47 S. 602 u. f.

[3] Gelegentlich werden solche Beobachtungen dadurch verschleiert, daß bei photographischen Aufnahmen von Entladungen bei Spannungsstößen scheinbar auch an den negativen Elektroden spitze Entladungen auftreten. Das sind dann sogenannte Rückschlagfiguren (s. Staack, Lit. 107), die dadurch entstehen, daß die Spannung zwischen den Elektroden von ihrem Höchstwert sehr rasch wieder abfällt. Dadurch ändern die Elektronen ihre Bewegungsrichtung und stürzen wieder in das positive Raumladungsgebiet an der Kathode hinein, wobei sich, wie an der Anode, Kanalbildungen ergeben.

4. Übergang vom unvollkommenen zum vollkommenen Durchschlag.

Praktisch besonders wichtig ist nun die Entwicklung des vollkommenen Durchschlags und damit des Lichtbogens aus diesen Vorentladungserscheinungen heraus. Während der Vorentladungen liegt zwischen den Elektroden eine sehr hohe Spannung, und es fließt nur ein sehr kleiner Strom. Nach dem Durchschlag wird die Spannung zwischen den Elektroden sehr niedrig (Lichtbogenspannung), und es tritt bei großer Leistung der Stromquelle ein starker Strom auf. Den Übergang von einem zum anderen Gebiet nennt man den vollkommenen Durchschlag[1]. Dieser Übergang läßt sich wohl am leichtesten durch die folgende Betrachtung verstehen.

Die positiven Entladungskanäle wachsen, nachdem einmal Stoßionisation an der Anode eingetreten ist, zur Kathode hin vor. Sie können unmittelbar auf die Kathode auftreffen und dort stark leuchtende Fußpunkte erzeugen, ohne daß der vollkommene Durchschlag eintritt. Abb. 4 stellt eine solche Entladung dar. Wie bereits im Abschnitt 2 erörtert wurde, ist in diesen Kanälen eine starke positive Überschußladung vorhanden, und die Kanäle müssen deshalb in sehr kurzer Zeit wieder verschwinden. Der vollkommene Durchschlag, der stets, wenn eine genügend starke Stromquelle zur Verfügung steht, zugleich den Beginn des Lichtbogens darstellt[2], ist jedoch ein stabiler Zustand, denn es ist bekannt, daß man einen Lichtbogen bei Gleichspannung lange Zeit in einem einheitlichen Bogenkanal brennen kann. Das Bestehen eines solchen gleichbleibenden Kanals ist aber nur dann denkbar, wenn die Ladungen in dem Kanal sich gegenseitig die Wage halten. Wenn das nicht der Fall wäre, wenn also entweder positive oder negative Überschußladungen im Kanal bestünden, so müßte dieser seinen Querschnitt vergrößern; es läge also kein gleichbleibender Zustand vor. Auf jedem Zentimeter Länge eines Lichtbogens müssen also gleich viele negative und positive Ladungen vorhanden sein, wenn der Lichtbogen unverändert bestehen soll[3]. Man kann daraus den Schluß ziehen, daß ein Lichtbogen erst dann entstehen kann, wenn an der Kathode in der Zeiteinheit so viele Elektronen erzeugt werden, daß in einem Entladungskanal die ursprünglich fast allein vorhandene positive Ladung gerade kompensiert wird. Da sich nun die Elektronen viel rascher bewegen als die positiven Ionen, so muß die Zahl der jeweils in den Lichtbogenkanal gelangenden Elektronen viel größer

---

[1] Eine rechnerische Verfolgung dieser Vorgänge siehe bei Rogowski, Lit. 82.

[2] Nach Messungen von Klemperer, Lit. 37 liegen in manchen Fällen bereits 10^{-6} s nach dem Durchschlag die normalen Lichtbogeneigenschaften vor.

[3] Diese Tatsache ergibt sich auch aus anderen Versuchsergebnissen, wie im Abschnitt 11 beschrieben ist.

sein als die Zahl der dorthin kommenden positiven Ionen. Die Geschwindigkeit der Elektronen sei v_-, die der positiven Ionen v_+, die Zahl der sekundlich in den Lichtbogenkanal gelangenden Elektronen z_-, die der positiven Ionen z_+. Im stationären Zustand muß dann die Beziehung bestehen

$$\frac{z_-}{z_+} = \frac{v_-}{v_+}.$$

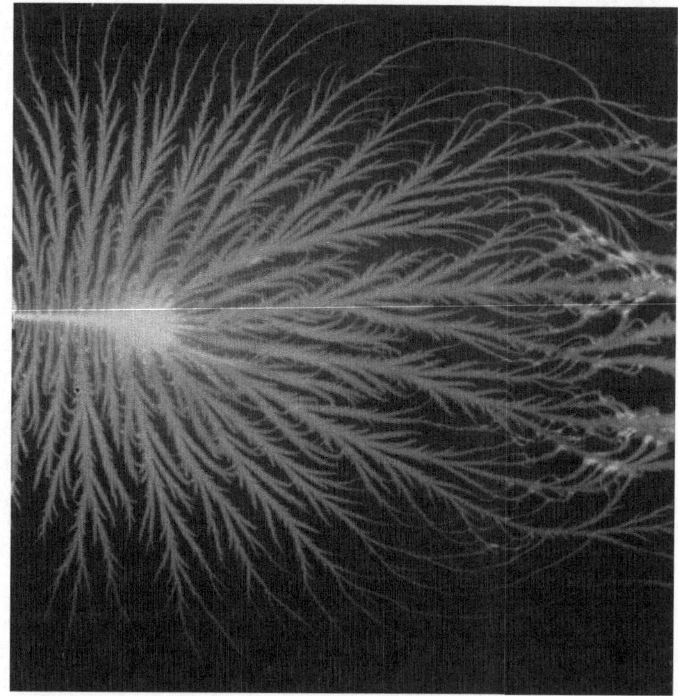

Abb. 4. Entladung zwischen positiver Spitze (links) und negativer Platte (rechts) bei einem Spannungsstoß von 54 kV Scheitelwert. Elektrodenabstand 6 cm. (Arch. Elektrotechn. [Bd. 20.)

Das Geschwindigkeitsverhältnis hängt von der Feldstärke und von der Luftdichte ab, es liegt in der Größenordnung von einigen Hundert. Diese Beziehung gilt nur unter der Voraussetzung, daß die Wiedervereinigung von positiven Ionen und Elektronen, die Anlagerung von Elektronen an Gasmoleküle im Lichtbogen sowie das Entweichen von positiven Ionen und Elektronen aus dem Lichtbogenkanal unwesentlich sind; diese Voraussetzung ist normalerweise annähernd erfüllt. Diese Erscheinungen werden jedenfalls meist keinen ausschlaggebenden Einfluß auf die Lichtbogenerscheinungen haben. Setzt man das voraus, dann muß jedes positive Ion, das im Lichtbogenkanal an der Kathode ankommt, dort die Auslösung von einigen hundert Elektronen ermöglichen, während zahlreiche Elektronen bei ihrer Ankunft an der Anode nur ein positives Ion freizumachen brauchen. Auf welchem Wege die Erzeugung von Elektronen an der Kathode erfolgen kann, soll ebenfalls im Abschnitt 11 näher behandelt werden. Zunächst werden lediglich die folgenden grundlegenden Tatsachen festgestellt:

Ein vollkommener Durchschlag einer Gasstrecke tritt dann ein, wenn jedes positive Ion, das sich nach der Kathode hin bewegt, dort die Auslösung so vieler Elektronen ermöglicht, wie das Verhältnis der Geschwindigkeit der Elektronen zur Geschwindigkeit der positiven Ionen im Lichtbogenkanal angibt. Die Loslösung vieler Elektronen durch ein Ion ist nur beim Bestehen eines sehr hohen Spannungsgefälles in unmittelbarer Nähe der Kathode (Kathodenfall) denkbar. Im Lichtbogenkanal bewegen sich außerordentlich viele Elektronen und positive Ionen mit sehr großer Geschwindigkeit. Dadurch geraten auch die noch vorhandenen Gasmoleküle in diesem Kanal in sehr rasche Bewegung, was einer hohen Temperatur und geringen Luftdichte gleichkommt. Durch diese geringe Luftdichte ist es möglich, bei geringer Spannung zwischen den Elektroden einen starken Lichtbogenstrom aufrecht zu erhalten. Dadurch ist also der am Eingang dieses Abschnittes erwähnte Übergang von hoher Spannung und kleinem Strom zu niedriger Spannung und starkem Strom erklärlich.

Allgemein kann man folgendes sagen: Ein Kanal, in dem Ladungen einer Polarität überwiegen, ist unstabil und besitzt steigende Charakteristik, d. h. um ein Wachsen des Stromes zu erreichen, ist eine Steigerung der Spannung notwendig; Kanäle, bei denen gleichviele positive und negative Ladungen auf jeder Längeneinheit vorhanden sind, die dementsprechend beliebig lange bestehen können, besitzen fallende Charakteristik, d. h. die Spannung sinkt bei wachsendem Strom. Dies erklärt sich dadurch, daß sich in einem solchen gleichbleibenden Kanal die Erwärmung mit wachsender Stromstärke steigert, so daß die Luftdichte im Kanal geringer wird. Bei kleiner werdender Luftdichte ist nur eine geringere Spannung nötig, um die Elektrizitätsteilchen in diesem Kanal zu bewegen. Bei unstabilen Kanälen ist eine solche allmähliche Erwärmung nicht denkbar.

In diesem Zusammenhange sei kurz erwähnt: Bei dem mehrphasigen Stromrichterbetriebe ist es nötig, den Lichtbogen in den einzelnen Phasen periodisch zu ganz bestimmten Zeitpunkten einzuleiten, auch wenn die Spannung zwischen den betreffenden Elektroden niedrig ist. Das kann bei ruhenden Elektroden dadurch geschehen, daß kurzzeitig an die Elektroden eine hohe Hilfsspannung angelegt wird, die einen Durchschlag der Gasstrecke zwischen diesen Elektroden zur Folge hat.

Ein solcher Durchschlag setzt den Widerstand der Gasstrecke eine Zeitlang auf einen geringen Betrag herab und gestattet das Nachfließen des Hauptstromes. Welche Gesichtspunkte für eine solche „Hilfszündung" bei Lichtbogenventilen für sehr hohe Spannungen gelten, wird später, im Abschnitt 23, behandelt.

5. Der Einfluß der Elektrodenform auf den vollkommenen Durchschlag. Polaritätserscheinungen.

Im homogenen Felde ist vor Beginn der Stoßionisation die Feldstärke an allen Stellen des Zwischenraumes zwischen den Elektroden gleich groß. Völlig homogene Felder lassen sich praktisch nicht herstellen. Die Feldstärke wird stets an einzelnen Punkten der Elektrodenoberflächen etwas höher sein, als in dem mittleren Gebiet zwischen den Elektroden, es wird dementsprechend zuerst an den Elektrodenoberflächen zu einer Stoßionisation und Bildung positiver Raumladungen kommen. Von der Anode aus wird an einer durch Zufall besonders geeigneten Stelle ein Entladungskanal vorwachsen. Dieser Kanal erhöht die elektrische Feldstärke an seiner Spitze sehr stark und erzeugt beim Vorwandern in äußerst kurzer Zeit einen sehr hohen Kathodenfall[1]. Diese hohe Feldstärke an der Kathode ermöglicht die für den vollkommenen Durchschlag notwendige Erzeugung der Elektronen durch die positiven Ionen.

Besitzen die beiden Elektroden verschiedene Gestalt, so ist die Höhe der Durchschlagspannung von der Polarität der angelegten Spannung abhängig. Auch diese Erscheinung ist für die Formgebung der Elektroden bei der Lichtbogenumformung von großer Wichtigkeit und soll deshalb hier behandelt werden. Zur Klarlegung der Verhältnisse soll eine Anordnung mit besonders starker Verschiedenheit der Elektroden, nämlich eine Spitze-Platte-Funkenstrecke, betrachtet werden. Es sei zunächst eine positive Spitze einer negativen Platte gegenübergestellt. Schon

---

[1] Die Erzeugung eines hohen Kathodenfalles durch positive Raumladung ist erstmalig durch v. Hippel und Franck (Lit. 30) rechnerisch verfolgt worden. Es wird in dieser Arbeit allerdings von einer gleichmäßigen Anhäufung positiver Ladungen in allen Ebenen parallel zur Elektrodenoberfläche ausgegangen. Durch die vom Verfasser im Arch. Elektrotechn. Bd. 24 (1930) Heft 1 beschriebene Erscheinung, daß sich von der Anode aus stets einige bevorzugte Kanäle ausbilden werden, ergibt sich eine noch stärkere Feldverzerrung als sie in der Arbeit von v. Hippel und Franck festgestellt wurde. Es genügt deshalb schon eine geringere Zahl von Elektronen, als dort angenommen ist $(1{,}5 \cdot 10^{-10}\ \text{A/cm}^2)$, um die zu einem kurzzeitigen Durchschlag nötige Feldstärke an der Kathode hervorzubringen. Dadurch wird der Einwand von Rogowski: Arch. Elektrotechn. Bd. 25 (1931) S. 594 abgeschwächt, daß im allgemeinen zu kurzzeitigem Durchschlag nicht genügend Elektronen zur Verfügung stehen. Die Tatsache, daß sich auch im homogenen Felde einzelne Entladungskanäle von der Anode aus vorstrecken, wird durch die Untersuchungen von L. v. Hamos, Lit. 28, bewiesen.

bei niedriger Spannung tritt an der Spitze eine hohe Feldstärke auf, die Stoßionisation und positive Raumladungen ergibt. Es bilden sich Entladungskanäle, die sich bei wachsender Spannung bis zur Kathode hin erstrecken. Das ursprünglich sehr hohe Spannungsgefälle an der Spitze wird dadurch herabgesetzt und schon frühzeitig ein hoher Spannungsabfall vor der Kathode erzeugt. Bei dieser Anordnung wird also schon bei niedriger Gesamtspannung der zum vollkommenen Durchschlag notwendige hohe Kathodenfall hervorgerufen. Bei negativer Spitze und positiver Platte tritt zwar auch schon bei niedriger Gesamtspannung Stoßionisation und positive Raumladung an der Spitze auf. Dadurch wird jedoch die Feldstärke an der Spitze noch vergrößert und die Feldstärke im übrigen Raum herabgesetzt. Bei wachsender Spannung wird die Stoßionisation an der spitzen Kathode zwar immer intensiver, aber das Stoßionisationsgebiet vergrößert sich nur wenig. Der Durchschlag kann erst dann eintreten, wenn trotz der Feldentlastung durch die an der Spitze vorhandene positive Raumladung auch an der ebenen Anode die Ionisierungsfeldstärke erreicht ist und wenn dadurch dort die Möglichkeit zum Entstehen von Entladungskanälen gegeben ist. Wenn einmal ein solcher Kanal entstanden ist, wird dieser durch die zahlreichen aus dem Stoßionisationsgebiet an der Kathode kommenden Elektronen sehr rasch nach dieser Elektrode hin wachsen und den vollkommenen Durchschlag herbeiführen. Man sieht aus dieser Betrachtung, daß die Spannung, bei der der vollkommene Durchschlag eintritt, bei positiver Spitze und negativer Platte sehr viel niedriger liegen muß als bei umgekehrter Polarität. Der Versuch ergibt für große Elektrodenabstände bei negativer Spitze eine etwa dreimal so hohe Durchschlagspannung als bei positiver Spitze[1].

Bei der Beurteilung der elektrischen Festigkeit von Anordnungen ist also in erster Linie die Gestalt der Anode maßgebend. Erst dann, wenn an der Anode die Ionisierungsfeldstärke erreicht ist, kann der vollkommene Durchschlag eingeleitet werden. Der Krümmungsradius der Kathode ist dagegen auf die Durchschlagspannung fast ohne Einfluß. Diese Tatsache ist für die Formgebung von elektrisch hoch beanspruchten Anordnungen von großer Wichtigkeit.

6. Einfluß des zeitlichen Verlaufes der Spannung.

Auch der zeitliche Verlauf der Spannung, die zwischen zwei Elektroden herrscht, ist bekanntlich auf die elektrische Festigkeit von großem Einfluß. Diese Frage hat ebenfalls für die Lichtbogenventile große Bedeutung, da für die Einleitung der Lichtbögen hochfrequente Schwingungen oder Spannungsstöße benutzt werden können und da auch die

---

[1] Vgl. Erwin Marx, Lit. 47. Max. Toepler, Lit. 118.

Spannungen, durch die die Ventile in der Sperrzeit beansprucht werden, verschiedenen zeitlichen Verlauf besitzen können.

Allgemein ist festzustellen, daß im homogenen Felde, bei Elektrodenabständen größer als etwa 1 cm, der Einfluß des zeitlichen Spannungsverlaufs auf die Durchschlagspannung von Gasen sehr gering ist. Hier ist für den Durchschlag lediglich der Scheitelwert der Spannung maßgebend[1]. Im unhomogenen Felde ist dagegen zum Durchschlag einer Anordnung eine Zeit notwendig, die insbesondere bei stoßartiger Beanspruchung eine erhebliche Rolle spielt. Beispielsweise bei Spitzenelektroden beträgt die Durchschlagspannung bei sehr rasch ansteigenden und wieder abfallenden Spannungsstößen ein Vielfaches der Spannung, die bei langsamer Steigerung der Spannung zum Durchschlag notwendig ist. Um einen Begriff von der Größe dieser Zeitverzögerung zu geben, zeigt die Abb. 5 Durchschlagspannungen einer Spitzenfunkenstrecke, die mit Spannungsstößen von steilem Anstieg und verschieden steilem Spannungsrücken erzielt wurden. Diese Zeitabhängigkeit der Durchschlagspannung ist verschieden bei verschiedener Elektrodenform. Am stärksten ist sie bei stark gekrümmter positiver Elektrode, da ja die bei lange anliegender Spannung vorliegende Durchschlagspannung (Dauerdurchschlagspannung) in diesem Falle am niedrigsten ist. Die Stoßdurchschlagspannung wird natürlich nie über den Wert hinausgehen, der bei gleichem Elektrodenabstand im homogenen Felde vorliegen würde. Folglich kommt für eine Zeitabhängigkeit das Gebiet in Frage, das zwischen der Dauerdurchschlagspannung der betreffenden Elektrodenform und der Durchschlagspannung im homogenen Felde bei gleichem Abstand liegt. Die Zeitabhängigkeit ergibt sich daraus, daß zur genügend starken Ausbildung der positiven Ent-

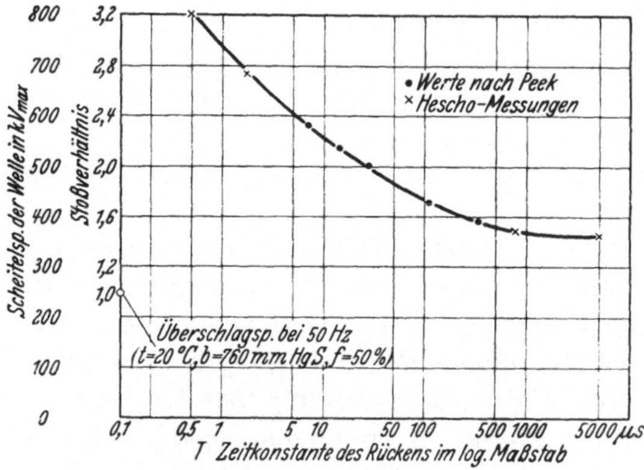

Abb. 5. Abhängigkeit der Durchschlagspannung zwischen Spitzen von der Dauer der Beanspruchung. Die Aufnahme erfolgte mit Spannungstößen von sehr raschem Anstieg und verschieden langem Abfall. Die Dauer des Abfalles ist durch die Zeitkonstante der Entladung der Stoßkapazität gekennzeichnet. (Harald Müller, Hescho-Mitt. Heft 53/54.)

---

[1] Als Ausnahme hiervon kommen nur ungedämpfte hochfrequente Schwingungen in Frage, die eine Erniedrigung der Durchschlagspannung der Luft bis zu etwa 10% hervorrufen können. Vgl. Reukema, Lit. 76, J. Kampschulte, Lit. 34, K. Großmann, Lit. 21a.

ladungskanäle im unhomogenen Felde jeweils eine gewisse Zeit benötigt wird.

Der Zeiteinfluß beim Durchschlag von Gasen beginnt im allgemeinen erst bei sehr kurzen Zeiten beträchtlich zu werden. Bei Wechselspannung von 50 Hertz, bei der die Spannung in jeder Halbperiode gegenüber den bei Spannungsstößen meist vorliegenden Zeiten verhältnismäßig langsam ansteigt, liegen die Durchschlagspannungen ähnlich wie bei Gleichspannung. Bei niederfrequenter Wechselspannung liegt also gewissermaßen eine Zeitlang eine Gleichspannung mit einer Polarität und dann während eines gleichen Zeitraumes eine Gleichspannung mit entgegengesetzter Polarität an den Elektroden. Eine Nachwirkung der Vorentladungserscheinungen von einer Halbperiode in die nächste hinein ist in Luft bei nicht zu großem Elektrodenabstand kaum vorhanden, d. h. die sich in einer Halbperiode bildenden Raumladungen sind in der nächsten meist nicht mehr wirksam[1]. Legt man eine niederfrequente Wechselspannung an eine Anordnung mit ungleichen Elektroden an, so tritt der Durchschlag zuerst in der Halbperiode auf, in der die stärker gekrümmte Elektrode positiv ist[2]. Der Durchschlag in der anderen Halbperiode würde erst bei höherer Spannung auftreten. Im allgemeinen

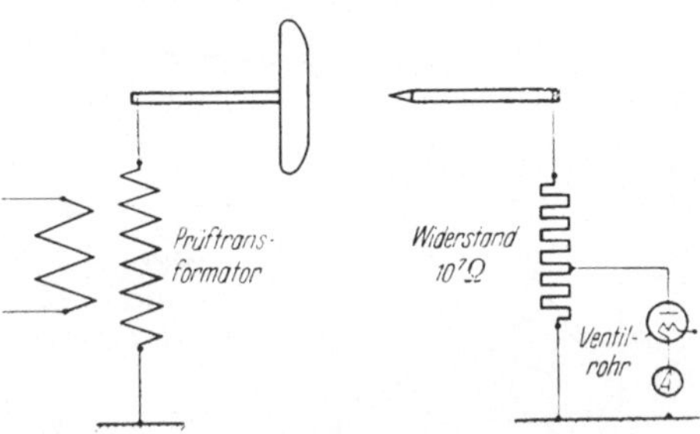

Abb. 6. Schaltung nach Buchwald zur Ermittlung der beiden Durchschlagswerte bei Wechselspannung. (Elektrotechn. Z. 1930 Heft 33.)

kann man jedoch diesen höheren Durchschlagswert nicht messen, da nach Eintreten des zunächst erfolgenden Durchschlags ein Lichtbogen und Kurzschluß des Transformators eintritt, der bis zur Abschaltung der Stromquelle bestehen bleibt. Wenn man jedoch das Zustandekommen eines Lichtbogens durch einen hohen Widerstand verhindert, kann man den Durchschlag in jeder Halbperiode neu eintreten lassen und die Spannung nach Erreichen des Durchschlagswertes für eine Polarität so lange weiter steigern, bis auch in der anderen Halbperiode Durchschläge auftreten. Es gibt also bei Wechselspannung zwei verschiedene Durchschlagswerte. Die Messung beider Werte ist z. B. durch die in Abb. 6 dargestellte, von Buchwald angegebene Schaltung möglich[3]. In dieser Anordnung tritt bei Steigerung der Transformatorspannung

---

[1] Bei Hochfrequenz ist jedoch eine solche Nachwirkung anzunehmen, siehe J. Kampschulte, Lit. 34.

[2] Man kann diese Erscheinung zur Gleichrichtung hoher Wechselspannungen benutzen. Siehe Abschnitt 21.

[3] H. Buchwald, Lit. 4 Abb. 2. Erwin Marx, Lit. 52 Abb. 9.

zuerst in der negativen Halbwelle der Durchschlag ein, weil bei dieser die Spitze positives Potential gegenüber der Plattenelektrode besitzt. Der hohe Widerstand von 10 Megohm verhindert das Entstehen eines Lichtbogens. In der Sekunde erfolgt also 50 mal ein Überschlag zwischen Platte und Spitze, der jedesmal rasch wieder verschwindet. Zu einem Teil des Widerstandes ist die Reihenschaltung eines Glühkathodenventils mit einem Strommesser parallel geschaltet. Das Glühventil liegt mit der geheizten Elektrode an der Erdseite, es läßt also nur dann Strom durch, wenn die Transformatorspannung positiv ist. Die zuerst auftretenden Stromspitzen können also keinen Ausschlag des Strommessers hervorrufen. Bei weiterer Steigerung der Spannung tritt plötzlich ein Ausschlag des Strommessers auf; das ist der Punkt, in dem auch die positive Halbperiode des Transformators zum Durchschlag

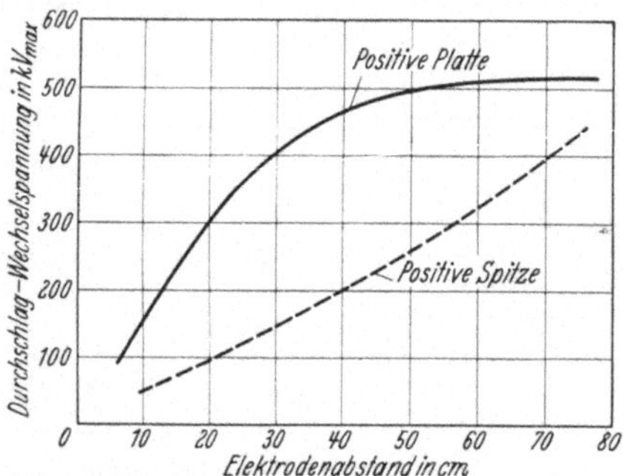

Abb. 7. Durchschlagswerte zwischen Spitze und Platte bei Wechselspannung von 50 Hertz in Abhängigkeit vom Abstand. (Buchwald, Dissertation Braunschweig.)

kommt. Die Spannungswerte, bei denen die ersten Durchschläge bei positiver Spitze und die ersten bei negativer Spitze auftreten, lassen sich durch eine Kugelfunkenstrecke, die der Funkenstrecke Spitze—Platte parallel geschaltet ist, messen. Durch Verändern des Abstandes der Spitze—Platte-Anordnung kann man so zwei Kurven aufnehmen, die die beiden Durchschlagspannungen der Anordnung in Abhängigkeit vom Abstand zeigen. Abb. 7 stellt zwei solche Kurven dar, die mit der Schaltung und Anordnung Abb. 6 gewonnen wurden. Das Verhältnis zwischen den Durchschlagwerten ist bei kleinem Abstand annähernd gleich 3, bei höheren Abständen wird das Verhältnis immer kleiner, bis schließlich etwa bei 80 cm Abstand der Polaritätseffekt verschwunden ist. Dieser Kurvenverlauf erklärt sich durch den bei großem Elektrodenabstand immer stärker werdenden Einfluß des Plattenrandes. Man kann diese Erscheinung sehr instruktiv durch einen Versuch zeigen. Bei großem Abstand erfolgen nämlich zunächst die Durchschläge von der Spitze nach der Plattenmitte hin. Wenn dagegen die Spannung über diese Durchschlagspannung bei positiver Spitze hinaus gesteigert wird, so treten plötzlich vom Plattenrande aus Durchschläge nach der Spitze hin auf. Im gleichen Zeitpunkt schlägt auch der Strommesser (Abb. 6) aus. Abb. 8 zeigt diese beiden Durchschlagwege. Nach dem im Abschnitt 5 Gesagten ist diese Erscheinung verständlich. Zum Durchschlag ist stets eine Stoßionisation an der Anode und ein Vorwachsen von positiven Kanälen notwendig. Ist die Plattenelektrode positiv, so wird die Feldstärke zuerst am Rande bis zu dem zur Stoßionisierung nötigen Betrag anwachsen. Dort entstehen also Entladungskanäle mit positiver Ladung, die in der Richtung der ankommenden Elektronen, also nach der Spitze hin, wachsen. Dadurch entsteht der Durchschlagweg vom Plattenrande zur Spitze hin. Die Tatsache, daß dieser Weg nur bei positiver Platte gewählt wird, folgt aus dem gleichzeitigen Auftreten der Durchschläge und des Ausschlages am Strommesser; sie kann außerdem durch Beobachtung durch eine synchron umlaufende Scheibe mit Schlitz bestätigt werden, da man durch eine solche Scheibe hindurch die Entladungen und Durchschläge jeder Phase der Wechselspannung getrennt betrachten kann.

Man kann natürlich die Plattenelektrode so groß machen, daß der Plattenrand keinen Einfluß mehr auf die Durchschlagspannung hat. Die Plattenelektrode muß dann jedoch einen Durchmesser besitzen, der drei- bis viermal größer ist als der Abstand Spitze—Platte. Dadurch werden bei hohen Spannungen sehr große Plattendurchmesser erforderlich. Man kann sich jedoch, wenn bei der Anordnung Spitze—Platte der Polaritätsunterschied in den Durchschlagspannungen bis zu sehr hohen Werten erhalten bleiben soll, durch eine Abschirmung der

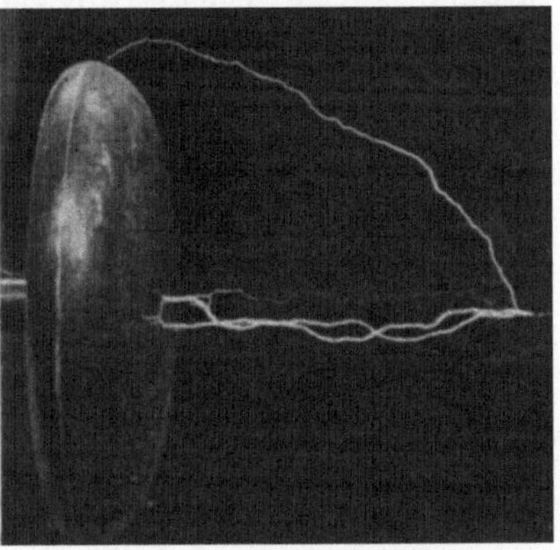

Abb. 8. Durchschläge zwischen Spitze und Platte bei Wechselspannung. Die Durchschläge von der rechts befindlichen Spitze nach der Plattenmitte hin treten bei positiver Spitze, die Durchschläge vom Plattenrande nach der Spitze hin bei negativer Spitze auf. (Elektrotechn. Z. 1930 Heft 33.)

Platte helfen, wie das in den Abschnitten 9 und 21 beschrieben wird.

Die Schaltung Abb. 6 zur Bestimmung des Polaritätseffekts bei Wechselspannung hat für alle Untersuchungen der elektrischen Festigkeit sehr große Bedeutung. Wenn man die Durchschlagwechselspannung von Anordnungen erhöhen will, so muß man vor allem wissen, in welcher Halbwelle die ersten Durchschläge auftreten. Wir werden später bei der Bestimmung des Polaritätseffektes von Elektroden für die Stromrichter ebenfalls von dieser Schaltung Gebrauch machen (Abschnitt 22).

Bei gedämpften hochfrequenten Schwingungen ergeben sich in Gasen etwa die gleichen Durchschlagspannungen wie bei Gleichspannung und niederfrequenter Wechselspannung. Es ist also auch hier fast ausschließlich der Scheitelwert der Spannung maßgebend. Wenn auch die Spannungsanstiegzeiten bei solchen hochfrequenten Schwingungen sehr kurz sein können, so tritt trotzdem meist keine wesentliche Erhöhung der

Durchschlagspannung im stark unhomogenen Felde auf, weil hier jede Spannungshalbwelle auf die nächste einen Einfluß ausübt und unter anderem durch allmähliche Erhöhung der positiven Raumladung die Durchschlagspannung nicht viel höher werden läßt als bei Gleichspannung.

Befindet sich in der Nähe der Elektroden ein fester Isolierstoff, so daß der Durchschlag der Gasstrecke auf der Oberfläche dieses Isolierstoffes hin erfolgen kann, so spricht man von einem Überschlag. Bei den Lichtbogen-Stromrichtern befinden sich die Elektroden in einer geschlossenen Kammer, so daß die Möglichkeit eines Überschlages auf den inneren oder äußeren Wänden dieser Kammer vorliegt. Es seien deshalb auch über den Überschlag einige Bemerkungen gemacht. Die Spannungswerte liegen im allgemeinen beim Überschlag einige Prozente niedriger als beim Durchschlag. Die Abhängigkeiten der Überschlagwerte vom Abstand, von der Feldgestalt, der Polarität und dem zeitlichen Spannungsverlauf sind dann, wenn keine Gleitfunken auftreten, ähnliche wie beim reinen Durchschlag. Gleitfunken ändern die Verhältnisse oft sehr stark; ihre Entstehung erklärt sich wie folgt: Die Oberflächenteile von Isolierstoffen besitzen gegenüber den Elektroden und gegen die Erde Kapazitäten. Bei wechselnder Spannung der Elektroden müssen Ladungen auf der Oberfläche der Isolierstoffe transportiert werden, die diese Oberflächenkapazitäten laden oder entladen. Es treten dadurch Oberflächenströme, die von Spannungshöhe, Oberflächenkapazität und Frequenz abhängen, in Form von Gleitfunken auf. Ganz besonders wesentlich werden deshalb solche Gleitfunken bei Hochfrequenz. Die Überschlagsspannung kann durch sie gegenüber der Dauerüberschlagspannung auf einen geringen Bruchteil herabgesetzt werden[1]. Bei Anordnungen, die auf Überschlag beansprucht werden, muß man also die Bildung von Gleitfunken möglichst vermeiden. Das kann durch eine Beeinflussung der Feldgestalt oder durch Wulste auf den Isolatoren geschehen. Es wird später an den entsprechenden Stellen darauf hingewiesen werden.

Zusammenfassend kann man also den Einfluß des zeitlichen Verlaufs der Spannung auf die elektrische Festigkeit von Gasen, soweit er hier von Wichtigkeit ist, wie folgt darstellen: Die Durchschlagspannung in Gasen ist im allgemeinen nur vom Scheitelwert der Spannung abhängig, wobei die Polarität der Elektroden berücksichtigt werden muß. Der Einfluß der Zeit spielt nur bei sehr kurzzeitiger Beanspruchung im unhomogenen Felde eine Rolle, wo allerdings die Durchschlagspannung auf ein Vielfaches der Dauerdurchschlagspannung heraufgehen kann. Die elektrische Überschlagspannung wird durch hochfrequente Schwingungen dann wesentlich herabgesetzt, wenn Gleitfunken auftreten können.

---

[1] **Erwin Marx**, Lit. 46. M. Oyama, Lit. 67a.

7. Die Durchschlagspannungen bei verschiedenen Gasen, Gasdrucken und Gasströmungen.

Bei den hier beschriebenen Lichtbogen-Stromrichtern erfolgt die Zündung, das Brennen und das Löschen der Lichtbögen in Kammern, in denen sich in der Umgebung der Elektroden ein Gas unter Druck und in rascher Bewegung befindet. Die Einflüsse der Art des Gases sowie des Druckes und der Strömung müssen also wegen der Zündungs- und Rückzündungsverhältnisse grundsätzlich klargelegt werden.

Die Durchschlagspannungen der Gase, die für die Lichtbogenumformung in erster Linie in Frage kommen, wie Luft, Stickstoff, CO_2 usw., liegen annähernd in gleicher Höhe[1]. Die Durchschlagwerte sind bei Stickstoff einige Prozent höher, bei CO_2 einige Prozent niedriger als bei Luft. Die Unterschiede sind jedoch nicht so erheblich, daß man deshalb zu anderen Gasen als Luft übergehen würde.

Viel beträchtlicher ist die Erhöhung der Durchschlagspannung bei Chlor und Brom. Sie beträgt bis zu etwa 80% gegenüber Luft. Nach den Ausführungen des Abschnittes 1 und 2 (Anmerkung 1 S. 6) ist das verständlich. In diesen stark elektronegativen Gasen lagern sich die freien Elektronen sehr rasch an Gasmoleküle an. Die dadurch entstehenden negativen Ionen haben etwa die gleiche Größe und Masse wie die positiven Ionen, d. h. die Ionisierungsfeldstärke muß durch die rasche Anlagerung der Elektronen erheblich wachsen. Trotzdem erscheint dieser Vorteil zunächst nicht so groß, daß die erheblichen anderen Schwierigkeiten, die durch das Arbeiten mit Chlor oder Brom bei Lichtbogen-Stromrichtern zu erwarten wären, ausgeglichen würden[2].

Bei höherem Gasdruck wird, wie bereits im Abschnitt 1 dargelegt wurde, die mittlere freie Weglänge der nicht neutralen elektrischen Teilchen kleiner und dadurch wächst die zur Stoßionisation nötige Feldstärke proportional mit dem Druck an. Diese Gesetzmäßigkeit gilt im homogenen und ungefähr homogenen Felde in Annäherung von etwa 0,2 ata bis hinauf zu 24 ata, und zwar für Elektrodenabstände, wie sie für die Lichtbogenumformung in Frage kommen, also von etwa 0,5 bis zu 10 cm*.

---

[1] Vgl. Schumann, Lit. 97 S. 45 u. f.

[2] Es ist allerdings wahrscheinlich, daß auch die Lichtbogenlöschung bei diesen Halogenen sehr leicht vor sich gehen würde. Messungen hierüber sowie über die Lichtbogenspannung in diesen Gasen sind dem Verfasser nicht bekannt.

* Es wurde früher meist angenommen, daß die elektrische Festigkeit von etwa 10 ata an weniger stark als der Druck anwächst. In einer neuen Arbeit von C. Reher, Lit. 75 wird jedoch festgestellt, daß das proportionale Anwachsen der Durchschlagspannung mit dem Druck bei einwandfreien Versuchsbedingungen bis zu etwa 24 ata erhalten bleibt. Dieses Ergebnis ist für die Lichtbogenumformung sehr wichtig, weil es zeigt, daß sich durch die Erhöhung des Druckes in der Lichtbogenkammer die Sperrspannung sehr weit erhöhen läßt.

Nach Untersuchungen von Reher[1] steigt auch die Überschlagspannung bei einwandfreien Versuchsbedingungen im annähernd homogenen Felde bis zu etwa 24 ata proportional mit dem Druck an. Auch das ist für die Gestaltung der Lichtbogenkammern wichtig. Wie groß die Erhöhung der Durchschlagspannung bei Vergrößerung der Gasdichte im stark unhomogenen Felde ist, ist noch nicht geklärt. Dem Verfasser sind hierüber keine genaueren Versuche bekannt.

Die Abhängigkeit der Durchschlagspannung von der Strömungsgeschwindigkeit der umgebenden Luft ist noch recht wenig untersucht worden. Wie die nachstehend angeführten Versuchsergebnisse zeigen, besteht oft ein beträchtlicher Einfluß der Luftströmung auf die Durchschlagspannung. Der Grund für diese Abhängigkeit kann sehr verschiedener Art sein. Durch raschen Wechsel der Luft im elektrischen Felde werden immer neue freie Elektrizitätsteilchen in das Gebiet zwischen den Elektroden hereingebracht, so daß der Vorstrom vor dem Durchschlag etwas erhöht werden kann. (Von erheblichem Einfluß auf die Durchschlagspannung dürfte jedoch diese Erscheinung nicht sein.) Ferner werden die positiven Raumladungen durch die Luftströmung verschoben. Die Geschwindigkeit der positiven Ionen bei Ionisierungsfeldstärke und normalem Druck beträgt etwa 10^5 cm/s*. Die Luftgeschwindigkeit ist demgegenüber im allgemeinen gering. In Gebieten höheren Druckes und schwächeren Feldes ist es jedoch möglich, daß die Luftgeschwindigkeit ebenso hoch oder höher ist als die Ionengeschwindigkeit im Felde. Da die Raumladung von großem Einfluß auf die Durchschlagspannung ist, wäre dann auch eine starke Einwirkung der Strömung auf die Höhe der Durchschlagspannung möglich. Weiterhin tritt durch das Blasen eine Kühlung der positiven Kanäle ein. Eine solche könnte allerdings wohl ausschließlich eine Erhöhung der Durchschlagspannung mit sich bringen, während der Versuch in manchen Fällen auch eine Erniedrigung der Durchschlagspannung durch das Strömen der Luft zeigt. Besonders wesentlich scheint die Kühlung der Elektroden und des Gebietes in unmittelbarer Elektrodennähe zu sein (vgl. Abschnitt 8, S. 29).

An bereits veröffentlichten Versuchen über diese Frage sind dem Verfasser nur die von T. Nishi und K. Honda[2] bekannt. Bei diesen Versuchen wurde eine Injektionsnadel von 0,57 bis 1,2 mm lichter Weite als eine Elektrode einer Plattenelektrode gegenübergestellt. Durch die Nadel wurde Luft herausgepreßt oder angesaugt. Im allgemeinen wurde bei beiden Polaritäten der Anordnung eine Erhöhung der Durchschlagspannung sowohl beim Ausströmen wie beim Ansaugen von Preßluft beobachtet. Nur beim Ausströmen und bei positiver

[1] Siehe Fußnote * Seite 21.   * Siehe Rogowski, Lit. 78 S. 501.
[2] T. Nishi u. K. Honda, Lit. 64.

Nadel blieb die Durchschlagspannung dann konstant, wenn die Nadel am vorderen Ende nicht ganz sauber war.

Von den in Braunschweig über diese Frage durchgeführten Versuchen mögen die folgenden als charakteristisch angeführt werden. Ziegenbein[1] untersuchte an der später im Abschnitt 22 näher beschriebenen und in Abb. 50 dargestellten Anordnung die Durchschlagspannung in Abhängigkeit von dem die Luftströmung hervorrufenden Druck bei verschiedener Polarität der Elektroden. Die gefundenen Werte sind in Abb. 9 aufgezeichnet. Man sieht, daß die Durchschlagspannung bei positiver Spitze von der Luftströmung fast gar nicht beeinflußt wird, während die Durchschlagspannung bei negativer Spitze bei geringen Strömungsgeschwindigkeiten erheblich heraufgesetzt wird. Eine ähnliche Erscheinung zeigte sich

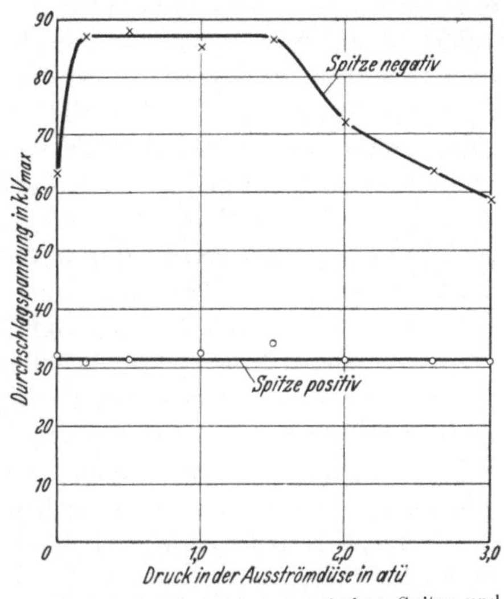

Abb. 9. Durchschlagspannung zwischen Spitze und Platte in strömender Luft. (Anordnung nach Abb. 50.)

auch bei einer in konstantem Abstand vor einer Platte sich bewegenden Spitze (siehe die später näher beschriebene Abb. 48). Die Durchschlagspannung blieb bei positiver Spitze unabhängig von der Geschwindigkeit der Spitze, während die Durchschlagspannung bei negativer Spitze durch die Bewegung um mehr als 20% erhöht wurde. Ferner wurden Spitze—Platte-Anordnungen senkrecht zur Achse der Spitze mit einem Luftstrom angeblasen[2]. Die Bestimmung der Durchschlagspannung erfolgte dabei mit Wechselspannung unter Zuhilfenahme der Schaltung von Buchwald (Abb. 6). Das Ergebnis eines solchen Versuches zeigt die Abb. 10.

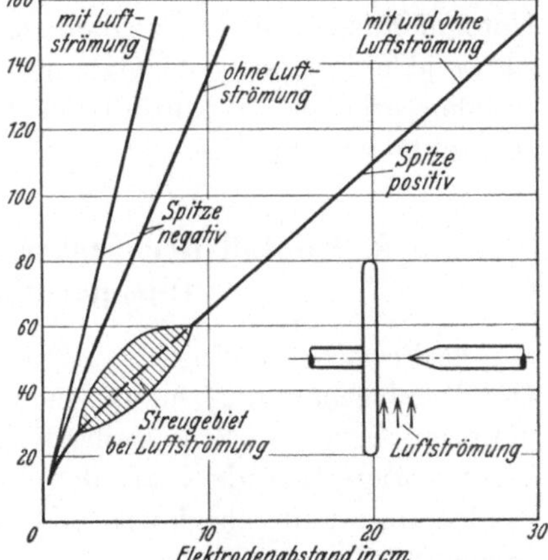

Abb. 10. Durchschlagspannung zwischen Spitze und Platte bei Luftströmung senkrecht zur Achse der Spitze.

<hr>

[1] W. Ziegenbein, Lit. 128.

[2] Versuchsausführung durch Herrn Kurt Krüger, Lit. 39.

Der Luftstrom wurde durch ein kleines Gebläse erzeugt, dessen Ausströmöffnung etwa 1 m von der Spitzenachse entfernt war. Man sieht auch dabei, daß die Durchschlagspannung bei positiver Spitze unverändert bleibt, während die Durchschlagspannung bei negativer Spitze um etwa 50% erhöht wird. Schließlich sei noch das Ergebnis eines Versuches angeführt, bei dem die Luftströmung wieder senkrecht zur Spitzenachse durch Ausströmen von Preßluft aus einem Gummischlauch erzeugt wurde. Die Strömungsgeschwindigkeit ist größer als bei dem Versuch nach Abb. 10. Die Durchschlagspannung bei **positiver Spitze** wurde durch eine solche Strömung von 67 auf 57 kV_{max} **herabgesetzt**, die Durchschlagspannung bei **negativer Spitze** von 117 auf 172 kV_{max} **erhöht**.

Die Versuche zeigen also das überraschende Ergebnis, daß durch verschiedenartige Luftströmungen die an sich niedrige Durchschlagspannung zwischen positiver Spitze und negativer Platte annähernd konstant bleibt oder noch weiter erniedrigt wird, während die an sich hohe Durchschlagspannung zwischen negativer Spitze und positiver Platte durch Luftbewegung erheblich vergrößert wird. Der Polaritätsunterschied bei Spitze—Platte-Funkenstrecken wird demnach durch Luftströmungen in allen Fällen vergrößert. Nutzt man den Polaritätseffekt zur Gleichrichtung aus, wie das im Abschnitt 21 beschrieben ist, dann ist also eine solche Luftströmung sehr günstig.

Eine völlig befriedigende Erklärung dieser interessanten Erscheinung dürfte, wie schon oben angedeutet wurde, ohne eingehende weitere Untersuchungen nicht möglich sein. Für die Lichtbogenumformung ist es jedenfalls sehr wichtig zu wissen, daß ein solcher, unter Umständen erheblicher Einfluß der Luftströmung auf die Durchschlagspannung besteht.

8. Einfluß der Elektrodentemperatur auf die Durchschlagspannung.

Die Frage, ob und inwieweit eine erhöhte Elektrodentemperatur die Durchschlagspannung herabsetzen kann, spielt für die Lichtbogenumformung deshalb eine große Rolle, weil die Elektroden beim Lichtbogenbetrieb besonders an den Lichtbogenfußpunkten stark erhitzt werden und weil sehr kurze Zeit nach dem Verschwinden des Lichtbogens wieder eine hohe Spannung an den Elektroden auftritt, die keinen Durchschlag zur Folge haben darf. Die Frage des Einflusses der Elektrodentemperatur auf den Durchschlag ist jedoch auch für die Durchschlagtheorie von Interesse, so daß es verwunderlich ist, daß noch keine Messungen hierüber veröffentlicht worden sind. Die in Braunschweig hierüber durchgeführten Versuche hatten in der Hauptsache den Zweck, Grundlagen für die Lichtbogenlöschung, d. h. für den Einfluß der heißen Lichtbogenfußpunkte auf die Rückzündspannung zu geben[1].

Bei diesen Versuchen wurden die folgenden Elektrodenformen benutzt:

a) Zwei gekreuzte Kupferdrähte, durch elektrischen Strom heizbar.

b) Zwei Platten, in die je ein heizbarer Draht eingebaut war (siehe Abb. 11 rechts).

c) Eine Spitze, bestehend aus einem scharfgebogenen, nachher an der Biegungstelle zu einer Spitze gefeilten, heizbaren Draht (siehe Abb. 11 links) gegenüber einer Platte.

d) Normale Spitzenelektrode mit 30° Öffnungswinkel gegenüber einer Platte mit Heizdraht.

Die Durchschlagspannungen wurden bei Gleichspannung und zum Teil auch bei Spannungstößen gemessen. Die Gleichspannung wurde mit Hilfe von Glühkathoden-Gleichrichtern aus Wechselspannung gewonnen. Ein Gleichspannungspol war geerdet. Auf der Gleichspannungsseite waren große Kondensatoren zur Konstanthaltung der Gleichspannung eingebaut. Die Messung der Spannung erfolgte während der Versuche durch einen elektro-

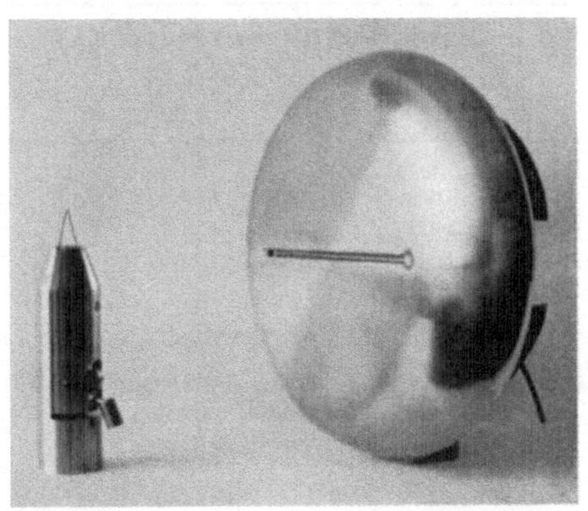

Abb. 11. Elektroden mit Heizdraht, wie sie zur Bestimmung der Abhängigkeit der Durchschlagspannung von der Elektrodentemperatur benutzt wurden.

statischen Spannungsmesser nach Starke und Schroeder, der sich als sehr gut brauchbar erwies[2]. Die Spannungstöße wurden durch Kondensatorentladungen erzeugt und ihr Scheitelwert durch eine Meßfunkenstrecke bestimmt. Zunächst seien nur die Ergebnisse angeführt; eine Besprechung dieser Ergebnisse soll im Anschluß daran erfolgen.

Zu a). Zwei gekreuzte Drähte von 0,80 mm Durchmesser wurden bei einem Abstand von 4 cm untersucht. Die Heizung der Drähte erfolgte durch zwei Isolierwandler, die einen regelbaren Strom durch die Drähte schickten. Die Temperatur der Drähte wurde mit einem Pyrometer gemessen. Die Drähte bestanden aus Kupfer, da Versuche mit Wolframdrähten wegen der sich auf dem Metall bildenden Oxydschicht

---

[1] Die Untersuchungen wurden durch Herrn Rudolf Deppe ausgeführt. Die im folgenden beschriebenen Versuchsergebnisse sind seiner Forschungsarbeit entnommen, s. Lit. 9.

[2] Hersteller: R. Schroeder, Aachen.

stark streuende Ergebnisse zeigten. Es gelang, die Drähte bis auf 900⁰ zu heizen. Bei dieser Temperatur glühen die Drähte hellrot. Die Versuchsausführung wurde dadurch erschwert, daß beim Anlegen der Prüfspannung die Temperatur der Drähte sank, so daß mit Erhöhung der angelegten Spannung auch die Heizstromstärke laufend erhöht werden mußte. Diese Erscheinung erklärt sich aus der Luftströmung, die durch das Sprühen der Drähte erzeugt wurde. (Bei Plattenelektroden mit eingelegtem Heizdraht fiel diese Erscheinung fast vollkommen weg, weil die Drähte in dieser Anordnung vor dem Durchschlag nur sehr wenig sprühen.)

In der Anordnung „zwei gekreuzte Drähte" wurden die folgenden Durchschlaggleichspannungen gemessen:

	Durchschlag-spannung in kV	Erniedrigung gegenüber kalten Elektroden
Beide Elektroden kalt	49,2	—
Kathode 800⁰ C, Anode kalt.	38,5	22%
Kathode kalt, Anode 800⁰ C.	41,5	16%
Beide Elektroden auf 800⁰ C	34,5	30%

Zu b). Die Durchschlagspannung zwischen zwei Platten mit eingebautem Heizdraht wurde ebenfalls mit Gleichspannung gemessen. Diese Anordnung wurde deshalb gewählt, weil die Heizung von Plattenelektroden in größerer Ausdehnung schwierig durchführbar ist (wenn nicht die gesamte umgebende Luft mit geheizt werden soll), und weil auch ein Lichtbogen die Elektroden nur auf einem Linienzug erhitzt, wenn er über sie hinwegläuft. Die Ergebnisse bei verschiedenen Abständen und Temperaturen zeigen die Abb. 12 bis 14. Auf den Bildern ist zum Vergleich die Durchschlagspannung zwischen normalen Platten ohne Heizdraht eingezeichnet. Es ergab sich durch den Versuch, daß die Durchschlagspannung durch Einbau des Drahtes gegenüber der bei normalen Platten um ca. 2,5%, also nur ganz unwesentlich, herabgesetzt wurde. Für eine Temperatur des

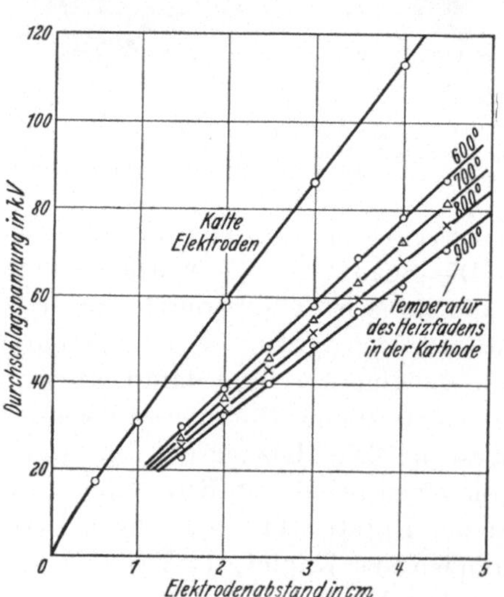

Abb. 12. Durchschlaggleichspannung zwischen zwei Platten. Heizdraht in der Kathode.

Heizfadens an der Kathode von 900⁰ ergibt sich unabhängig vom Abstand ungefähr eine Herabsetzung der Durchschlagspannung von 44%.

Bei Heizung des Fadens an der Anode ist die prozentuale Herabsetzung nicht konstant. Im Mittel beträgt sie bei 900⁰ etwa 34%. Bei Heizung des Fadens in beiden Elektroden wird die Durchschlagspannung um etwa 47% erniedrigt. Diese Erniedrigung ist also größer als diejenige bei Heizung einer Elektrode, sie ist aber bei weitem nicht gleich der Summe der Einzelherabsetzungen.

Zu c). Versuche mit der Anordnung Spitze—Platte wurden mit verschiedener Polarität durchgeführt. Bei Heizung der Spitze auf 850⁰ C, Elektrodenabstand 3 cm, ergab sich bei positiver Spitze eine Erhöhung der Durchschlagspannung[1] um im Mittel 10%, bei negativer Spitze eine Erniedrigung der Durchschlagspannung um im Mittel 30% gegenüber den Verhältnissen bei kalter Elektrode.

Zu d). Bei Untersuchung der Anordnung Spitze gegenüber Platte mit Heizdraht ergab sich folgendes: Bei positiver Spitze und negativer Platte hatte die Heizung des Fadens an der Platte weder bei Gleichspannung noch bei Spannungstoß einen Einfluß auf die Durchschlagspannung. Dagegen trat eine Herabsetzung der Durchschlagspannung dann ein, wenn die Spitze negativ war und

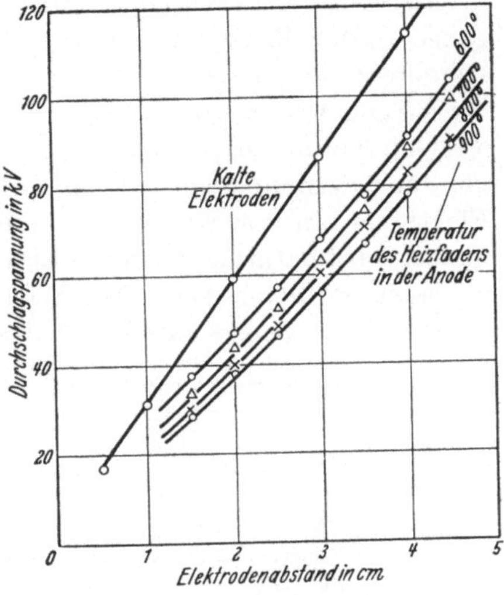

Abb. 13. Durchschlaggleichspannung zwischen zwei Platten. Heizdraht in der Anode.

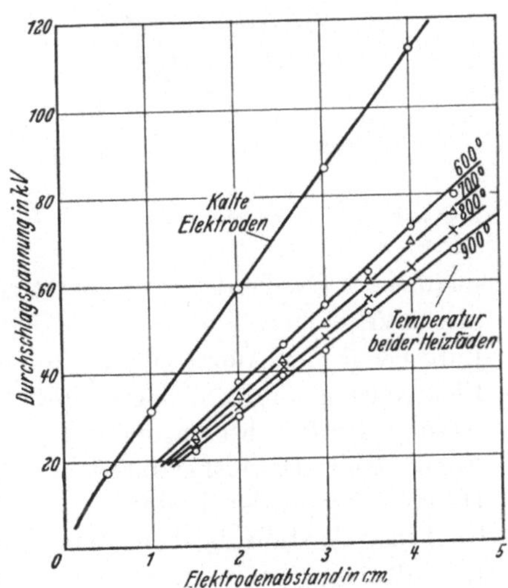

Abb. 14. Durchschlaggleichspannung zwischen zwei Platten. Heizdraht in beiden Elektroden.

der Faden an der Platte geheizt wurde. Die Abb. 15 zeigt das Ergebnis der Aufnahme bei Gleichspannung.

---

[1] Diese Erhöhung tritt nur bei Spitzen auf, die vor dem Durchschlag eine Büschelentladung zeigen; das ist nur bei gut angeschärften Spitzen der Fall.

Weitere Untersuchungen, insbesondere mit Spannungsstoß und mit Wechselspannung, sind noch im Gange.

Aus den Versuchen ersieht man, einen wie großen Einfluß die Vorgänge an den Elektroden auf die Durchschlagspannungen haben. Eine Herabsetzung der Durchschlagspannung um 55 kV, wie sie in Abb. 12 bei 4,5 cm Abstand nur durch Heizung eines Fadens in der Kathode erreicht wurde, zeigt, daß die gleiche Spannung bei kalter Kathode nur zur Gewinnung eines hohen Kathodenfalles und zur Erzeugung der Elektronen an der Kathode gebraucht wird. Durch die Heizung des Fadens wird natürlich auch die Luft in unmittelbarer Nähe erhitzt (das ist besonders an der Anode von Wichtigkeit), aber auf der ganzen Länge des Durchschlagweges kann durch diese Erhitzung keine merkliche Herab-

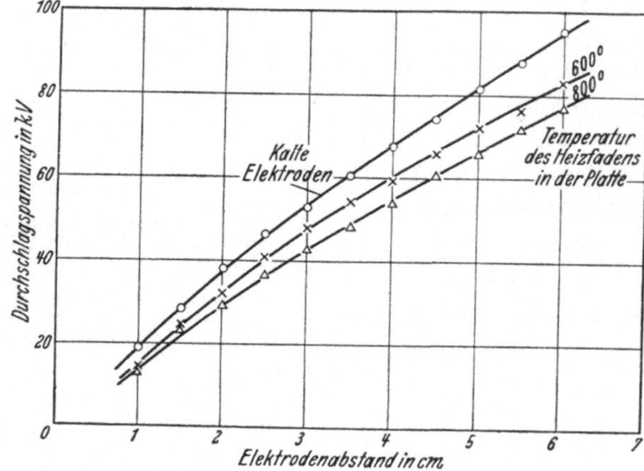

Abb. 15. Durchschlaggleichspannung zwischen negativer Spitze und positiver Platte mit Heizdraht.

setzung der Gasdichte eintreten. Der Durchschlagweg liegt außerdem bei diesen Versuchen stets horizontal, so daß die an den Elektroden erwärmte Luft bei ihrem Aufsteigen kaum in den Zwischenraum zwischen den Elektroden gelangt. Noch erstaunlicher wirkt zunächst die starke Herabsetzung der Durchschlagspannung durch Erhitzung des Fadens an der Anode, weil man bisher meist gewohnt war, die Hauptursache für den Durchschlag in der Elektronenerzeugung an der Kathode zu suchen. Nach den Ausführungen in den Abschnitten 1 bis 5 ist jedoch auch der Einfluß der Anode verständlich. Es ergab sich bei den früheren Betrachtungen, daß ein Durchschlag nur eintreten kann, wenn von der Anode aus Entladungskanäle vorwachsen und durch ihre positive Raumladung zu einem hohen Kathodenfall führen. Unzweifelhaft wird die Entstehung solcher Entladungskanäle durch Erhitzung der Anode begünstigt, weil dadurch die Elektronen in unmittelbarer Anodennähe schon bei niedrigerer Feldstärke zur Stoßionisation kommen. Eine solche Erhitzung wirkt wie eine Verkleinerung des Krümmungsradius der Anode, die auch stark erniedrigend auf die Durchschlagspannung wirkt. Diese Erscheinung tritt, wie die Versuchsergebnisse zeigen, sowohl bei Platte—Platte wie bei negativer Spitze—positiver Platte mit Heizdraht auf. Eigenartig wirkt zunächst auch das Versuchsergebnis, daß die Durchschlagspannung zwischen positiver Spitze und negativer Platte durch Heizung der Spitze erhöht wird. Das stimmt damit überein, daß bei Verkleinerung des Spitzenöffnungswinkels bei positiver Elektrode nicht eine dauernde Erniedrigung der Durchschlagspannung eintritt. Bei Verwendung von Nähnadelspitzen liegt die Durchschlagspannung oft höher als bei Spitzen mit einem Öffnungswinkel von 20 bis 30⁰. Auch zwischen konzentrischen Zylindern tritt bei ständiger Verkleinerung des Radius des positiven Innenzylinders schließlich wieder eine Erhöhung der Durchschlagspannung ein[1]. Man kann also allgemein sagen, daß eine Erhitzung der Anode wie eine Verkleinerung des Krümmungsradius der Anode wirkt.

Interessant ist ferner der Vergleich zwischen den Ergebnissen bei Luftströmung und bei Elektrodenerhitzung. Die Luftströmung hat in allen Fällen die entgegengesetzte Wirkung wie die Erhitzung der Elektroden. Es tritt nämlich bei Luftströmung in allen Fällen eine Erhöhung der Durchschlagspannung auf, mit Ausnahme der Anordnung positive Spitze—negative Platte, wo sich die Durchschlagspannung erniedrigt (s. Abschnitt 7); dagegen tritt bei Elektrodenerwärmung in allen Fällen eine Erniedrigung der Durchschlagspannung ein, mit Ausnahme der Anordnung positive Spitze—negative Platte, wo die Durchschlagspannung erhöht werden kann. Man kann danach vermuten, daß die Wirkung der Luftströmung vor allem darauf beruht, die Elektroden zu kühlen und einer Erwärmung der Elektroden sowie der sie unmittelbar umgebenden Luftschicht entgegenzuwirken.

Aus diesen Versuchen ergibt sich für die Lichtbogenumformung die Tatsache, daß eine Erwärmung der Elektroden durch den Lichtbogen verhindert werden muß, wenn die Sperrspannung sofort nach dem Verschwinden des Stromes hoch werden soll. Da nun aber an den Lichtbogenfußpunkten stets eine starke Wärmeentwicklung stattfindet, kann man dieser Forderung am besten dadurch Rechnung tragen, daß man beide Lichtbogenfußpunkte schon vor dem Verschwinden des Stromes aus dem Bereich entfernt, in dem eine Rückzündung auftreten kann.

9. Erhöhung der Durchschlagspannung durch dünne Isolierschirme.

Die Benutzung von Isolierschirmen hat insofern für die Lichtbogenumformung Bedeutung, als man dadurch Durchschläge an unerwünschten Stellen vermeiden, die Zündung von Lichtbögen auf ein enges Ge-

---

[1] Vgl. E. Uhlmann, Lit. 123, Abb. 4 bis 6.

biet beschränken und die Sperrspannung von Lichtbogenventilen erhöhen kann. Hier soll nur das Grundsätzliche über die Anwendung solcher Schirme gesagt werden[1].

Die Tatsache, daß man mit dünnen Isolierschirmen die Durchschlagspannung erhöhen kann, ist bereits seit längerer Zeit bekannt[2]. Die Wirkungsweise solcher Schirme sowie die sich daraus ergebenden Regeln, wie diese zur Erzielung der höchsten Durchschlagspannungen aufgestellt werden müssen, sind zuerst vom Verfasser angegeben worden.

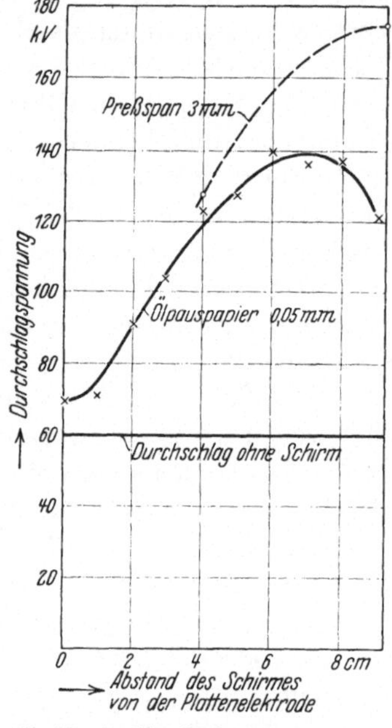

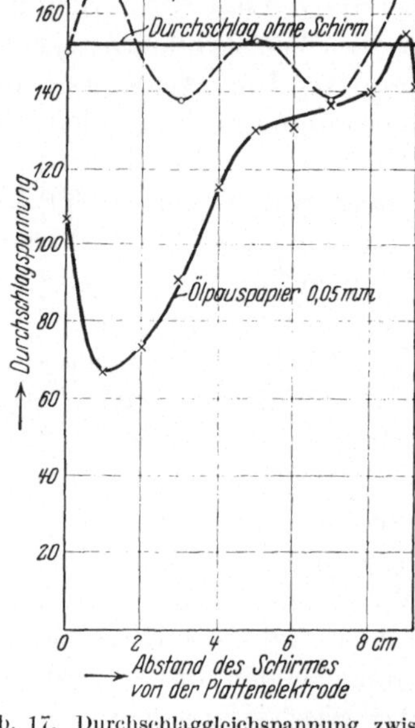

Abb. 16. Durchschlaggleichspannung zwischen negativer Platte und positiver Spitze mit und ohne Schirm. Abstand Platte—Spitze 9,3 cm. (Elektrotechn. Z. 1930 Heft 33.)

Abb. 17. Durchschlaggleichspannung zwischen positiver Platte und negativer Spitze mit und ohne Schirm. Abstand Platte—Spitze 9,3 cm. (Elektrotechn. Z. 1930 Heft 33.)

Diese Wirkungsweise läßt sich wie folgt schildern: In den Abschnitten 1 bis 4 ist gezeigt worden, daß in allen Fällen die Einleitung des Gasdurchschlages durch Entladungskanäle erfolgt, die von der Anode aus vorwachsen und überwiegend positive Raumladung besitzen. Die Entwicklung dieser Kanäle entsteht durch Elektronen, die infolge des elektrischen Feldes nach der Anode hin wandern. Hält man diese Elektronen auf, was durch eine dünne Wand (z. B. aus Papier) erfolgen kann, dann unterbindet man die Verlängerung der Kanäle nach der Kathode hin und erhöht dementsprechend die Durchschlagspannung. Es folgt aus

---

[1] Eine ausführliche Darstellung der Verhältnisse findet sich bei Erwin Marx, Lit. 52, Lit. 50 S. 67/68. Hermann Roser, Lit. 83. K. Großmann, Lit. 21a.

[2] Vgl. z. B. Arnold Roth, Lit. 84 S. 177/78.

dieser Tatsache, daß die Anwendung solcher Schirme nur Zweck hat vor gekrümmten Elektroden, die (dauernd oder zeitweise) positives Potential gegenüber der anderen Elektrode besitzen. Im anderen Falle entstehen die positiven Kanäle auf beiden Seiten der Schirme und deren Wirkung fällt weg oder schlägt ins Gegenteil um. Bei richtiger Aufstellung und in stark unhomogenen Feldern erhält man durch solche Schirme eine Erhöhung der Durchschlagspannung auf etwa das Dreifache, während man bei falscher Aufstellung Herabsetzungen bis auf weniger als die Hälfte der Durchschlagspannung herbeiführen kann. Die Abb. 16 und 17 zeigen Versuchsergebnisse, die mit und ohne Schirm gewonnen sind. Man sieht, daß ein wesentlicher Schutz nur nach Abb. 16 zu erreichen ist, wo die stark gekrümmte Elektrode (Spitze) positiv ist. Der Schirm muß einen geringen Abstand (1 bis 2 cm) von der Spitze besitzen, wenn der Höchstwert der Durchschlagspannung erreicht werden soll. Bei der Anordnung nach Abb. 17 treten die bereits erwähnten starken Herabsetzungen ein.

Die Benutzung solcher Schirme kommt besonders bei sehr hohen Spannungen in Frage. Wenn also, wie zu erwarten ist, die Übertragungsspannungen durch die hier beschriebenen Lichtbogen-Stromrichter weiter wachsen, wird auch die Anwendung solcher Schirme in Luft stärker in Frage kommen, als das bisher in Kraftanlagen der Fall ist. Zur Zeit bestehen schon viele Anwendungsmöglichkeiten bei Anlagen für sehr hohe Spannungen, z. B. bei Prüfanlagen (vgl. Abschnitt 21, S. 78)[1].

II. Vorgänge während der Lichtbogendauer.

10. Allgemeines über den Lichtbogen.

Bei Lichtbogen-Stromrichtern muß der gesamte elektrische Strom, der von der Anlage mit der gegebenen Spannungsform in die Anlage mit der erwünschten Spannungsform hinüberfließt, durch den Lichtbogen strömen. Der Lichtbogen ist also, abgesehen von etwaigen Erdverbindungen, normalerweise das einzige Bindeglied zwischen den beiden Anlagen. Bei der großen Wichtigkeit, die dadurch der Lichtbogen für die Umformungsanlagen besitzt, müssen wir uns recht genau über ihn unterrichten. Über die Lichtbogenerscheinungen liegt eine sehr große Zahl von Veröffentlichungen vor[2]; diese beziehen sich aller-

---

[1] Weitere sehr eingehende Versuche über die Schirmung bei verschiedenen Elektrodenabständen, Elektrodenformen, Spannungsarten sowie über die Entwicklung der Entladungskanäle bei der Anwendung von Schirmen sind in den bereits angeführten Arbeiten von Hermann Roser, Lit. 83, K. Großmann, Lit. 21a, und vom Verfasser, Lit. 52, beschrieben.

[2] Vgl. z. B. die umfassenden Darstellungen von R. Seeliger, Lit. 103 und 104 und August Hagenbach, Lit. 27. Dort sind auch sehr eingehende weitere Literaturangaben gemacht.

dings meist auf kleine Stromstärken und auf kleine Elektrodenabstände. Ferner sind bisher hauptsächlich Lichtbögen zwischen Kohleelektroden untersucht worden. Erst in neuester Zeit sind, in der Hauptsache im Zusammenhange mit dem Problem der Aus- und Einschaltung großer Leistungen, auch über Lichtbögen großer Stromstärken bei großen Elektrodenabständen einige wichtige Arbeiten erschienen[1]. Wir werden hier wieder die Erscheinungen nur insoweit zu behandeln haben, als sie für die Umformung von Wichtigkeit sind. Allerdings soll dabei versucht werden, über die physikalischen Zusammenhänge Klarheit zu erhalten.

Der Lichtbogen besteht aus drei Teilen, die getrennte Aufgaben besitzen und die dementsprechend auch getrennt behandelt werden können, nämlich

1. aus dem heißen Gaskanal, in dem sich die Elektronen und die positiven Ionen bewegen, die die elektrische Ladung durch die Luftstrecke transportieren,

2. aus dem Gebiet des Kathodenfalles, in dem die Elektronen aus Molekülen herausgeholt werden müssen, und

3. aus dem Gebiet des Anodenfalles, in dem die positiven Ionen entstehen.

Die Fallgebiete an den Elektroden nehmen bei Elektrodenabständen größer als etwa 1 cm, die hier ausschließlich betrachtet werden sollen, einen sehr kleinen Teil der Lichtbogenlänge ein. In der eigentlichen Gasstrecke außerhalb dieser Fallgebiete herrschen Bedingungen, die praktisch nur durch die Verhältnisse im Gaskanal und in der umgebenden Luft bedingt sind.

Der Lichtbogen hat stets das Bestreben, so zu brennen, daß die in ihm erzeugten Verluste ein Minimum werden, es gilt also auch für ihn dieses bekannte Naturgesetz. Da die Lichtbogenfeldstärke in der freien Gasstrecke bei großen Stromstärken recht klein ist (von rund 50 A an bis zu sehr großen Stromstärken wird oft mit etwa 30 V/cm gerechnet; wie wir später sehen werden, kommen aber bei bestimmten Anordnungen sehr viel niedrigere Werte in Frage, s. S. 52), so ist auch die Kraft, die den Lichtbogen zu verkürzen sucht, sehr gering. Wenn der Lichtbogen also in strömender Luft brennt oder wenn er infolge der durch ihn selbst erzeugten Hitze und Luftverdünnung einen Auftrieb erleidet, so wandert er leicht mit der Strömung, auch wenn dabei eine Verlängerung der Lichtbogenbahn nötig ist. Soll dagegen der Lichtbogen eine Relativbewegung gegenüber der ihn umgebenden Luft ausführen, so müssen immer neue Luftteilchen erhitzt werden, und die Verluste vergrößern sich erheblich. Eine Bewegung der Lichtbogenfußpunkte auf den Elektroden ist ebenfalls sehr leicht möglich. Es werden zwar bei einer solchen Fuß-

---

[1] F. Kesselring, Lit. 36. J. Biermanns, Lit. 1. O. Mayr, Lit. 54 S. 219 und Lit. 55. v. Engel, Lit. 13.

punktwanderung laufend neue Metallteilchen erhitzt, bei der geringen Ausdehnung des erwärmten Gebietes sind jedoch die dabei entstehenden Verluste klein. Diese leichte Beweglichkeit des Lichtbogens führt in Starkstromanlagen oft dazu, daß Lichtbögen beispielsweise an Sammelschienen entlang laufen oder daß sie, wenn der eine Fußpunkt auf einer Elektrode festgehalten ist, mit dem anderen Fußpunkt aufsteigen und große Längen annehmen. Es sind in Anlagen für 220 kV Lichtbögen bis zu 10 m Länge beobachtet worden. Abb. 18 zeigt einen Lichtbogen, der an einer Isolatorenkette bei seitlichem Winde und bei Wechsel-

Abb. 18. Lichtbogen an einer Isolatorenkette bei seitlichem Wind von 12 m/s. (Aufnahme der Hermsdorf-Schomburg-Isolatoren-Gesellschaft.)

spannung von 50 Hertz aufgenommen wurde. In jeder Stromamplitude leuchtet der Lichtbogenkanal hell auf, während er zur Zeit des Nulldurchganges des Stromes dunkel bleibt. Der Luftkanal kühlt sich aber während dieses Nulldurchganges des Stromes kaum ab, so daß der Strom beim Wiederanstieg in der gleichen, nur durch den Wind etwas verschobenen Bahn fließen kann. Aus der Abbildung ist die Wanderungsgeschwindigkeit des Bogens und die Belichtungsdauer leicht zu ersehen.

Ein weiterer Grund für die Bewegung von Lichtbögen ist in magnetischen Feldern zu suchen. Diese üben bekanntlich auf jeden Strom, also auch auf jeden Lichtbogen, eine Kraft aus, die dem Produkt aus magnetischer Feldstärke und Stromstärke proportional ist. Für eine

Lichtbogenablenkung kommen sowohl Magnetfelder fremder Ströme wie das magnetische Feld des Lichtbogenstromes selbst in Frage. Bildet sich beispielsweise im Lichtbogen eine Schleife, so sucht diese infolge der magnetischen Kräfte die von ihr umschlossene Fläche zu vergrößern. Da diese Kräfte sehr beträchtlich sein können, entstehen oft auch dadurch sehr rasche Lichtbogenbewegungen. Beim Wechselstromlichtbogen wird dagegen die Lichtbogenbahn Schleifen zu vermeiden versuchen, weil dadurch gegenelektromotorische Kräfte entstehen, die die Lichtbogenspannung erhöhen.

Dieser sehr leicht bewegliche gasförmige Leiter ist also bei den Lichtbogen-Stromrichtern in feste Bahnen zu leiten. Er muß zu genau bestimmter Zeit periodisch entstehen, mit bestimmter Mindestgeschwindigkeit auf den Elektroden wandern, damit sie nicht zu heiß werden, und er muß beim Nulldurchgang des Stromes möglichst ohne Nachwirkungen verlöschen, so daß die elektrische Festigkeit der Gasstrecke außerordentlich rasch wieder einen hohen Wert annimmt. Diese Bedingungen zu erfüllen ist sehr schwierig; hier liegt auch der eigentliche Grund dafür, daß bisher eine Umformung großer Leistungen durch Lichtbögen trotz vieler dahingehender Versuche nicht möglich war.

11. Vorgänge im Gaskanal.

Der Gaskanal dient, wie bereits angegeben, zur Leitung der Elektronen und positiven Ionen. Wir können die Vorgänge in diesem Kanal dadurch getrennt von den Vorgängen an Kathode und Anode behandeln, daß wir zunächst annehmen, dem Kanal wird je Sekunde von der Kathode eine gewisse, durch die Lichtbogenstromstärke festgesetzte Zahl von Elektronen und von der Anode eine gewisse Zahl von positiven Ionen geliefert. Der Gaskanal dient dann nur zum Transport dieser elektrischen Ladungen. Im wesentlichen trifft diese Anschauung die tatsächlichen Verhältnisse.

Nehmen wir an, der Lichtbogen brennt bei konstanten Verhältnissen in Luft von Atmosphärendruck, dann ist der Kanal durch die folgenden Größen, deren Zusammenhänge zu erörtern sind, gekennzeichnet: Stromstärke, Spannungsabfall je cm Länge, Temperatur und Querschnitt. Die Stromstärke im Lichtbogen ist beim Stromrichter durch die Belastung gegeben, sie wird also durch die Lichtbogenverhältnisse praktisch nicht beeinflußt.

Der Spannungsabfall im Lichtbogenkanal, den man erhält, wenn man von der zwischen den Elektroden vorhandenen Lichtbogenspannung den Kathoden- und Anodenfall abzieht, ist nach zahlreichen Messungen bei sonst gleichen Bedingungen der Länge des Lichtbogens proportional. Daraus ergibt sich, daß der Spannungsabfall je cm Lichtbogenlänge konstant ist. Daraus geht wieder die Tatsache hervor, daß sich die positiven und negativen Ladungen auf jeder Längeneinheit des Lichtbogens gerade die Wage halten. Wenn das nicht der Fall wäre, wenn also im Lichtbogen Raumladungen einer Polarität überwiegen würden, dann müßte bei symmetrischer Anordnung die Feldstärke zwischen einem solchen Raumladungsgebiet und der Elektrode gleicher Polarität niedriger sein als zwischen der Raumladung und der Elektrode entgegengesetzter Polarität. Das ist aber, wie gesagt, nicht der Fall. Wir hatten diese Tatsache, daß in jeder Längeneinheit des Lichtbogens gleich viele positive und negative Ladungen vorhanden sein müssen, im Abschnitt 4, S. 11 bereits daraus geschlossen, daß der Lichtbogen bei konstanten Betriebsbedingungen einen konstanten Querschnitt besitzt. Da sich die Elektronen einige hundertmal rascher bewegen als die positiven Ionen, so ergibt sich aus der Tatsache der gleichen Ladungsmengen je Längeneinheit, daß die Elektrizität im Lichtbogen hauptsächlich durch Elektronen transportiert wird, denn die Zahl der in der Zeiteinheit durch den Lichtbogen laufenden Elektronen verhält sich zu der Zahl der durchlaufenden positiven Ionen wie die Geschwindigkeit der Elektronen zur Geschwindigkeit der positiven Ionen.

Um den elektrischen Strom durch den Lichtbogenkanal zu treiben, d. h. um den Elektronen und positiven Ionen eine gewisse mittlere Geschwindigkeit zu erteilen, ist eine bestimmte Feldstärke nötig, die bei sonst gleichen Verhältnissen der Gasdichte proportional ist. Die Gasdichte ist bei Atmosphärendruck des umgebenden Gases der absoluten Temperatur des Gaskanals umgekehrt proportional. Durch die häufigen Zusammenstöße der Elektronen und positiven Ionen im Lichtbogenkanal mit den Gasmolekülen erhält der Kanal seine hohe Temperatur. Das Produkt aus Lichtbogenspannung und Stromstärke ergibt die Lichtbogenleistung, der die im Lichtbogen je Sekunde entwickelte Wärme proportional ist. Die entstehende Wärme muß im stationären Zustand gerade wieder abgeführt werden, was durch Wärmestrahlung, Wärmeleitung und Abtransport der Wärme durch die in der Umgebung des Lichtbogens strömende Luft (Konvektion) erfolgt. (Eine genauere Betrachtung hierüber folgt im Abschnitt 18.) Die abgeführte Wärmemenge hängt von der Temperatur des Kanals und von seiner Oberfläche ab. Wächst durch Steigerung der Stromstärke die dem Lichtbogen zugeführte Wärmemenge, so müssen also Temperatur oder Oberfläche oder beide Größen wachsen. Temperatur und Querschnitt des Kanals haben jedenfalls bei allen Betriebszuständen das Bestreben, sich so einzustellen, daß die vom Lichtbogen sekundlich abgegebene Wärmemenge zu einem Mindestwert wird. Dann wird auch die zum Elektrizitätstransport notwendige Leistung ein Minimum[1]. Nach neueren

---

[1] Es ist allerdings denkbar, daß bei gegebenen äußeren Verhältnissen verschiedene, stabile Zustände eines Lichtbogens existieren.

Messungen kann man im allgemeinen mit einer Temperatur von 6000⁰ abs. im Lichtbogenkanal rechnen[1]. Der Querschnitt des Lichtbogens kann, wie im Abschnitt 15 näher beschrieben wird, ganz verschiedene Werte annehmen.

Wir haben bisher der Einfachheit halber angenommen, daß der Lichtbogenkanal einen reinen Transportweg der von den Elektroden kommenden Teilchen bildet. Das ist nur in gewisser Annäherung der Fall, denn auf dem Lichtbogenwege weicht ein Teil der in Bewegung befindlichen Teile infolge der Zusammenstöße mit den Gasmolekülen aus der Bahn aus. Besonders häufig wird dieses Ausweichen bei Elektronen der Fall sein, weil diese viel rascher und kleiner als die positiven Ionen sind. Beim Ausweichen kommen die Elektronen bald in Gebiete großer Luftdichte, in denen sich ihre Geschwindigkeit vermindern muß und in denen sie sich leicht an Moleküle oder positive Ionen anlagern können. Bei der Anlagerung oder Wiedervereinigung wird die Energie der Teilchen als Lichterscheinung frei. Im großen und ganzen muß der Querschnitt des Lichtbogenkanals im stationären Betriebe annähernd konstant bleiben und die Stromstärke, also auch die Zahl der in Bewegung befindlichen Teilchen, muß an jeder Querschnittstelle des Kanals gleich groß sein. Wenn also eine größere Zahl von Teilchen aus dem Kanal entweicht, so muß die entsprechende Zahl neuer Teilchen wieder durch Stoßionisation oder Thermoionisation gebildet werden.

Die Stoßionisation wird im Lichtbogenkanal nicht sehr erheblich sein, wie aus der folgenden Überlegung hervorgeht. Um die Elektronen bei normaler Luftdichte zur Stoßionisation zu bringen, ist eine Feldstärke von rund 30000 V/cm notwendig. Die Lichtbogenfeldstärke beträgt etwa 30 V/cm, also den 1000. Teil. Wenn bei dieser Lichtbogenfeldstärke eine starke Stoßionisation vorliegen sollte, so müßte die Luftdichte 1000 mal geringer sein als in normaler Luft. Da in der Umgebung des Lichtbogens Atmosphärendruck herrschen soll, wäre dies nur bei 1000facher absoluter Temperatur möglich. Eine solche Temperatur wird jedoch nicht im entferntesten erreicht. Stoßionisation wird also im Lichtbogenkanal nur selten eintreten können. Wenn eine erhebliche Ionisation im Lichtbogenkanal vorliegt, so wird diese also in der Hauptsache Thermoionisation sein[2].

Die Größe der Lichtbogenspannung bei verschiedenen Betriebsbedingungen wird im Abschnitt 15 gesondert behandelt.

12. Die Vorgänge an der Kathode.

Wir haben den Lichtbogenkanal im wesentlichen als Leiter für die Bewegung von Elektronen und positiven Ionen aufgefaßt. In dieser

---

[1] Vgl. O. Mayr, Lit. 55 S. 76. Dort sind auch weitere Literaturangaben gemacht.
[2] Vgl. auch O. Mayr, Lit. 55 S. 76.

Auffassung wurden wir bestärkt durch die sich aus Versuchen ergebende Tatsache, daß im Gaskanal an allen Stellen die gleiche Feldstärke und der gleiche Querschnitt vorliegt. Dementsprechend muß die Erzeugung fast aller zum Elektrizitätstransport nötigen Elektronen an der Kathode und die Erzeugung fast sämtlicher positiver Ionen an der Anode erfolgen. Für die Erzeugung der Elektronen an der Kathode bestehen zwei Möglichkeiten: die Elektronen können entweder aus den Luftmolekülen in unmittelbarer Nähe der Kathode oder aus den Metallmolekülen der Kathode selbst ausgelöst werden. Auch für den Vorgang der Elektronenauslösung bestehen zwei Möglichkeiten: erstens kann diese Auslösung in Luft oder Metall durch den Stoß der positiven Ionen erfolgen (die neu entstandenen Elektronen kommen in dem Luftraum in unmittelbarer Kathodennähe ebenfalls zur Stoßionisation und beteiligen sich sehr wirksam an der Erzeugung weiterer Elektronen und positiver Ionen), zweitens kann die Loslösung von Elektronen aus Luft- oder Metallmolekülen unmittelbar durch die an der Kathode herrschende hohe Feldstärke erfolgen, wobei die Temperatur eine ausschlaggebende Rolle spielt. Bei sehr hoher Temperatur können bekanntlich die Metalle auch bei niedriger Feldstärke im umgebenden Raum Elektronen aussenden (Glühemission); in Gasen tritt ebenfalls bei sehr hoher Temperatur leicht eine Ablösung von Elektronen von den Gasmolekülen ein (Thermoionisation). Bei niedriger Temperatur ist eine äußerst hohe Feldstärke zur Loslösung von Elektronen aus Molekülen nötig.

Nach den zahlreichen Versuchsergebnissen, die an den verschiedensten Stellen über diese Fragen gewonnen und veröffentlicht sind[1] und die sich zum Teil zu widersprechen scheinen, muß man der Meinung sein, daß nicht eine der angeführten Möglichkeiten in allen Fällen vorliegt, sondern daß bei Veränderung der Versuchsbedingungen auch die Art der Elektronenauslösung sich ändern kann. Es hängt also von den jeweiligen Anordnungen ab, ob die eine oder die andere der oben angedeuteten Möglichkeiten oder vielleicht mehrere von diesen zugleich maßgebend sind. Für die Lichtbogen-Stromrichter ist auch diese Frage von großer Wichtigkeit. Es ist z. B. für die Kühlung, den Abbrand, die Erzeugung einer Lichtbogenwanderung durch Luftströmung oder magnetische Felder sowie für die Lichtbogenlöschung sehr wichtig, zu wissen, ob unter allen Umständen durch den Lichtbogen eine so hohe Erhitzung der Kathode erfolgen muß, daß eine glühelektrische Emission der Elektronen, also ein Austreten von zahlreichen Elektronen aus der Kathode auch schon bei niedriger Feldstärke, eintreten kann. Wir wollen deshalb die Frage der Elektronenerzeugung an der Kathode etwas näher behandeln.

---

[1] Vgl. z. B. Seeliger, Lit. 104 S. 598 u. f.

In den meisten Fällen wird bei der Elektronenerzeugung an der Kathode die sogenannte glühelektrische Emission eine Rolle spielen, wobei die Kathode durch den Aufprall der positiven Ionen am Lichtbogenfußpunkt stark erhitzt wird. (Die Temperatur an der Kathode liegt in der Größenordnung von 1000 bis 3000° C.) Eine Bestätigung findet diese Theorie der glühelektrischen Emission z. B. durch Versuche mit bewegten Kohleelektroden[1], wo der Lichtbogenfußpunkt auf der Kathode trotz Verlängerung der Lichtbogenbahn stehen bleibt, während er auf der Anode leicht wandert. Bei Kohleelektroden zeigt sich ein solches Festhaften des kathodischen Brennfleckes viel stärker als bei Metallen, weil die Wärmeleitfähigkeit der Kohle geringer ist. Infolge des langen Heißbleibens des Lichtbogenfußpunktes ist die Nachwirkung eines Lichtbogens bei Kohleelektroden sehr groß. Ein Lichtbogen läßt sich zwischen Kohleelektroden noch nach einer Sekunde mit Niederspannung wieder zünden. Kohleelektroden sind deshalb für Lichtbogen-Stromrichter ungeeignet, weil es hier darauf ankommt, daß eine Lichtbogenstrecke sehr kurze Zeit nach ihrem Verlöschen wieder eine hohe Sperrspannung verträgt. Insbesondere wäre Kohle für die Elektrode, die in der Sperrzeit Kathode ist, unbrauchbar. Bei heißer Kathode beträgt der Kathodenfall, d. h. die Spannung an dem Gebiet in unmittelbarer Nähe der Kathode, das sich von dem eigentlichen Gaskanal grundsätzlich unterscheidet, nur etwa 5 bis 15 V. Die Größe der Feldstärke an der Kathode hängt von der Dicke dieses Fallgebietes ab. Nimmt man diese Dicke nur gleich der mittleren freien Weglänge der Elektronen an, so kommt man auf Feldstärken von 10^5 bis 10^6 V/cm. (Bei so hohen Feldstärken würden auch bei kalter Kathode wahrscheinlich schon Ablösungen von Elektronen aus den Molekülen eintreten können.)

Man hielt bis vor einiger Zeit die glühelektrische Emission für die einzige Möglichkeit der Elektronenerzeugung an der Kathode. Der Lichtbogen wurde deshalb definiert als Entladungsform mit autogen, d. h. durch die Entladung selbst hocherhitzter Kathode[2]. Diese Definition ist heute nicht mehr als maßgeblich anzusehen[3]. Der Verfasser hält es für richtiger zu sagen: Ein Lichtbogen liegt dann vor, wenn sich in einem heißen Gaskanal positive und negative Ladungen mit großer Geschwindigkeit bewegen, und wenn auf jeder Längeneinheit gleichviele positive und negative Ladungen vorhanden sind. Denn nur unter dieser Bedingung ist, wie in den Abschnitten 4 und 11 gezeigt wurde, ein stabiles Brennen des Lichtbogens und das Fließen eines großen Stromes bei niedriger Spannung (fallende Charakteristik) möglich.

---

[1] Vgl. Seeliger, Lit. 104 S. 599.   [2] Vgl. Seeliger, Lit. 102.
[3] Vgl. Seeliger, Lit. 104 S. 598.

Daß auch bei kalter Kathode ein Lichtbogen brennen kann, ergibt sich aus verschiedenen Untersuchungen. Am augenfälligsten beweisen es Messungen über die Wanderungsgeschwindigkeit des Kathodenfußpunktes[1]. Es gelang, den Fußpunkt auf Metallen mit einer Geschwindigkeit von einigen Metern in der Sekunde zu bewegen, auf Quecksilber sogar mit einigen hundert Metern in der Sekunde. Bei so rascher Wanderung ist eine Erhitzung des Metalles bis zum Glühen nach Rechnungen von Seeliger nicht möglich. Es muß also hier eine andere Elektronenerzeugung eintreten. Offenbar wird bei rascher Wanderung, ebenso wie bei guter Kühlung der Kathode, der Kathodenfall erheblich vergrößert (es sind bis zu 60 V gemessen worden). Es treten dann an die Stelle der glühelektrischen Emission der Elektronen einer oder mehrere der anderen bereits angegebenen Wege zur Elektronenerzeugung wie: die Auslösung aus kalter Kathode durch ein sehr hohes Feld, die Auslösung aus heißen Gasmolekülen, Stoßionisierung durch positive Ionen im Gas oder Stoßauslösung aus dem Metall[2]. Für die Lichtbogen-Stromrichter ist diese Möglichkeit sehr günstig. Wenn der Fußpunkt des Lichtbogens auf der Kathode nicht heiß zu sein braucht, so muß es möglich sein, den Elektrodenabbrand sehr gering zu halten. Der Lichtbogen muß zu diesem Zwecke zu rascher Wanderung gebracht und die Kathode gut gekühlt werden. Allerdings werden dadurch infolge der Vergrößerung des Kathodenfalles die Lichtbogenverluste etwas höher.

Die Größe des Brennfleckes auf der Kathode ist verschiedentlich gemessen worden. Es ergab sich im allgemeinen, daß die Fläche des Brennfleckes proportional mit der Stromstärke wächst, daß also die Stromdichte im Brennfleck konstant ist. Güntherschulze fand z. B. an Eisen in Luft eine Stromdichte von 7200 A/cm²*. Bei wachsendem Luftdruck wird der Brennfleck, ähnlich wie der Querschnitt des Gaskanals, kleiner.

Für die Vorgänge an der Kathode sind durch Compton, Güntherschulze, Seeliger, van Voorhis, v. Issendorff und Wehrli Energiebilanzen aufgestellt worden[3]. Diese für die Theorie des Lichtbogens sehr wichtigen Betrachtungen sind allerdings wegen der vielen in Frage kommenden Faktoren zunächst noch etwas unsicher. Für unsere Zwecke mag folgendes genügen: Die dem Brennfleck an der Kathode je Zeiteinheit zugeführte Energie ist dem Produkt aus Kathodenfall und Stromstärke proportional. Diese Energie ist im Dauer-

---

[1] Siehe z. B. Untersuchungen von Stolt, Lit. 110 bis 113.

[2] Vgl. auch W. Ramberg, Lit. 74. Er findet, daß bei einer Reihe von Stoffen (z. B. Kohle) wahrscheinlich die Glühemission die entscheidende Rolle spielt, während bei anderen Stoffen (z. B. Kupfer) die Loslösung von Elektronen in der Hauptsache durch eine außerordentlich hohe Feldstärke erfolgt.

* Lit. 24.   [3] Seeliger, Lit. 104 S. 627.

zustand gleich der in derselben Zeit verbrauchten Energie. Dieser Verbrauch entsteht durch:

Ablösearbeit der Elektronen,

Wärmeverlust durch Strahlung und Wärmeleitung im Gas und Metall,

Verdampfungswärme des Metalles.

Die Verhältnisse stellen sich wieder selbsttätig so ein, daß im Lichtbogenfußpunkt eine möglichst geringe Energie verbraucht wird. Bei dem in Ruhe befindlichen Fleck ist diese geringste Energie bei sehr hoher Temperatur der Kathode vorhanden, weil dann die Auslösung der Elektronen am leichtesten vor sich geht. Wenn allerdings eine sehr erhebliche Verdampfung des Metalles erfolgt, wird der Fleck oft durch explosionsartig auftretende Gasbildung vertrieben oder zerspalten. Erzeugt man durch Elektroden- oder Luftbewegung oder durch magnetische Felder eine rasche Wanderung des Brennfleckes, dann müssen immer neue Teile der Elektroden erwärmt werden. Wenn schließlich die Wanderungsgeschwindigkeit so groß wird, daß das Kathodenmetall nicht mehr erheblich erwärmt werden kann, werden die Elektronen unter Aufwand von mehr Energie, wahrscheinlich zum Teil auch aus der Luft, erzeugt. Es fällt dann zwar die Verdampfungswärme des Metalles weg. Trotzdem steigt, wie bereits angegeben wurde, der Kathodenfall und dadurch die im Fußpunkt verbrauchte Energie.

Es wurde schon verschiedentlich auf die gleiche Ladungszahl je Zentimeter im Lichtbogenkanal hingewiesen. Da die positiven Ionen einige hundertmal langsamer wandern als die Elektronen, muß der Ankunft jedes positiven Ions in Kathodennähe die Abwanderung einiger hundert Elektronen entsprechen. Aus dieser Tatsache sieht man, daß die Auslösung von Elektronen durch Stoß der positiven Ionen auf das Metall allein bei weitem nicht ausreicht. Bei Stoßionisation im Luftraum vor der Kathode müßte jedes positive Ion mehrmals zur Zertrümmerung von Gasmolekülen führen. Die Dicke des Kathodenfalles müßte dann ein Mehrfaches der freien Weglänge der positiven Ionen betragen. Die Elektronen kommen allerdings im Kathodenfallgebiet auch ihrerseits zur Stoßionisation und erzeugen dadurch neue positive Ionen und Elektronen. Das Kathodenfallgebiet besitzt, wie jedes Stoßionisationsgebiet, positive Überschußladung (vgl. Abschnitt 2). Durch diese positive Überschußladung ergibt sich die Höhe des Kathodenfalles.

Wie regelt sich nun das Verhältnis zwischen der Zahl der im Kathodengebiet ankommenden positiven Ionen und der Zahl der von dort abwandernden Elektronen, das, wie gesagt, ein ganz bestimmtes sein muß? Um einen stabilen Betrieb des Lichtbogens zu erreichen, muß stets mit der Lichtbogenstrecke ein Wirkwiderstand in Reihe geschaltet sein. Bei dem Lichtbogen-Stromrichter wird dieser Widerstand durch die angeschlossene Belastung dargestellt. Die Lichtbogenspannung ist in diesem Falle klein gegenüber der Spannung am Widerstand, d. h. der Lichtbogenstrom ist fast ausschließlich durch die Spannung der Stromquelle und die Größe des Belastungswiderstandes gegeben. Der Strom von festliegender Stärke hat eine bestimmte Lichtbogenspannung zur Folge, die sich auf den Lichtbogenkanal sowie auf Kathoden- und Anodenfall verteilt. Wenn nun durch die an der Kathode ankommenden positiven Ionen zu wenig Elektronen erzeugt werden, so erhält der Kanal eine positive Überschußladung und dadurch muß der Kathodenfall steigen. Durch dieses Ansteigen wird die Elektronenerzeugung erhöht, bis wieder Gleichgewicht im Kanal vorhanden ist. Wenn umgekehrt die Elektronenerzeugung an der Kathode zu stark ist, entsteht negative Überschußladung im Kanal; der Kathodenfall wird kleiner und es tritt eine Verringerung der Elektronenerzeugung ein.

Auch die Regelung der Gesamtmenge der in der Sekunde erzeugten positiven Ionen und Elektronen, die ja der sekundlich transportierten Elektrizitätsmenge (dem Strom) entspricht, erfolgt auf ähnlichem Wege. Transportiert die Lichtbogenstrecke zu wenig Elektrizität, dann sinkt der Strom und der Spannungsabfall am Belastungswiderstand. Dadurch wächst die Spannung an der Lichtbogenstrecke und die Erzeugung der nicht neutralen Teilchen. Andererseits kann die Zahl der sekundlich transportierten Teilchen nie dauernd zu groß werden, weil dann der Spannungsabfall am Belastungswiderstand gleich der Spannung der Stromquellen wird und die Lichtbogenspannung verschwinden müßte[1].

13. Die Vorgänge an der Anode.

An der Anode müssen die im Lichtbogenkanal benötigten positiven Ionen durch die dort ankommenden Elektronen erzeugt werden. Die Auslösung von positiven Ionen aus dem Elektrodenmaterial ist nicht möglich, also müssen diese durch Stoßionisation der Gasmoleküle entstehen. In unmittelbarer Nähe der Anode liegt durch den dort vorhandenen Überschuß an Elektronen ein hohes Spannungsgefälle vor, der Anodenfall. Die in der Literatur enthaltenen, durch Versuche gefundenen Werte des Anodenfalles gehen weit auseinander. Die Spannung des Anodenfallgebietes liegt hiernach etwa in der Höhe von 2,5 bis 8 V, sie ist also niedriger als die Spannung des Kathodenfallgebietes. Die Dicke des Anodenfalles ist sehr gering, die dort vorhandene Feldstärke reicht deshalb, trotz der niedrigen Spannung des Anodenfalles, zur Stoßionisation der Elektronen aus. Da die Zahl der in der Zeiteinheit durch den Lichtbogen wandernden Elektronen einige hundertmal größer ist als die der positiven Ionen, so braucht auch nur ein sehr ge-

---

[1] Siehe hierzu die „Stabilitätsbetrachtungen" bei R. Seeliger, Lit. 103 S. 91.

ringer Teil der an der Anode ankommenden Elektronen dort zur Stoßionisation zu gelangen. Werden durch die Elektronen zu viel positive
Ionen erzeugt, dann erhält der Lichtbogenkanal positive Überschußladung. Dadurch sinkt die Spannung des Anodenfalles, und die Erzeugung von positiven Ionen läßt solange nach, bis keine Überschußladungen im Lichtbogenkanal mehr vorhanden sind. Das Umgekehrte
ist der Fall, wenn zu wenig positive Ionen erzeugt werden. (Vgl. auch
Abschnitt 12, S. 41.)

Durch die große Zahl der an der Anode ankommenden und dort
aufprallenden Elektronen wird auch die Anode am Lichtbogenfußpunkt
erhitzt. Die dort herrschende Temperatur liegt im allgemeinen etwas
höher als die Temperatur des Kathodenfußpunktes. Da eine Auslösung
von positiven Ionen aus der Anode nicht stattfindet, so müßte die Höhe
des Anodenfalles von der Anodentemperatur unabhängig sein. Da durch
eine heiße Anode jedoch der Luftraum in deren unmittelbarer Umgebung
erhitzt wird, sinkt auch der Anodenfall bei hoher Temperatur der Anode.

In elektronegativen Gasen, in denen bekanntlich die Elektronen
eine sehr starke Neigung haben, sich an Moleküle anzulagern und dadurch negative Ionen zu bilden, ist der Anodenfall höher als in anderen
Gasen. Das ist dadurch verständlich, daß negative Ionen zur Stoßionisation eine erheblich höhere Feldstärke brauchen als Elektronen.

14. Die magnetische Ablenkung von Lichtbögen.

Es ist bekannt, daß man einen Lichtbogen durch ein magnetisches
Feld in Bewegung setzen kann. Bei Lichtbogenöfen zur Stickstoffgewin-
nung und bei Poulsen-Generatoren, wo Lichtbögen von großer Stromstärke zwischen den gleichen Elektroden lange Zeit brennen müssen,
benutzt man diese Erscheinung bereits, um eine rasche Wanderung der
Lichtbogenfußpunkte auf den Elektroden zu erzeugen und den Elektrodenabbrand klein zu halten.

Grundsätzliche Untersuchungen über diese magnetische Ablenkung
von Lichtbögen sind von Stolt[1] durchgeführt worden. Er findet, daß
die Wanderungsgeschwindigkeit mit wachsender magnetischer Feldstärke sowie mit wachsender Lichtbogenstromstärke zunimmt. Ferner
stellt er fest, daß ein Einfluß des Elektrodenmaterials nur an der Anode
besteht. Die Geschwindigkeit fällt der Reihe nach bei C, Ag, Au, Cu, Al;
der Geschwindigkeitsunterschied infolge von verschiedenem Elektrodenmaterial betrug im Höchstfalle 30%. Da Stolt nur Lichtbögen von
einigen Millimeter Länge, Lichtbogenstromstärken bis zu 12 A und nur
Wanderungsgeschwindigkeiten von 18 m/s erzielt, mußten diese Untersuchungen erweitert werden. Das Ziel war dabei, die Verhältnisse bei

---

[1] H. Stolt, Lit. 110 und 113. Seeliger, Lit. 104 S. 734.

Lichtbogenstromstärken bis über 100 A_{max}, wie sie für die Stromrichter in Frage kommen, sowie bei großen Lichtbogenlängen zu untersuchen, um den Einfluß von Anode und Kathode sauber trennen zu können. Schließlich mußten größere Wanderungsgeschwindigkeiten erreicht werden, um den Abbrand der Elektroden auch bei größeren Stromstärken klein halten zu können[1].

Die zu diesen Versuchen benutzte Anordnung zeigen die Abb. 19 und 20. Man sieht die beiden einander gegenüberstehenden Lichtbogenlaufflächen L (Gesamtlänge etwa 20 cm), die mit einer Wasserkühlung W versehen sind. Diese Laufflächen besitzen an einem Ende Nasen, zwischen denen jedesmal die Zündung des Lichtbogens erfolgte. Das magnetische Ablenkfeld wurde durch einen Gleichstrom erzeugt, der aus isoliert aufgestellten Akkumulatoren entnommen und durch die Spulen Sp geschickt wurde. Die Eisen E gestatten die Erzeugung einer ziemlich hohen magnetischen Feldstärke in der Luft (s. Abb. 27). Der Lichtbogenstrom wurde einem Transformator von 380 V 50 kVA entnommen und der Lichtbogen in jeder positiven Halbperiode durch einen Zündfunken eingeleitet. Die Abb. 21 stellt die Versuchsschaltung dar. Die Regelung des Hauptstromes (dessen Weg durch stärkere Linien im Schaltbild hervorgehoben ist) erfolgt durch den Widerstand R. Die Kondensatoren von 1 Mikrofarad schützen den Niederspannungskreis vor den bei der Zündung entstehenden hochfrequenten Schwingungen. Die periodische Zündung

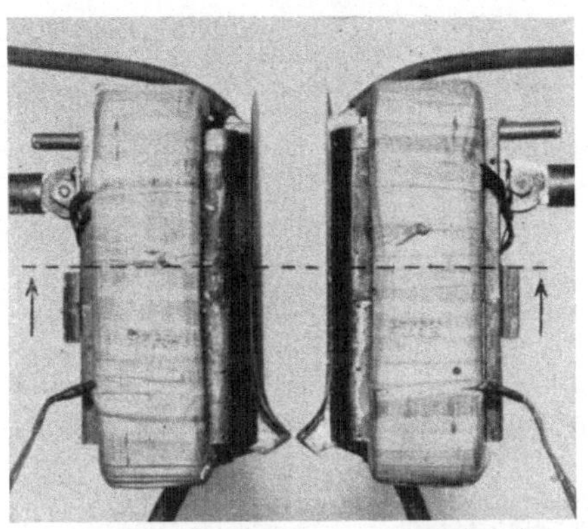

Abb. 19. Anordnung zur Untersuchung der magnetischen Ablenkung von Lichtbögen (Ansicht).

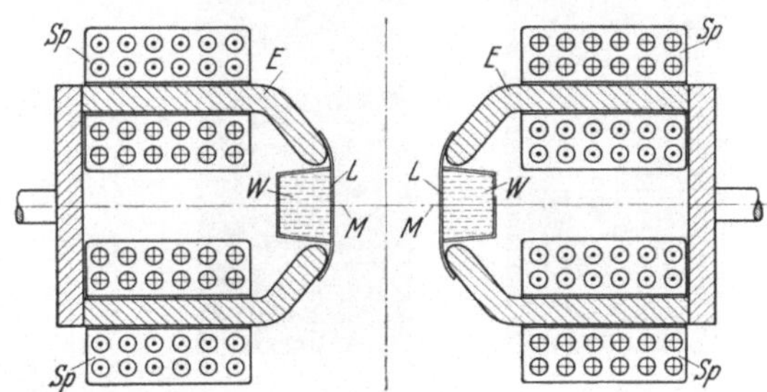

Abb. 20. Anordnung zur Untersuchung der magnetischen Ablenkung von Lichtbögen. (Schnitt. Die Schnittebene und Blickrichtung sind aus Abb. 19 zu ersehen.)

---

[1] Die Durchführung dieser Untersuchungen erfolgte durch Herrn Hans Burghoff mit Unterstützung durch Herrn Woldemar Bolling. Die im folgenden angeführten Versuchsergebnisse sind sämtlich der Forschungsarbeit des Herrn Burghoff entnommen (Lit. 5).

erfolgt mit dem Tesla-Transformator Te, der primäre Zündkreis ist nicht mit dargestellt. (Über diese Zündung wird später im Abschnitt 23 eingehend berichtet.) Die Zündfunken schlugen stets zwischen den

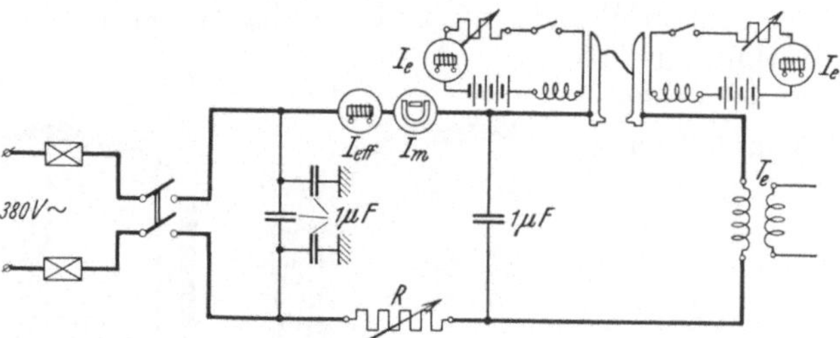

Abb. 21. Schaltung zur Untersuchung der Lichtbogengeschwindigkeit im magnetischen Feld.

beiden unten an den Elektroden befindlichen Nasen über, und der daraufhin entstehende Lichtbogen wurde nun infolge des magnetischen Feldes rasch nach oben getrieben. Die Beobachtung und Photographie

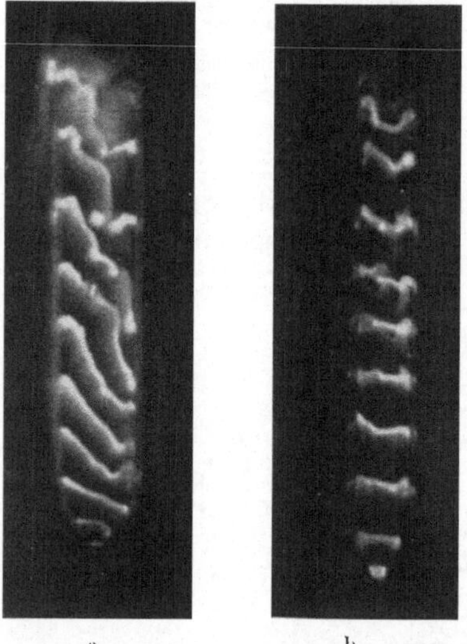

Abb. 22. Photographische Aufnahme der Lichtbogenbewegung bei der Anordnung nach Abb. 19 und 20. Links Kathode, rechts Anode. Zeitabstand zwischen zwei Lichtbögen $^1/_{1800}$ s. a) Lichtbogenstromstärke 125 A_{max}, Elektrodenabstand 30 mm, Ablenkfeldstärke 300 Gauß. b) Lichtbogenstromstärke 50 A_{max}, Elektrodenabstand 20 mm, Ablenkfeldstärke 1000 Gauß.

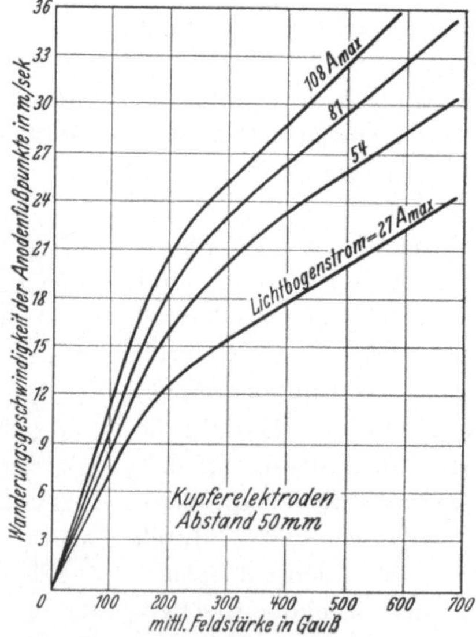

Abb. 23. Wanderungsgeschwindigkeit des Lichtbogenfußpunktes an der Anode in Abhängigkeit von der mittleren Ablenkfeldstärke.

des wandernden Lichtbogens erfolgte durch eine synchron umlaufende Scheibe mit mehreren Schlitzen. Aus der mittleren Umfangsgeschwindigkeit der Schlitze (43,2 m/s) und aus dem mittleren Schlitzabstand (2,4 cm) konnte der Zeitunterschied zwischen zwei aufeinanderfolgenden Bildern leicht berechnet werden; er beträgt $^1/_{1800}$ s. Aus der Wanderung des Lichtbogens während dieser Zeit läßt sich dessen Geschwindigkeit an allen Punkten seiner Bahn bestimmen. Abb. 22 zeigt zwei solche Aufnahmen, die mit einer normalen photographischen Kamera gewonnen wurden. Das Objektiv wurde nur während einer Periode geöffnet. Aus solchen Aufnahmen sind die nachstehenden Ergebnisse gefunden worden. Es wurden von jedem Zustand durchschnittlich 12 Aufnahmen gemacht und aus diesen die Mittelwerte genommen.

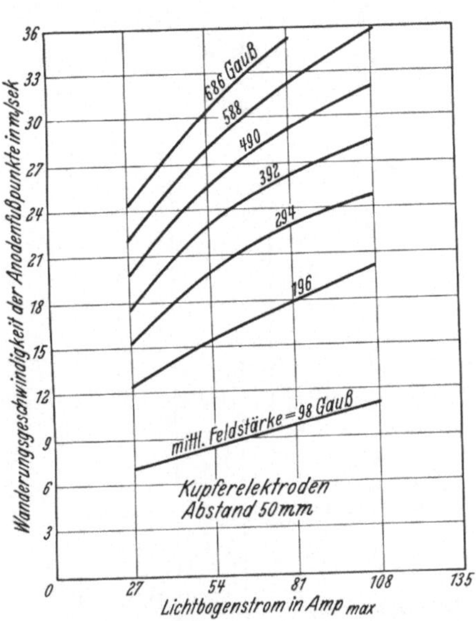

Abb. 24. Wanderungsgeschwindigkeit des Lichtbogenfußpunktes an der Anode in Abhängigkeit von der Lichtbogenstromstärke.

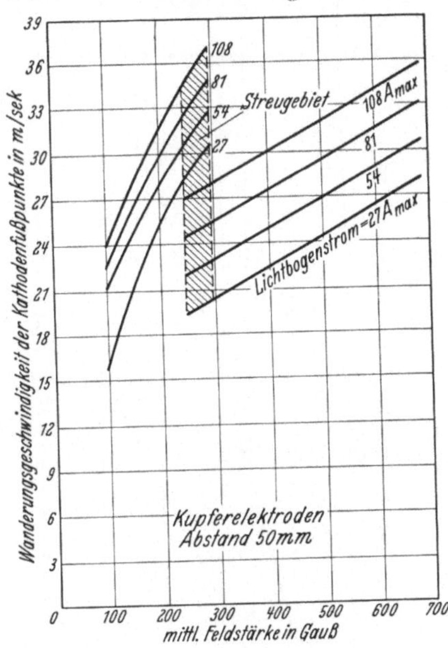

Abb. 25. Wanderungsgeschwindigkeit des Lichtbogenfußpunktes an der Kathode in Abhängigkeit von der mittleren Ablenkfeldstärke.

Während der Wanderung des Lichtbogens über die Lauffläche hinweg hat die Stromstärke verschieden große Werte. Trotzdem bleiben die Abstände zwischen je zwei Lichtbogenbildern (Abb. 22) ungefähr die gleichen. Bei der Auswertung der photographischen Aufnahmen wurden sämtliche Abstände zwischen je zwei aufeinanderfolgenden Lichtbogenbildern gemessen und aus diesen das Mittel genommen. In den Abb. 23 bis 26 sind die Scheitelwerte der Stromstärken eingetragen, obgleich diese nicht während der gesamten Wanderung vorliegen.

Diese Abb. 23 bis 25 zeigen die Lichtbogengeschwindigkeiten an Anode und Kathode bei einem Elektrodenabstand von 5 cm und bei Kupferelektroden, die schon längere Zeit in Betrieb waren. Es zeigte sich nämlich die Tatsache, daß der Lichtbogenbetrieb bei Kupferelektroden erst nach einigen Minuten Betriebsdauer regelmäßig wurde und reproduzierbare Werte ergab. Auf den Elektroden entstand während dieser Zeit ein Oxydüberzug (vgl. Abschnitt 16). Aus den Abbildungen ergibt sich, daß die Wanderungsgeschwindigkeit im allgemeinen, sowohl mit der magnetischen Feldstärke, wie mit der Licht-

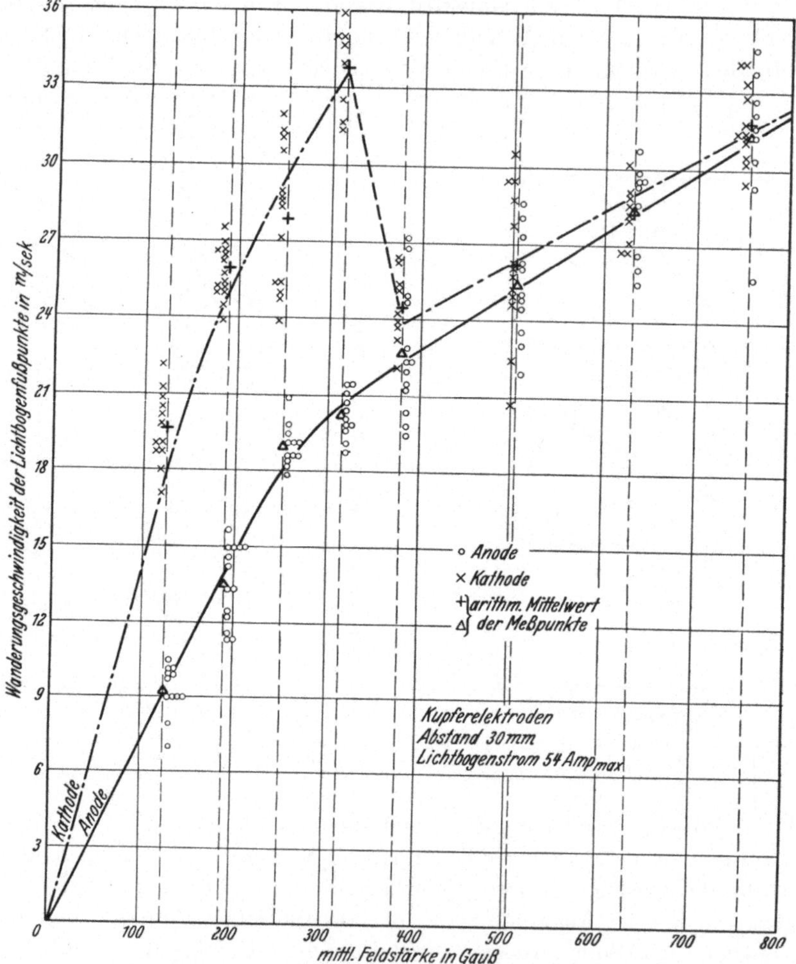

Abb. 26. Wanderungsgeschwindigkeit der Lichtbogenfußpunkte an der Anode und Kathode. Die einzelnen Meßpunkte sind zur Kennzeichnung der Streuung eingetragen.

bogenstromstärke ansteigt. Nur bei der Bewegung der Lichtbogenfußpunkte auf der Kathode ergibt sich zwischen Feldstärken von 200 und 400 Gauß ein stark unregelmäßiges Gebiet. Offenbar wird bei Steigerung der Feldstärke über etwa 250 Gauß hinaus die Geschwindigkeit zunächst wieder kleiner. Dieses Ergebnis ist durch sehr viele Messungen bestätigt worden. In Abb. 26 sind bei 30 mm Abstand und Kupferelektroden die einzelnen, aus je einer photographischen Aufnahme gewonnenen Meßpunkte eingetragen, um die bei den Versuchen vorliegende Streuung zu zeigen. (Wie die Abbildung zeigt, verschwindet der Geschwindigkeitsunterschied auf Anode und Kathode von etwa 500 Gauß an.) Aus den gemessenen Geschwindigkeiten wurden jeweils die arithmetischen Mittelwerte genommen und auf dieser Abbildung mit eingezeichnet. Die Streuung war, wie bereits angedeutet, bei blankpolierten Kupferelektroden noch größer. Es ergaben sich bei solchen Elektroden etwa 30% höhere Geschwindigkeiten.

Die Abhängigkeit der magnetischen Feldstärke im Elektrodenzwischenraum von der Erregerstromstärke zeigt Abb. 27. Die Feldstärken wurden mit einer Prüfspule und mit dem ballistischen Galvanometer durch Umkehren des Erregerstromes gemessen. Die Meß-

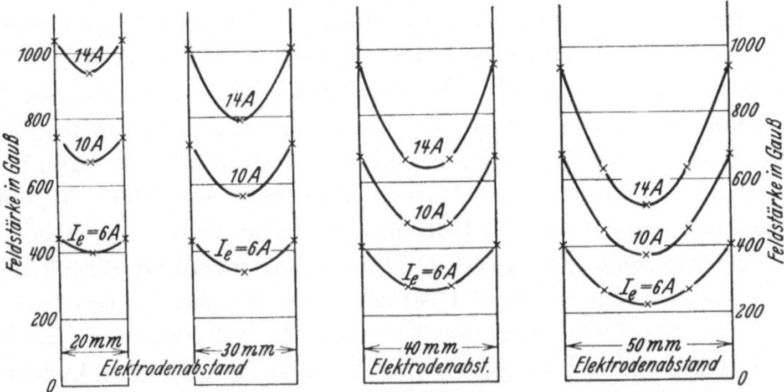

Abb. 27. Die magnetischen Feldstärken bei den Elektroden nach Abb. 19 und 20.

werte beziehen sich auf die Mittelebene der Elektroden (M in Abb. 20). Die Feldstärken waren auf der Länge des Lichtbogenweges konstant. In den Abb. 23 bis 26 sind jedesmal die Mittelwerte dieser Feldstärken angegeben.

Die Abhängigkeit der Wanderungsgeschwindigkeit vom Elektrodenabstand ist, wenn man die gleichen Feldstärken im Lichtbogenraum zugrunde legt, nicht sehr erheblich. Interessant und wichtig sind die an verschiedenen Materialien auftretenden Erscheinungen. Die Versuche hierüber sind noch nicht abgeschlossen. Es kann bereits gesagt werden, daß der Einfluß auf die Wanderungsgeschwindigkeit des Lichtbogens weniger durch die Metalle als durch ihre Oxyde bzw. die Art der Oxydbildung entsteht[1].

---

[1] Die mit dieser Anordnung erzeugte Höchstgeschwindigkeit beträgt bei 800 Gauß und einem Strom von 110 A_{max} etwa 38 m/s. In einer Arbeitsperiode (etwa ein Drittel der Wechselstromperiodendauer) erzielt man also bei 50 Hertz einen zurückgelegten Weg von 24 cm. Das erscheint nach allen durchgeführten Versuchen als völlig ausreichend zur Vermeidung eines wesentlichen Elektrodenabbrandes.

W. Ramberg[1] beobachtet bei einem Lichtbogen zwischen ruhender Anode und rasch bewegter Kathode ein regelmäßiges Springen des Lichtbogens auf der Kathode. Eine solche Erscheinung wurde hier nicht festgestellt. Auf der Anode dagegen wurde in vielen Fällen ein unstetiges Fortschreiten des Lichtbogenfußpunktes beobachtet. Die nähere Untersuchung ist auch hier noch nicht abgeschlossen.

15. Lichtbogenspannung und Lichtbogenverluste und deren Auswirkung auf den Wirkungsgrad der Stromrichter.

Die Lichtbogenspannung, durch die die Lichtbogenverluste bedingt sind, ist für den Wirkungsgrad der Umformung von ausschlaggebender Wichtigkeit. Sie hängt in komplizierter Weise von Lichtbogenstromstärke, Elektrodenabstand, Luftströmung, Luftdruck, Wanderungsgeschwindigkeit des Lichtbogens, Kühlung, Beschaffenheit des Gases usw. ab. Ehe auf diese Verhältnisse näher eingegangen wird, sei zuerst die folgende Betrachtung angestellt, die ein rohes Bild über die zu erwartende prozentuale Höhe der Verluste bei Lichtbogen-Stromrichtern gibt[2].

Der Abstand der Elektroden, zwischen denen der Lichtbogen brennt, muß bei Lichtbogen-Stromrichtern so gewählt werden, daß während der Sperrzeit mit Sicherheit kein Durchschlag zwischen den Elektroden eintritt. Die Durchschlagfestigkeit der Luft bei Atmosphärendruck beträgt im homogenen Felde und bei Abständen von einigen Zentimetern etwa 30000 V/cm. Sieht man von der Tatsache ab, daß zwischen den Lichtbogenelektroden kein homogenes Feld vorliegt und daß der Lichtbogenstrom durch seine Nachwirkungen die Durchschlagspannung in der Sperrzeit etwas herabsetzt (nimmt man also ideale Löschung der Lichtbögen an), so würde die Sperrspannung bei a cm Elektrodenabstand und Atmosphärendruck also $30000 \cdot a$ Volt betragen. Die Höhe der bei der Umformung von Wechselspannungen zu erzielenden Gleichspannung gegen Erde ist höchstens gleich dem Scheitelwert der Wechselspannung gegen Erde. Nimmt man diese Gleichspannung ($U_=$) als konstant an, so beträgt die durch das Lichtbogenventil abzusperrende Spannung in dem Augenblick, in dem die Wechselspannung den entgegengesetzten Scheitelwert erreicht hat, den doppelten Betrag dieser Gleichspannung. Die Sperrspannung ist also gleich $2 \cdot U_=$. Unter diesen Annahmen müssen die Elektroden, wenn man zunächst von der Berücksichtigung eines Sicherheitsgrades absieht, einen Mindestabstand von $a = 2 \cdot \dfrac{U_=}{30\,000}$ cm besitzen.

---

[1] W. Ramberg, Lit. 74.

[2] Wenn die folgenden Ausführungen bis S. 50 einigen Lesern zunächst nicht ohne weiteres verständlich sein sollten, so wird empfohlen, sie zu überschlagen und später im Zusammenhang mit Abschnitt 26 u. f. wieder darauf zurückzukommen.

Die Lichtbogenfeldstärke beträgt in atmosphärischer Luft bei ruhendem Lichtbogen, bei Vernachlässigung von Kathoden- und Anodenfall und bei Stromstärken zwischen 50 und 1000 A etwa 30 V/cm[*]. Bei dem Abstand a beträgt also die Lichtbogenspannung $U_L = 30 \cdot a$ Volt. Der Spannungsabfall in einem Ventil während des Betriebes ist gleich der Lichtbogenspannung. Berechnet man diesen Spannungsabfall in Prozenten der Betriebsgleichspannung, so ergibt sich nach dem oben Gesagten:

$$\frac{U_L}{U_-} \cdot 100 = \frac{30 \cdot a \cdot 2 \cdot 100}{30\,000 \cdot a} = 0{,}2\% \ .$$

Dieser Wert ist, da es sich um Gleichstrom handelt, zugleich der prozentuale Leistungsverlust. Der Betrag ist unabhängig von der Phasenzahl der Wechselstromanlage. Auch die Tatsache, daß mitunter mehrere Ventile gleichzeitig arbeiten, ist ohne Einfluß auf den prozentualen Leistungsverlust (vgl. Abschnitt 30 und 31).

In den Lichtbogenventilen wird meist mit Überdruck gearbeitet[1]. Es erhöht sich dadurch die Lichtbogenspannung um einen geringen Prozentsatz, während die Durchschlagfestigkeit in der Sperrzeit etwa proportional mit dem Druck steigt. Es ist also zu erwarten, daß die prozentualen Verluste in der Kammer bei wachsendem Druck kleiner werden.

Ein Wirkungsgrad von 99,8% ist also bei Atmosphärendruck theoretisch der höchste Betrag, der sich mit Lichtbogen-Stromrichtern in strömender Luft erreichen läßt, wenn man von periodischen Änderungen des Elektrodenabstandes, des Druckes usw. absieht. Dieser Höchstwert des Wirkungsgrades ist unter der Voraussetzung berechnet worden, daß Anoden- und Kathodenfall zu vernachlässigen sind (dafür ist allerdings die Lichtbogenfeldstärke wesentlich höher eingesetzt als ihr Mindestwert, s. S. 52), daß der Lichtbogen während der gesamten Brenndauer mit konstanter Länge und ohne Bewegung brennt, daß der Lichtbogen unmittelbar vor dem Nulldurchgang des Stromes ohne Erhöhung der Verluste gelöscht wird und daß während der Sperrzeit ein homogenes elektrisches Feld zwischen den Elektroden vorliegt. Es fehlt ferner bei der Berechnung des Wirkungsgrades ein Sicherheitszuschlag für die Sperrspannung und es sind die Verluste der zusätzlichen Einrichtungen (künstliche periodische Zündung, Preßluftanlage, Wasserkühlung, magnetische Ablenkung) nicht berücksichtigt. Auf die Änderung des Wirkungsgrades durch diese Punkte wird später eingegangen werden. Obgleich hiernach der oben berechnete Höchstwert des Wirkungsgrades einen praktisch nicht zu erreichenden Betrag darstellt, so ist er doch von

---

[*] Vgl. hierzu allerdings die Bemerkungen auf S. 52.

[1] Bei niedriger Betriebspannung kann allerdings auch mit Unterdruck in den Ventilen gearbeitet werden.

großer Wichtigkeit. Man sieht an seiner Höhe, daß die Verluste auf ein Vielfaches gegenüber diesem Idealzustand ansteigen können, ohne daß die Wirtschaftlichkeit der Umformung dadurch in Frage gestellt wird. Man sieht ferner, daß der Wirkungsgrad von der Spannungshöhe unabhängig ist, so daß die Umformung auch bei Mittelspannungen benutzt werden kann. Bei niedrigerer Betriebspannung fallen lediglich Kathoden- und Anodenfall stärker ins Gewicht, weil diese als konstante Beträge zu der Lichtbogenspannung des Gaskanals hinzugezählt werden müssen. Das, was hier für die Gleichrichtung gesagt wurde, gilt in entsprechender Weise auch für die Wechselrichtung, also für die Umformung von Gleichspannung in Wechselspannung.

Die tatsächliche Höhe der bei Lichtbogenstromrichtern auftretenden Verluste ist sehr stark von der gewählten Elektrodenform und den Betriebsbedingungen abhängig. Es kann deshalb darauf erst im Teil B, Abschnitt 29, eingegangen werden, wenn die Anordnungen, die als Ventile Verwendung finden, bereits näher behandelt worden sind. Hier sollen zunächst einige grundsätzliche Angaben über die Höhe der Lichtbogenspannung bei verschiedenen Existenzbedingungen von Lichtbögen gemacht werden.

Über die Lichtbogenspannung zwischen Metallelektroden sind in der Literatur viele Angaben enthalten[1]. Die meisten Messungen beziehen sich allerdings auf recht kleine Lichtbogenlängen bis zu etwa 1 cm, weil es sehr schwierig ist, einen Lichtbogen von großer Länge ruhig brennen zu lassen. Die Werte sind deshalb als Grundlage für die Umformung nicht unmittelbar zu verwenden. Solche Messungen bei kleinen Elektrodenabständen sind im folgenden nur dann angeführt, wenn entsprechende Angaben bei großen Lichtbogenlängen nicht vorhanden sind. Als einziger Weg, lange Lichtbögen zu untersuchen, kommt zur Zeit wohl der von Grotrian[2] angegebene in Frage. (Eine nach diesem Prinzip in Braunschweig gebaute Anordnung zeigt Abb. 29.)

Die Lichtbogenspannung ist, wie gesagt, von der Stromstärke, von dem Elektrodenabstand, von dem umgebenden Gas, vom Elektrodenmaterial, der Elektrodenkühlung, dem Druck des umgebenden Gases, der Wanderungsgeschwindigkeit usw. abhängig. Bei der großen Zahl dieser Einflußgrößen ist es verständlich, daß die an verschiedenen Stellen gewonnenen Werte meist nicht unmittelbar vergleichbar sind. Die in den einzelnen Bildern aufgezeichneten Werte sind also in ihren Absolut-

---

[1] Siehe z. B. die zusammenfassenden Darstellungen von Seeliger, Lit. 104 S. 675 und Hagenbach, Lit. 26. Die im Institut des Verfassers angestellten Versuche über die Lichtbogenspannung an einfachen Anordnungen und an den im Teil B behandelten Stromrichterelektroden wurden durch Herrn Walter Schneider durchgeführt, Lit. 94, siehe dort auch eingehenden Literaturnachweis.

[2] Grotrian, Lit. 22.

werten nicht allgemein maßgebend. Die Abbildungen sollen in der Hauptsache die Abhängigkeit der Lichtbogenspannung von einer bestimmten Einflußgröße darstellen. Alle genannten Einflüsse sind für die Lichtbogen-Stromrichter von großer Wichtigkeit, wie aus den späteren Ausführungen hervorgehen wird.

In den folgenden Abbildungen, mit Ausnahme von Abb. 33 und 34, ist die mittlere Lichtbogenfeldstärke (einschließlich Kathoden- und Anodenfall) aufgetragen. Diese wurde durch Division der gesamten Lichtbogenspannung durch den Elektrodenabstand gewonnen. Die mittlere Feldstärke wurde in Abhängigkeit vom Elektrodenabstand und in Abhängigkeit von der Stromstärke aufgezeichnet. Wie aus Abschnitt 11 hervorgeht, ist die Lichtbogenspannung im Gaskanal (also ohne Anoden- und

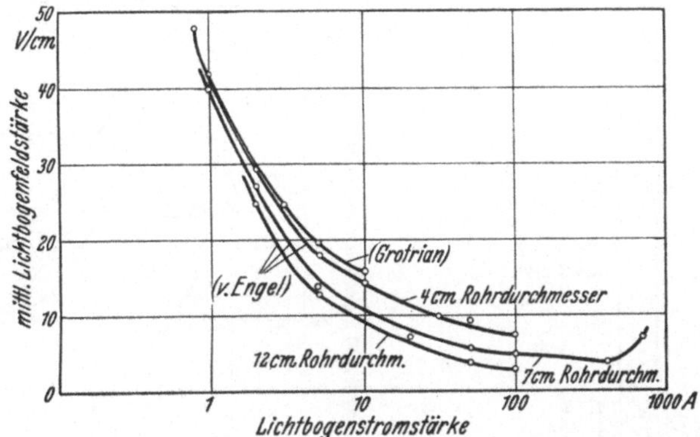

Abb. 28. Mittlere Lichtbogenfeldstärke in Abhängigkeit von der Stromstärke in verschieden weiten Rohren. (Versuchsanordnung nach Abb. 29.) (Alfred von Engel: Z. techn. Physik 1929.)

Kathodenfall) der Lichtbogenlänge proportional. Das bestätigt sich dadurch, daß die Aufzeichnung der mittleren Feldstärke über dem Abstand in den Abbildungen einem konstanten Wert zustrebt; bei Vergrößerung des Abstandes verschwindet allmählich der Einfluß von Anoden- und Kathodenfall auf diese mittlere Feldstärke immer mehr (s. Abb. 30 bis 32, 35 und 36). Auch beim Aufzeichnen der mittleren Feldstärke über der Stromstärke ergeben sich im allgemeinen Kurven, die einem konstanten Wert zustreben. Die Feldstärke ist nämlich von etwa 50 A an bis zu etwa 1000 A fast als konstant anzusehen. Abb. 28 stellt Lichtbogenfeldstärken dar, die von Alfred v. Engel[1] mit der bereits erwähnten Anordnung von Grotrian gemessen worden sind. Diese Anordnung zeigt die Abb. 29. Der Lichtbogen wird hier durch einen in schraubenförmiger Bewegung befindlichen Luftstrom umgeben. Die Luftbewegung ist in der Elektrodenachse am schwächsten, so daß der Lichtbogen das Bestreben hat, in

---

[1] Alfred v. Engel, Lit. 13.

dieser Achse zu verbleiben. Allerdings ergibt auch diese Anordnung insofern keine eindeutigen Werte, als die Lichtbogenfeldstärke von der Strömungsgeschwindigkeit der Luft und vom Durchmesser des Rohres, in dem sich der Lichtbogen befindet, abhängt. Diese Abhängigkeit geht aus der Abb. 28 hervor. Man sieht ferner aus dieser Abbildung, daß die Lichtbogenspannung bei sehr starkem Strom wieder steigt[1]. Der niedrigste Wert der Lichtbogenfeldstärke beträgt in dieser Anordnung nach Abb. 29 etwa 2,5 V/cm, während er ohne die umgebende

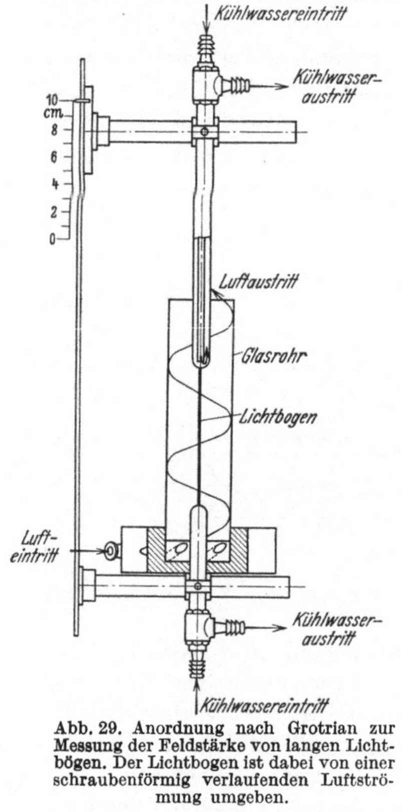

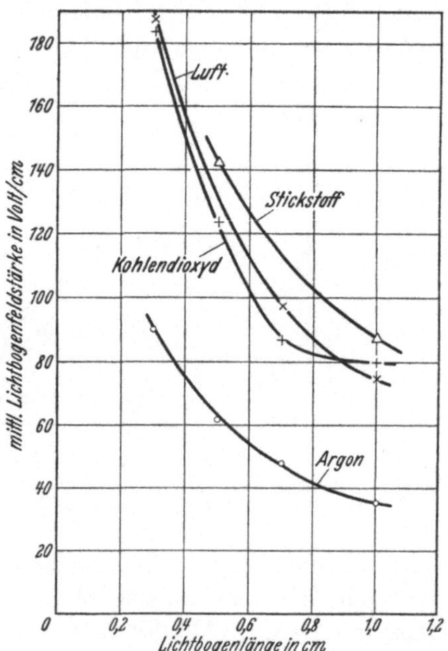

Abb. 29. Anordnung nach Grotrian zur Messung der Feldstärke von langen Lichtbögen. Der Lichtbogen ist dabei von einer schraubenförmig verlaufenden Luftströmung umgeben.

Abb. 30. Lichtbogenfeldstärke in verschiedenen Gasen nach Aufnahmen von Kohn und Guckel. Gleichstrom 6 A.

schraubenförmige Luftbewegung nur bis auf ungefähr 30 V/cm heruntergeht. Ferner besitzt der Lichtbogen in der Anordnung nach Abb. 29 einen ganz erheblich größeren Durchmesser[2] als in anderen Fällen[3]. Die Lichtbogentemperatur soll jedoch nach Versuchen von Ornstein und Vermeulen[4] und von Engel und Steenbeck[5] in beiden Fällen etwa

---

[1] Siehe hierzu auch **Kesselring**, Lit. 36 S. 1009. **Mayr**, Lit. 54.

[2] v. **Engel**, Lit. 13, gibt Werte bis zu 7 cm an.

[3] **Mayr**, Lit. 55, S. 78, entnimmt aus Zeitlupenaufnahmen den Lichtbogendurchmesser zu etwa 0,3 cm.

[4] Lit. 66.　　　　[5] Lit. 14.

gleich hoch sein, nämlich in der Nähe von 6000° abs. liegen. Das ist
zunächst überraschend, denn bei größerem Durchmesser wird die Abkühlung größer, und es müßte dann auch die Leistungsaufnahme des
Lichtbogens höher sein; die sehr niedrige Feldstärke des Lichtbogens
nach Abb. 29 zeigt jedoch das Gegenteil. Eine Erklärung dafür wird
wohl darin zu suchen sein, daß die Abkühlung des Lichtbogens, sowie
das Entweichen von nicht neutralen Teilchen aus ihm in der Anordnung nach Abb. 29 ganz besonders gering sind[1].

Die Abb. 30 zeigt Lichtbogenfeldstärken, wie sie von Kohn und
Guckel[2] in verschiedenen
Gasen (ohne schraubenför-
mige Gasbewegung) aufge-
nommen wurden. Die Feld-
stärken sind bei Luft, Stickstoff und Kohlendioxyd etwa
gleich groß. Bei Argon liegen
die Werte wesentlich niedriger. Wie aus anderen Ver-
öffentlichungen hervorgeht,
sind dagegen die Lichtbogenfeldstärken in Wasserdampf
etwa 4,4 mal und in Wasserstoff etwa 13,5 mal höher
als in Luft[3]. Diese letztge-
nannten Gase und Dämpfe
kommen also wegen der
sehr hohen Lichtbogenver-
luste für Stromrichter nicht
in Frage.

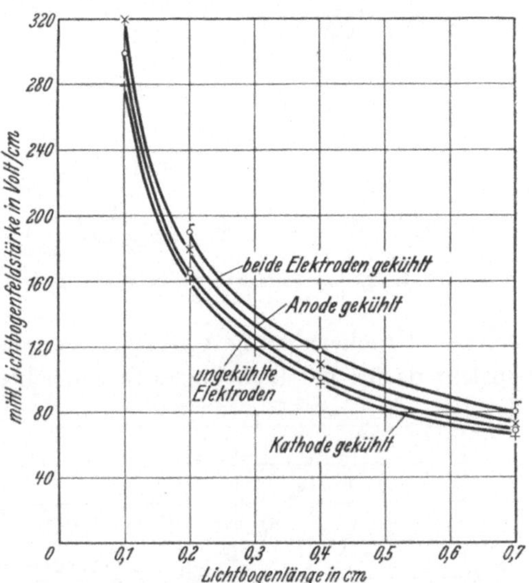

Abb. 31. Lichtbogenfeldstärken mit und ohne Elektrodenkühlung nach Aufnahmen von Güntherschulze.
Gleichstrom 6 A.

Die Abb. 31 stellt den Einfluß der Elektrodenkühlung dar[4]. Man
sieht, daß der Einfluß der Elektrodenkühlung nicht erheblich ist. Offenbar wird hierdurch nur der Anoden- und Kathodenfall vergrößert,
so daß bei großem Elektrodenabstand der Einfluß der Kühlung
nicht wesentlich zur Geltung kommt. Besonders wichtig für die Lichtbogen-Stromrichter ist die Abhängigkeit der Lichtbogenfeldstärke
vom Druck. Die Abb. 32 zeigt einige Werte hierüber[5]. Man erkennt,
daß die Lichtbogenfeldstärke nicht stark vom Druck abhängt. Beispiels-

---

[1] Die niedrigen Lichtbogenspannungen bei Anwendung einer schrauben-
förmigen Luftbewegung um den Lichtbogen herum legen den Gedanken nahe, eine
solche Anordnung auch bei Lichtbogen-Stromrichtern und bei Leistungschaltern
zu verwenden.

[2] Kohn u. Guckel, Lit. 38.   [3] O. Mayr, Lit. 55 S. 79, Zahlentafel 3.

[4] Die Werte wurden aufgenommen von Güntherschulze, Lit. 23.

[5] Duncan, Rowland, Todd, Lit. 11. Mathiesen, Lit. 53.

weise erhöht sich die Feldstärke bei 0,3 cm Elektrodenabstand infolge
einer Druckänderung von 1 ata auf 10 ata nur um etwa 30%. (Die
elektrische Festigkeit im homogenen Feld würde dagegen bei einer

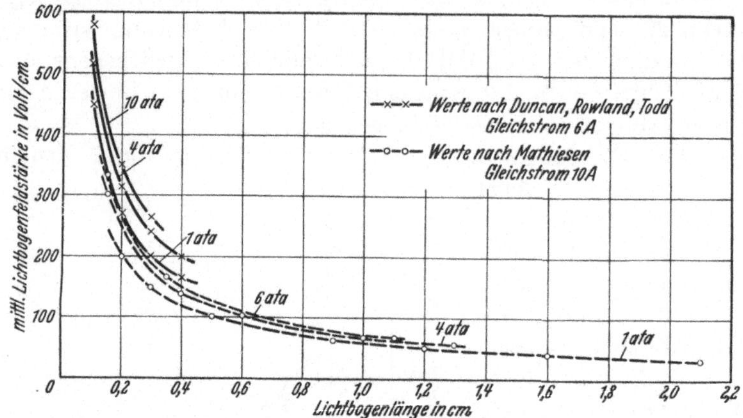

Abb. 32. Lichtbogenfeldstärken in Abhängigkeit vom Druck der umgebenden Luft.

solchen Druckerhöhung um 900% wachsen.) Dieses Versuchsergebnis
spricht dafür, bei Lichtbogen-Stromrichtern recht hohe Drucke zu benutzen.

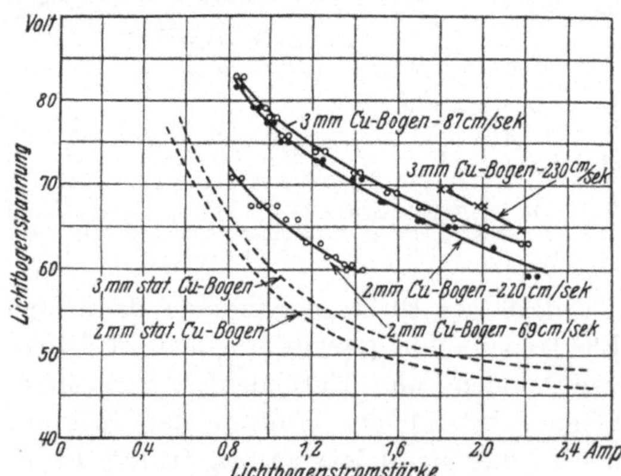

Abb. 33. Lichtbogenspannungen bei ruhendem und bewegtem
Bogen. (Ramberg: Ann. Physik 1932.)

Bei der Lichtbogen-
umformung ist ferner
ein Wandern des Licht-
bogens auf den Elek-
troden notwendig, um
einen Abbrand der Elek-
troden zu verhindern.
Deshalb sind auch die
Aufnahmen 33 und 34
von Bedeutung[1]. Die
Abb. 33 zeigt die Licht-
bogenspannung eines
ruhenden und eines
durch ein magnetisches
Feld bewegten Licht-

bogens. Die Kurven lassen erkennen, daß die Lichtbogenspannung auch
durch rasche Bewegung des Lichtbogens nur um etwa 35% erhöht wird.
Die Abb. 34, die ebenfalls dieser Arbeit von Ramberg entnommen ist,
zeigt die zwischen einer ruhenden Anode und einer bewegten Kathode

---

[1] Siehe W. Ramberg, Lit. 74. Bei dieser Untersuchung wurde eine Anordnung gewählt, die der von Stolt angegebenen ähnelt, Lit. 113.

aufgenommene Lichtbogenspannung. Obgleich diese Werte, ebenso wie die in Abb. 33, bei Elektrodenabständen von nur 0,2 und 0,3 cm ge-

wonnen sind, ist die Wanderung des Fußpunktes auf der Kathode besonders bei höherer Stromstärke von recht geringem Einfluß auf die Lichtbogenspannung. Wir werden von diesen Ergebnissen später Gebrauch machen.

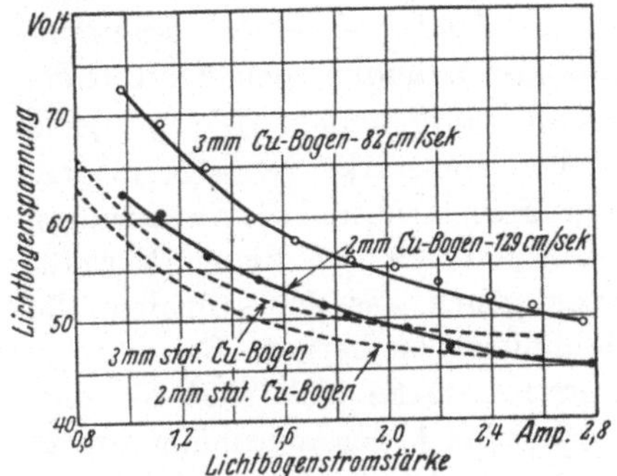

Abb. 34. Lichtbogenspannungen bei ruhender und bewegter Kathode. (Ramberg: Ann. Physik 1932.)

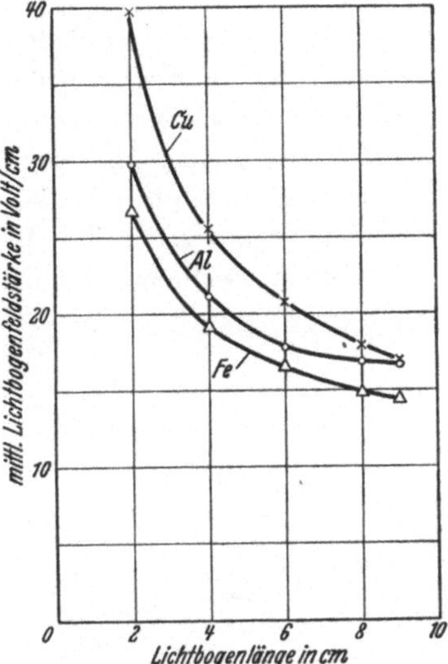

Abb. 35. Lichtbogenfeldstärke bei verschiedenem Elektrodenmaterial. (Gleichstrom 10 A.)

In Ergänzung dieser in der Literatur enthaltenen Angaben wurden in Braunschweig Untersuchungen bei größeren Elektrodenabständen und höheren Stromstärken durchgeführt, von denen die folgenden von Wichtigkeit sind. Mit der Anordnung nach Abb. 29 wurden die in den Abb. 35 und 36 aufgezeichneten Ergebnisse gewonnen[1]. Es zeigt sich, daß bei großem Elektrodenabstand der Einfluß des Elektrodenmaterials gering ist und daß die Lichtbogenfeldstärke bei einem Gleichstrom von 20 A auf etwa 12 V/cm herabgeht. (Diese Werte sind allerdings, wie das schon aus Abb. 28 hervorgeht, von der Luftströmung und dem Rohrdurchmesser abhängig.) Ferner wurden bei Wechselstrom Spannungsmessungen mit dem Oszillographen an der in Abb. 19 und 20 dargestellten Anordnung vorgenommen.

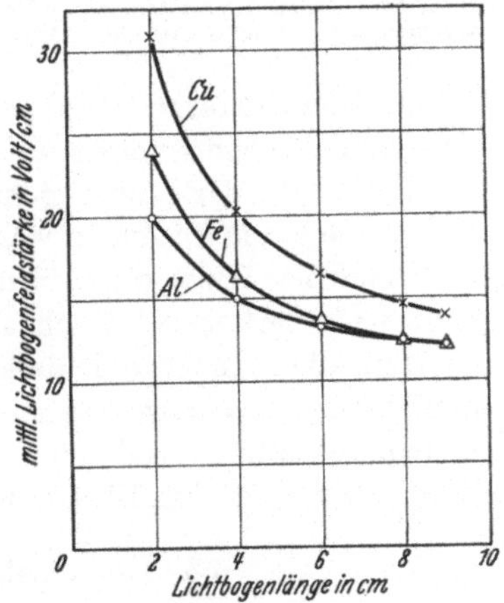

Abb. 36. Lichtbogenfeldstärke bei verschiedenem Elektrodenmaterial. (Gleichstrom 20 A.)

---

[1] Durchführung der Versuche durch die Herren Walter Schneider, Günther Robbel, Kurt Eisenbeiß.

Der Wechselstromlichtbogen wurde hier in jeder Halbperiode zwischen den beiden Nasen der Elektroden durch einen Hochfrequenzüberschlag gezündet; er wandert dann, durch das magnetische Feld angetrieben, rasch nach oben. Verschiedene Oszillogramme, die bei gleichen Verhältnissen aufgenommen wurden, zeigen zwar alle etwa den gleichen niedrigsten Wert der Spannung, aber ein verschieden starkes Ansteigen der Spannung nach Erreichen dieses niedrigsten Punktes. Dieses Ansteigen ergibt sich durch die von Zufälligkeiten abhängige Verlängerung des Lichtbogens auf seiner Wanderung (siehe hierzu auch die Abb. 22). Aus diesen Oszillogrammen wurden die Mindestwerte der Spannung

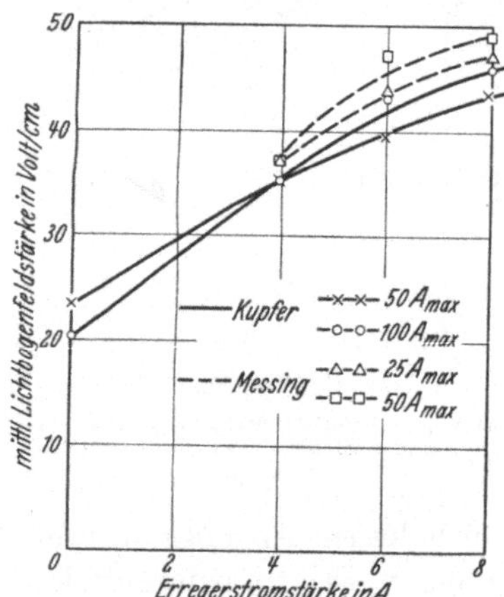

Abb. 37. Lichtbogenfeldstärke in Abhängigkeit von der Erregerstromstärke der Ablenkspulen. Elektrodenabstand 3 cm.

entnommen und in den Kurven der Abb. 37 aufgetragen. Die zu jeder Erregerstromstärke gehörige magnetische Feldstärke und die Wanderungsgeschwindigkeit bei diesen Verhältnissen gehen aus den Angaben des Abschnittes 14 hervor. Bei der Erregerstromstärke Null sind die entsprechenden, in der Anordnung Abb. 29 gewonnenen Werte eingezeichnet. Der Vergleich mit diesen Werten ergibt, daß die Lichtbogenfeldstärke durch die Wanderung auf etwa den doppelten Betrag erhöht wird. Allerdings ist es nicht sicher, daß der Lichtbogen bei Anwendung der magnetischen Ablenkung im niedrigsten Punkt der Lichtbogenfeldstärke wirklich einen kürzesten Weg zwischen beiden Elektronen eingenommen hat.

Messungen der Lichtbogenfeldstärken in strömender Luft, die noch von besonderem Interesse wären, lassen sich außerordentlich schwer in einwandfreier Weise durchführen, weil der Lichtbogen sich in bewegter Luft stets verlängert. Nach allem, was über den Lichtbogen bekannt ist, wird die Lichtbogenfeldstärke dann, wenn sich die umgebende Luft relativ zum Lichtbogen rasch bewegt, stark erhöht. Eine solche Luftbewegung kann sowohl senkrecht wie parallel zur Lichtbogenachse vorliegen. Auf diese Verhältnisse wird im Abschnitt 27 eingegangen werden.

16. Der Abbrand der Elektroden.

Über den Abbrand von gut gekühlten Metallelektroden, wie sie für Lichtbogen-Stromrichter in Frage kommen, sind in der Literatur fast keine Angaben vorhanden[1]. Auch über die physikalischen Vorgänge,

---

[1] Über den Abbrand von Kohleelektroden siehe z. B. Seeliger, Lit. 104.

die beim Abbrand der Elektroden eine Rolle spielen, ist wenig bekannt. Es liegt wahrscheinlich in der Hauptsache eine normale Verbrennung der Elektroden, also eine Verbindung des Elektrodenmaterials mit Sauerstoff vor.

Aus den folgenden Tatsachen kann geschlossen werden, daß es möglich ist, Lichtbögen großer Stromstärke lange Zeit zwischen Metallelektroden zu brennen. In Stickstofföfen brennen Lichtbögen von 6000 A zwischen zwei Kupferrohren, die von Kühlwasser durchflossen sind. Die Lichtbogenfußpunkte werden durch Blasmagnete zu rascher Wanderung gebracht. Nach etwa sechswöchentlichem ununterbrochenem Betrieb müssen die Elektroden ausgewechselt werden. Bei Poulsen-Generatoren[1] brennt ein Lichtbogen (Stromstärke bis zu 900 A) zwischen einer gut gekühlten Kupferelektrode als Anode und einer langsam rotierenden Kohleelektrode als Kathode. Der Lichtbogen brennt dabei normalerweise in einer Wasserstoffatmosphäre. Wenn man außerdem in der Wasserstoffatmosphäre Paraffinöl verdampft, schlägt sich beim Lichtbogenbetrieb dauernd aus dem Gas Kohle auf der Kathode nieder und dadurch wird ein Verbrauch dieser Elektrode vermieden. Auch die

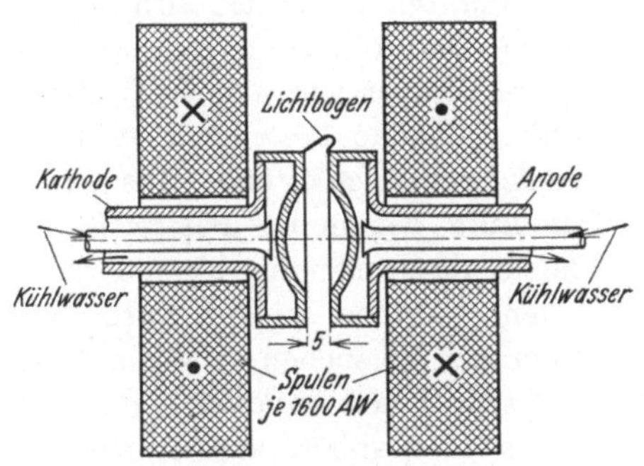

Abb. 38. Anordnung zur Untersuchung des Elektrodenabbrandes.

Elektroden dieser Poulsen-Generatoren haben sich im Dauerbetrieb bewährt.

Im Institut des Verfassers wurden bisher nur einige orientierende Versuche über die Abbrandfrage durchgeführt. Von diesen Messungen sei nur eine näher beschrieben[2]. Die Anordnung hierzu ist in Abb. 38

S. 740. Über den Materialverlust von ungekühlten Elektroden siehe R. Seeliger und H. Wulfhekel, Lit. 105.

[1] Siehe z. B. C. F. Elwell, Lit. 12.

[2] Ausführung des Versuches durch Herrn Stelling, Lit. 108. Weitere Beobachtungen über den Abbrand werden im Teil B, Abschnitt 27 (S. 129) angegeben, wenn die für den Umformungsbetrieb geeigneten Elektrodenformen behandelt worden sind. Von diesen Elektrodenformen sowie von der Gasströmung an der Oberfläche der Elektroden ist der Abbrand stark abhängig. Solche Versuche über den Elektrodenabbrand kosten viel Zeit und viel elektrische Energie. Deshalb werden eingehende Messungen am besten erst später im praktischen Betrieb vorgenommen. Hauptbedingung ist, daß sich an den Elektroden keine Schmelzperlen bilden. Diese lassen sich durch genügend rasche Lichtbogenwanderung und Kühlung vermeiden. Bei den nachstehenden Ausführungen ist die Tatsache, daß Schmelzperlen nicht auftreten, vorausgesetzt.

dargestellt. Es sind zwei durch Wasser gekühlte Kupferelektroden einander gegenübergestellt. In dem Raum zwischen diesen wurde ein radial verlaufendes Magnetfeld erzeugt, das den Lichtbogen zum Umlauf brachte. Der Lichtbogen nahm dabei die in der Abbildung dargestellte Form an. Es wurde eine Wechselspannung von 380 V an die Elektroden angelegt, und der Lichtbogen in jeder Periode einmal durch eine hochfrequente Spannung gezündet (vgl. Abschnitt 23). Nach einem zehnstündigen Dauerbetrieb mit einer Stromstärke von 100 A_{max} (etwa 40 A_{eff}) ergab sich ein Materialverlust

an der Anode   von 1,51 g,

an der Kathode von 0,76 g.

Dabei muß bedacht werden, daß hier der Lichtbogen nur an den Elektrodenkanten lief, so daß also von ihm eine recht kleine Fläche bestrichen wurde. Dadurch stellt sich am Fußpunkt des Lichtbogens eine viel höhere Temperatur, also auch ein größerer Abbrand ein, als wenn eine größere Fläche bestrichen wird. Der höhere Materialverlust an der Anode ergibt sich offenbar aus der höheren Temperatur, die der Anodenfußpunkt bekommt. Bestreicht der Anodenfußpunkt eine größere Fläche, dann ist ein Abbrand an dieser Elektrode nicht mehr festzustellen, während an der Kathode bei hohen Stromstärken nach den bisherigen Versuchen stets ein Materialverlust eintritt.

Nach Dauerversuchen mit Kupferelektroden zeigte die Anode ein glattes, matt-silbergraues Aussehen. Es zeigten sich auf ihr locker aufsitzende tiefschwarze Längsstreifen. Die chemische Untersuchung ergab die Bildung von Kupferoxyd (vielleicht zum Teil auch Kupferoxydul) auf dieser Elektrode. Auf der Kathode bildete sich ein rauher violetter Belag mit locker aufsitzender tiefschwarzer Substanz. Auf dieser Elektrode sind häufig Lichtbogenbahnen zu sehen, in denen sich blankes Kupfer, das offenbar durch Reduktion entstanden ist, niedergeschlagen hat. Die Ablagerungen auf der Kathode bestanden im übrigen aus Kupferoxyd und Kupferoxydul. Auch bei anderen Stoffen, mit denen Versuche durchgeführt wurden, wie Messing, Aluminium und Silber, bestanden die Ablagerungen stets aus den entsprechenden Metalloxyden[1]. Da Kupfer bezüglich der Wanderung des Lichtbogens am günstigsten ist[2], wurden die meisten Versuche mit Kupfer durchgeführt.

Bei den Dauerversuchen mit Kupferelektroden wurde die folgende wichtige Beobachtung gemacht. Ein einwandfreies gleichmäßiges Brennen des Lichtbogens zwischen Kupferelektroden trat erst nach Entstehung eines gleichmäßigen Oxydüberzuges auf der Kathode ein. Dieses Oxyd begünstigt die Elektronenemission der Kathode, und außer-

---

[1] Die Durchführung der chemischen Untersuchung übernahm freundlicherweise Herr Professor Krauß, Braunschweig.

[2] Siehe auch W. Ramberg, Lit. 74.

dem wird durch den hohen Schmelzpunkt des Oxydes eine Verdampfung des Kathodenmaterials vermieden. Das zeigte sich z. B. dadurch, daß nach Bildung der Oxydschicht die grüne, von Kupferdämpfen herrührende Färbung des Lichtbogens wegfiel[1]. Beim Stromrichterbetrieb wurde ein solcher Oxydüberzug auf der Kathode durch ein langsames Steigern der Stromstärke erzielt. Erst wenn die Kathode einige Minuten im Betrieb ist, treten die normalen Verhältnisse ein. Nach einem solchen „Einfahren" der Elektroden wurden Stromrichterelektroden eine Stunde lang mit 375 A_{max} betrieben. Sie besaßen nach diesem Betriebe keine wesentliche Rauhigkeit. (Abb. 85, S. 128 zeigt eine Elektrode nach achtstündigem Betrieb mit 55 A_{max}.) Die Erzeugung einer Oxydschicht auf der Kathode auf anderem Wege als dem soeben beschriebenen erwies sich bisher als nicht vorteilhaft.

III. Lichtbogenlöschung.

17. Vorgänge im Wechselstromlichtbogen.

Die Stromstärke in den zur Umformung benutzten Lichtbögen ändert sich periodisch. Sie steigt nach der Zündung der Lichtbögen nach Maßgabe der Spannung und der Widerstände im Stromkreise an und fällt später wieder ab. Wenn die Stromstärke einen gewissen Betrag, der von der Anordnung abhängig ist, unterschreitet, verlischt der Lichtbogen, d. h. der Strom wird unterbrochen, und die Spannung an der Lichtbogenstrecke nimmt den Verlauf an, der dem nunmehr geöffneten Stromkreise entspricht. Steigt diese nach Stromunterbrechung an der Funkenstrecke wiederkehrende Spannung genügend rasch und genügend hoch an, dann wird der Lichtbogen erneut eingeleitet, es tritt, wie man im Umformerbetrieb sagt, eine Rückzündung ein. Die Höhe der Spannung, bei der eine Rückzündung erfolgt, hängt von den Nachwirkungen des Lichtbogens ab, die durch die hohe Temperatur der Lichtbogenfußpunkte auf den Elektroden, durch die hohe Temperatur des Gaskanals und durch die Ionisation des Gases hervorgerufen werden. Infolge dieser Nachwirkungen erreicht eine Funkenstrecke, an der ein Lichtbogen gestanden hat, erst allmählich ihre normale elektrische Festigkeit wieder.

Man erkennt die Nachwirkungen eines Lichtbogens am besten an der sogenannten dynamischen Charakteristik, über die zunächst einiges gesagt werden soll[2]. Nimmt man an einem Wechselstromlichtbogen Stromstärke und Spannung mit einem Oszillographen auf, so zeigt sich

---

[1] Von G. M. Schrum und H. G. Wiest, Lit. 95, wurde festgestellt, daß in Argon ein Lichtbogen zwischen Kupferelektroden nur dann brennt, wenn die Kathode einen Oxydüberzug besitzt.

[2] Vgl. Seeliger, Lit. 104 S. 687 u. f.

ein Verlauf nach Abb. 39. Man sieht die Spannung nach dem Nulldurchgang ansteigen bis zu einem Werte, der „Zündspitze“ genannt
wird. Bei diesem Werte beginnt der Strom anzuwachsen, die Spannung
sinkt gleichzeitig ab bis zu einem annähernd konstanten Betrag: der
eigentlichen Lichtbogenspannung. Der Strom sinkt nach Überschreitung
des Maximums wieder ab. Da bei kleineren Strombeträgen die Lichtbogenspannung wieder erhöht wird, steigt diese schließlich wieder etwas
an und erreicht beim Nullwerden des Stromes die sogenannte „Löschspitze“. In diesem Punkt reicht die Spannung der Stromquelle nicht
mehr zur Aufrechter-
haltung des Licht-
bogens aus und der
Strom verschwindet.
Wenn die Spannung
mit entgegengesetzter
Polarität wieder die
Höhe der Zündspitze
erreicht hat, wieder-
holt sich derselbe Vor-
gang. Zeichnet man
die zusammengehöri-
gen Strom- und Span-
nungswerte in einem
Koordinatensystem
auf, dann erhält man
die Abb. 40, die die
Lichtbogenhysterese-
schleife darstellt. Wäh-
rend des Anwachsens

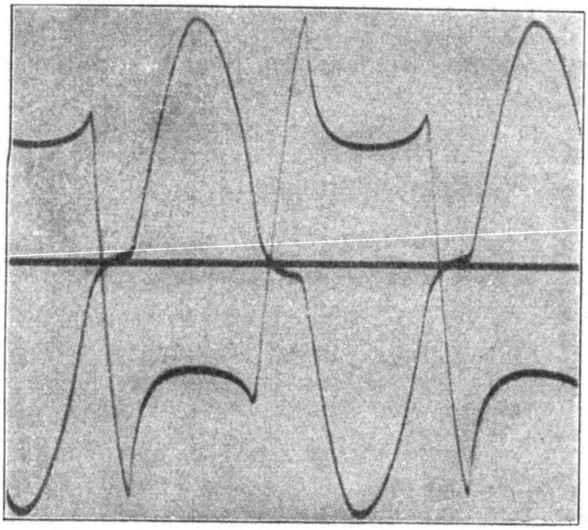

Abb. 39. Strom- und Spannungsverlauf an einem Wechselstrom-
Lichtbogen zwischen Kohleelektroden. (R. Seliger: Handbuch der
Experimentalphysik von Wien und Harms, Bd. 13.)

des Stromes (in positivem oder negativem Sinne) ist hiernach die Lichtbogenspannung zwischen Kohleelektroden bei gleichen Strombeträgen
stets höher als bei kleiner werdendem Strome. Diese Erscheinung ergibt
sich, wie bereits gesagt wurde, aus den Nachwirkungen. Hier beim Kohlelichtbogen ist es vor allem die Elektrodenwärme, die die Nachwirkungen
verursacht. Bei sinkendem Strom ist die Elektrodentemperatur infolge
des bereits längere Zeit bestehenden Lichtbogens höher als bei entsprechenden Werten des wachsenden Stromes. Bei höherer Elektrodentemperatur ist jedoch zur Aufrechterhaltung des Lichtbogens nur eine
geringere Spannung nötig. Es fließt, wie das Diagramm zeigt, auch
schon vor Erreichen der Zündspitze und nach dem Überschreiten der
Löschspitze ein Strom durch die Anordnung. Dieser ist in der Hauptsache bedingt durch die Emission der glühenden Elektroden, er ist bei
fallenden Spannungswerten erheblich höher als bei steigenden. Die

Lichtbogenhysterese ist bei Kohleelektroden sehr beträchtlich, weil die Wärmeleitfähigkeit der Kohle klein ist und deshalb die Nachwirkungen stark sind. Mit Metallelektroden sind bisher nur wenige derartige Untersuchungen gemacht worden[1]. Die in den Abb. 39 und 40 benutzte Spannung würde an Metallelektroden nicht zum Wiederzünden des Lichtbogens ausreichen, an Metallelektroden wäre dieser Versuch also nur mit Hochspannung auszuführen. Auf den oben gezeigten Bildern sind Zündspitze, Löschspitze, zeitlicher Verlauf der Lichtbogenspannung sowie die Nachwirkungserscheinungen besonders gut zu erkennen; deshalb wurden diese hier wiedergegeben.

Bei der Benutzung von Lichtbogenanordnungen als Ventil sind die Nachwirkungen des Lichtbogens von Nachteil, denn der Lichtbogen soll jedesmal nur in einer Halbperiode brennen, während in der nächsten Halbperiode zwischen den Elektroden eine hohe Spannung bestehen muß, ohne daß ein Durchschlag eintreten darf. Alle Begleiterscheinungen des Lichtbogens, die nach dem Verschwinden des Stromes noch vorhanden sind und eine Neuzündung des Lichtbogens erleichtern, müssen deshalb bei Lichtbogenventilen nach Möglichkeit ausgeschaltet werden. Die hierzu zur Verfügung stehenden Wege sollen im nächsten Abschnitt besprochen werden.

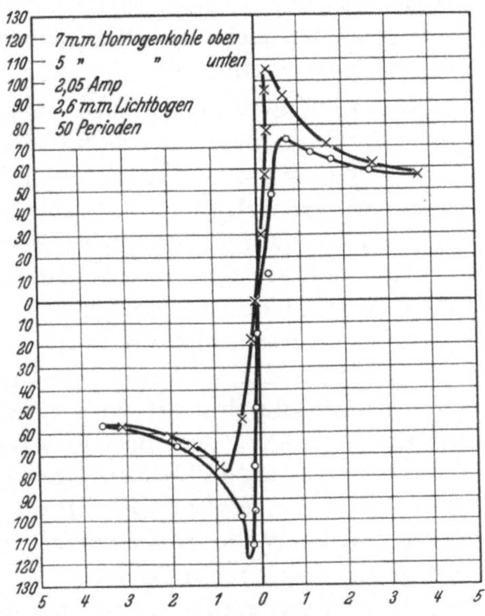

Abb. 40. Lichtbogen-Hystereseschleife, d. h. Aufzeichnung der Lichtbogenspannung über der Lichtbogenstromstärke. (R. Seeliger: Handbuch der Experimentalphysik von Wien und Harms, Bd. 13.)

18. Mittel zur Verhinderung von Rückzündungen.

Die sichere Verhinderung von Rückzündungen stellt bei Hochspannungs-Stromrichtern mit Lichtbögen in strömendem Gas die größte der auftretenden Schwierigkeiten dar. Diese Schwierigkeit ist auch als Grund dafür anzusehen, daß bisher die Umformung auf diesem Wege für unmöglich gehalten wurde. Wir müssen deshalb diese Verhinderung der Rückzündung recht eingehend behandeln.

---

[1] Einige Aufnahmen an Metallelektroden sind von O. Mayr wiedergegeben, Lit. 54 S. 322 u. f.

Bei allen Stromrichterschaltungen ist es möglich, den Strom in einem Ventil dann zu unterbrechen, wenn er durch die normalen Spannungsvorgänge zu Null geworden ist. Diese Tatsache wird hier vorausgesetzt. Die eigentliche „Löschung“ des Lichtbogens erfolgt also durch den Nulldurchgang des Stromes von selbst, man versteht jedoch unter Löschung meist zugleich die Verhinderung der beim Wiederanstieg der Spannung leicht eintretenden Rückzündung. Wenn Rückzündungen erfolgen, entsteht der Lichtbogen neu, er wird also nicht endgültig gelöscht. Hier besteht also nur die Aufgabe, die Wiederzündung des Lichtbogens bei der (meist mit entgegengesetzter Polarität) wiederkehrenden Spannung zu verhindern.

Über das Löschen von Lichtbögen ist schon viel veröffentlicht worden, und zwar fast ausschließlich im Zusammenhange mit der Frage der Unterbrechung großer Ströme bei hoher Spannung durch Schalter. Es geht aus diesen Arbeiten bereits hervor, daß es auf verschiedenen Wegen möglich ist, sehr große Ströme bei hoher Spannung auch in Luft zu unterbrechen, d. h. die dabei stets entstehenden Lichtbögen zu löschen[1]. Diese Aufgabe der Lichtbogenlöschung bei der Abschaltung großer Leistungen hat sehr vieles Gemeinsame mit der Lichtbogenlöschung bei Stromrichtern. Die in diesen Aufsätzen behandelten Wege der Lichtbogenlöschung durch strömendes Druckgas (Ruppel, Biermanns) oder mit Hilfe von Expansion eines gesättigten Dampfes (Kesselring) oder durch Unterteilung und Hineinblasen des Lichtbogen in besondere Löschkammern (Deionbreaker nach Slepian, Dickinson, Baker und Jamieson) sind auch hier verwendbar. Dagegen bestehen auch wesentliche und grundsätzliche Unterschiede zwischen der Lichtbogenlöschung bei der Abschaltung großer Leistungen und der bei Stromrichtern. Diese Unterschiede sind in der Hauptsache die folgenden:

Bei der Lichtbogenlöschung in Schaltern ist die Aufgabe die, den Lichtbogen so rasch wie möglich zum Verlöschen zu bringen. Die Mittel zur Löschung können also bei Beginn der Trennung der stromführenden Kontakte voneinander sofort in voller Stärke einsetzen. Die Unterbrechung des Stromes erfolgt trotzdem meist erst kurz vor dem normalen Nulldurchgang des Stromes. Bei der Umformung von Spannungen mit Lichtbögen wäre es dagegen falsch, die Löschmittel zu beliebiger Zeit, z. B. schon beim Beginn des Stromdurchganges durch den Lichtbogen wirken zu lassen. Es kommt hier ja darauf an, den eigentlichen Stromdurchgang so wenig wie möglich zu stören (den Lichtbogen z. B. zunächst mit möglichst geringer Länge brennen zu lassen!) und deshalb

---

[1] Vgl. z. B. Biermanns, Lit. 1. Kesselring, Lit. 36. Slepian, Lit. 106. Dickinson und Baker, Lit. 10. Jamieson, Lit. 33. O. Mayr, Lit. 54 und Lit. 55. K. Rittmeyer, Lit. 77. W. Uebermuth, Lit. 122.

die Löschmittel erst kurz vor dem Nullwerden des Stromes in Tätigkeit treten zu lassen. Dieser wichtige Unterschied verdient, wie sich später zeigen wird, ganz besondere Beachtung und erfordert bei Stromrichtern andere Anordnungen als sie bisher bei der einmaligen Lichtbogenlöschung in Schaltern benutzt werden.

Ein weiterer Unterschied ist der, daß beim Unterbrechen großer Leistungen durch Schalter meist mehrere Perioden zum Löschen des Lichtbogens zur Verfügung stehen. Es ist also dabei unwesentlich, ob zunächst in einigen Halbperioden Rückzündungen und ein neues Entstehen des Lichtbogens erfolgt. Bei der Umformung muß dagegen das Löschen mit unbedingter Sicherheit bei jedem Nulldurchgang des Stromes erfolgen, da sonst ein Kurzschluß der Anlage entsteht, der eine Betriebsunterbrechung nach sich zieht.

Schließlich ist ein wichtiger Unterschied der, daß beim Schalten nur in großen Zeitabständen eine Lichtbogenlöschung nötig ist, während bei der Umformung diese Lichtbogenlöschung periodisch, und zwar bei 50 Hertz in einer Sekunde 50 mal, erfolgen muß. Dadurch ergibt sich bei Stromrichtern die Notwendigkeit, mit den „Löschmitteln" so sparsam wie möglich umzugehen und die durch den Lichtbogen beanspruchten Teile, insbesondere die Elektroden, so zu bauen, daß sie der hohen Dauerbeanspruchung gewachsen sind. Als gewisser Ausgleich für diese bei der Umformung auftretende zusätzliche Schwierigkeit ist allerdings zu betrachten, daß die beim Schalten im ungünstigsten Falle (Kurzschluß) zu unterbrechenden Stromstärken größer sind, als die Dauerströme bei der Umformung, und daß beim Abschalten von Kurzschlüssen nach dem Verlöschen des Lichtbogens die Spannung im allgemeinen in viel kürzerer Zeit wiederkehrt als das im Normalbetrieb bei der Umformung der Fall ist (vgl. Abschnitt 19). Nach dieser Klarstellung soll nun in die grundsätzliche Untersuchung der Löschfrage, unter besonderer Berücksichtigung der bei Stromrichtern auftretenden Gesichtspunkte, eingetreten werden.

Bei Wechselspannung entsteht ein Lichtbogen, wenn keine besonderen Mittel zu seiner Löschung angewandt werden, in jeder Halbperiode neu, weil noch von der vorhergehenden Halbperiode ein heißer Gaskanal mit heißen Fußpunkten auf den Elektroden vorhanden ist. Der heiße Gaskanal ist während der kurzen Zeit, die zwischen dem Verschwinden des Lichtbogens und seinem Neuentstehen vergangen ist, unter Umständen weiter gewandert, wie das in Abb. 18 zu sehen ist. Will man eine Lichtbogenstrecke als Stromrichterventil betreiben, so muß diese möglichst rasch nach dem Verschwinden des Lichtbogens wieder ihre volle elektrische Festigkeit besitzen. Zur Prüfung der Frage, inwieweit das möglich ist, wollen wir zunächst diejenigen Möglichkeiten feststellen und untersuchen, durch die die elektrische Festigkeit einer

Anordnung noch nach dem Verschwinden des Lichtbogens herabgesetzt bleibt. Solche Erscheinungen sind in der Hauptsache die folgenden:

a) Erwärmung der Kathode,

b) Erwärmung der Anode,

c) Erhöhung der Gastemperatur und Verminderung der Gasdichte zwischen den Elektroden,

d) Vorhandensein elektrisch nicht neutraler Teilchen im Elektrodengebiet.

Zu diesen Punkten ist im einzelnen zu bemerken:

Zu a). Im Abschnitt 12 wurde näher behandelt, daß sich der Fußpunkt des Lichtbogens auf der Kathode stark erwärmt, und zwar besonders, wenn der Lichtbogen an einem Punkte der Kathode stehen bleibt. Eine solche Erhitzung der Kathode ist zwar zur Erhaltung des Lichtbogens nicht unbedingt nötig, sie tritt jedoch stets auf, wenn sie nicht künstlich durch sehr starke Kühlung oder durch sehr rasche Wanderung des Fußpunktes verhindert wird. Neben dieser Erwärmung des Kathodenfußpunktes liegt auch durch Ausstrahlung von Wärme durch den Lichtbogen sowie durch die vom Lichtbogen erhitzte und dann an der Kathode vorbeistreichende Luft die Möglichkeit einer Temperaturerhöhung weiterer Teile der Kathode vor. Diese Erwärmung wird besonders beim Dauerbetrieb eine große Rolle spielen. Die im Abschnitt 8 beschriebenen Versuche hatten den Zweck, festzustellen, welche Erniedrigung der Durchschlagspannung durch eine hohe Elektrodentemperatur eintreten kann. Es zeigte sich dort, daß eine Erhitzung der Kathode die Durchschlagspannung bis auf etwa die Hälfte herabsetzt. Zu so weitgehender Herabsetzung ist allerdings eine hohe Temperatur erforderlich, wie das z. B. aus den Kurven der Abb. 12 hervorgeht.

Um eine Herabsetzung der Rückschlagspannung durch eine hohe Kathodentemperatur zu vermeiden, besteht zunächst die Möglichkeit, eine hohe Temperatur der Kathode durch starke Kühlung und durch Erzeugung einer sehr raschen Wanderung des Lichtbogens überhaupt zu verhindern[1]. Eine gute Kühlung kann dadurch erzielt werden, daß das Innere der Kathode von einer Kühlflüssigkeit durchströmt wird. Bei einer Wandstärke der Kathode von 2 bis 3 mm, bei guter Wärmeleitfähigkeit des Elektrodenmaterials und bei raschem Umlauf der Kühlflüssigkeit wird eine sehr wirkungsvolle Kühlung erreicht. Allerdings wird man trotzdem nicht völlig vermeiden können, daß das Kathodenmaterial unmittelbar am Fußpunkt bei großen Lichtbogenstromstärken sehr warm wird, weil der Fußpunkt eine sehr kleine Fläche besitzt und weil dadurch für die Ausbreitung der Wärme nur ein kleiner Querschnitt

---

[1] Vgl. Seeliger, Lit. 104 S. 605 und 606.

zur Verfügung steht. Diese Wärmeausbreitung erfolgt allerdings nicht nur senkrecht zur Oberfläche, sondern auch schräg und parallel zu ihr. Auch wenn während des eigentlichen Stromdurchganges der Kathodenfußpunkt trotz der Kühlung noch stark erwärmt wird (was sich durch den Elektrodenabbrand bemerkbar macht), so wird doch erreicht, daß der Fußpunkt sich nach dem Verlöschen des Lichtbogens sehr rasch abkühlt und daß eine Herabsetzung der Rückschlagspannung durch das heiße Elektrodenmetall vermieden wird. Wendet man gleichzeitig eine gute Kühlung und eine rasche Wanderung des Lichtbogens an, dann ist eine Erniedrigung der Rückschlagspannung durch eine hohe Kathodentemperatur nicht mehr zu befürchten. Es besteht jedoch, wie bereits erwähnt wurde, noch die Gefahr, daß die im Kathodenfall entstehende Wärme den Luftraum in der nächsten Nähe der Kathode so stark erhitzt, daß dadurch ein Rückschlag begünstigt wird. Der bei kalter Kathode auftretende hohe Kathodenfall erzeugt bei großer Stromstärke eine ganz beträchtliche Wärmemenge. Die Abgabe dieser Wärme durch das Gas an die Kathode erfolgt nur sehr langsam, da die Wärmeübergangszahl von einem Gas auf einen festen Körper sehr klein ist. Durch eine hohe Gastemperatur in unmittelbarer Kathodennähe wird dort die Elektronenerzeugung, sowohl infolge der bei verminderter Gasdichte erleichterten Stoßionisation, wie durch Thermo-Ionisation begünstigt.

Eine starke Herabsetzung der Rückschlagspannung durch dieses heiße Gas in unmittelbarer Kathodennähe läßt sich dadurch vermeiden, daß man den Fußpunkt des Lichtbogens während des Stromdurchganges abwandern läßt. Wenn er beim Nullwerden des Stromes in einem Gebiete angekommen ist, in dem die elektrische Feldstärke beim Auftreten der Rückschlagspannung sehr klein ist, kann ein Rückschlag von dort aus nicht mehr erfolgen. Wie sich das praktisch erreichen läßt, wird später im Teil B beschrieben werden (s. z. B. S. 105).

Bei der Umformung von Mehrphasenstrom in Gleichstrom wird die Elektrode, die in der Durchlaßzeit des Stromes Kathode ist, in der Sperrzeit zur Anode. Bei der Umformung von Gleichstrom in Mehrphasenstrom dagegen bleibt die gleiche Elektrode in der Durchlaßzeit und in der Sperrzeit Kathode, die andere bleibt Anode. Nach den Ausführungen in Abschnitt 8 setzt jedoch eine Erwärmung der Kathode die Durchschlagspannung etwa um den gleichen Prozentsatz herab wie eine Erwärmung der Anode, so daß die Polarität der Rückschlagspannung auf den Löschvorgang nur von geringem Einfluß ist.

Zu b). Für die Vorgänge an der Anode gilt fast in allen Punkten das gleiche, was bei Behandlung der Kathode angeführt wurde. An Abweichungen kommt nur in Frage, daß die Temperatur des Lichtbogenfußpunktes auf der Anode etwas höher ist als die des Kathodenfußpunktes, und daß sich die Ionisationsvorgänge an der Anode (Bildung positiver Ionen) wohl ausschließlich in dem Gasraum in unmittelbarer Nähe der Anode abspielen. Man muß jedenfalls auch die Anode mit einer Umlaufkühlung versehen, eine rasche Wanderung des Lichtbogenfußpunktes auch auf der Anode erzeugen und dafür sorgen, daß auch der anodische Fußpunkt des Lichtbogens kurz vor dem Nulldurchgang des Stromes aus dem Bereich entfernt wird, in dem ein Rückschlag eintreten kann. Die Unterschiede zwischen dem praktischen Verhalten der Lichtbogenfußpunkte auf der Kathode und Anode sind so gering, daß es zunächst am zweckmäßigsten erscheint, die Löschung an beiden Elektroden gleichartig durchzuführen und den Elektroden die gleiche Gestalt zu geben[1].

Zu c). In dem Gaskanal des Lichtbogens herrscht, wie das schon im Abschnitt 11 geschildert wurde, eine sehr hohe Temperatur und dadurch eine wesentlich geringere Luftdichte als in seiner Umgebung. Verschwindet der Strom, so fällt die Wärmezufuhr zum Lichtbogenkanal fort und der Kanal wird sich allmählich abkühlen. Diese Abkühlung kann erfolgen durch Strahlung, durch Wärmeleitung, durch Wärmeabgabe infolge der Gasbewegung (Konvektion) und durch Expansion[2]. Die Ausstrahlung von Wärme spielt bei der Abkühlung keine erhebliche Rolle. Durch sie werden in der Hauptsache die Elektrodenteile und die Teile der Lichtbogenkammer erwärmt, die von den Wärmestrahlen getroffen werden. Eine Erwärmung des umgebenden Gases durch Strahlung findet nur in geringem Maße, nämlich nur insoweit statt, als die Wärmestrahlen von diesem Gase absorbiert werden. Die Wärmeabfuhr durch Wärmeleitung ist bei der sehr hohen Gastemperatur im Lichtbogenkanal (ca. 6000°) nicht unbeträchtlich. Sie wird sehr stark erhöht durch die Dissoziation dieser Gase und die Diffusion der Dissoziationsprodukte. Bei so hoher Gastemperatur zerfallen nämlich viele Gasmoleküle in einfachere Moleküle und Atome. Durch diesen Vorgang wird Wärme absorbiert. Gelangen solche Teilchen in kältere Gasschichten, so findet eine Rückbildung in nicht dissoziierte Teilchen statt. Dabei wird Wärme frei. Es findet dadurch also ein starker Wärmetransport aus den sehr heißen Gebieten in kältere statt. Diese Erscheinung ist von der Gasart weitgehend abhängig, besonders stark ist sie bei Wasserstoff. Der wesentlichste Teil der Wärme im Lichtbogenkanal wird bei den als Stromrichter geeigneten Anordnungen wahrscheinlich durch die Strömung des den Kanal umgebenden Gases abgeführt.

---

[1] Es mag späteren genaueren Untersuchungen vorbehalten bleiben, zu entscheiden, ob eine verschiedene Formgebung von Anode und Kathode noch etwas günstigere Löschbedingungen ergibt.

[2] Eine genauere rechnerische Verfolgung des Einflusses dieser verschiedenen Abkühlungsmöglichkeiten findet sich bei O. Mayr, Lit. 55 S. 78. Diese Betrachtungen treffen allerdings nicht alle für die Lichtbogenlöschung bei den Stromrichteranordnungen zu.

Durch diese Strömung kommen immer neue Gasteilchen mit dem heißen Kanal in Berührung und entziehen ihm Wärme. Normalerweise wird allerdings der Lichtbogen, der ja sehr leicht beweglich ist (s. Abschnitt 11), von strömendem Gas mitgenommen, so daß keine Relativbewegung zwischen Gas und Lichtbogen vorliegt. Ein solches Mitnehmen ist aber nicht möglich, wenn die Gasbewegung annähernd parallel zur Lichtbogenachse erfolgt. In diesem Falle ist die Wärmeabfuhr durch Konvektion äußerst wirksam. Als Idealzustand für den Lichtbogenbetrieb bei der Umformung ist es also anzusehen, wenn der Lichtbogen während des eigentlichen Stromdurchganges durch eine Querströmung mitgenommen wird, damit seine Fußpunkte nicht zu heiß werden, wenn dagegen kurz vor dem Nullwerden des Stromes eine Längsströmung einsetzt, die den Kanal kühlt. Wie wir später sehen werden, kann dieser Idealzustand bei richtiger Formgebung der Umformungselektroden mit guter Annäherung erreicht werden. Auch die Abkühlung durch Expansion kann, je nach der benutzten Anordnung, erheblich sein.

Die Geschwindigkeit der Abkühlung des nach Verschwinden des Stromes verbleibenden Gaskanals hängt unter Berücksichtigung des eben Gesagten in der Hauptsache ab von dem Temperaturunterschied zwischen dem Kanal und seiner Umgebung, von der Größe der Kanaloberfläche, von seinem Wärmeinhalt, sowie von den Strömungsgeschwindigkeiten und der Art des den Kanal umgebenden Gases. Der sehr dünne Lichtbogenkanal kann nur einen geringen Wärmeinhalt besitzen. Seine Abkühlung wird also sehr rasch vor sich gehen können. Zur Beschleunigung der Abkühlung sind z. B. die folgenden Mittel anwendbar: Niedrige Temperatur des zugeführten Gases, Verwendung eines Gases mit hoher spezifischer Wärme und starker Neigung zur Dissoziation, besondere Kühlung des Löschgebietes, Expansion eines gesättigten Dampfes, Erzielung einer sehr großen Strömungsgeschwindigkeit, unter Umständen auch von Wirbeln, im Löschgebiet. Verbleibt ein heißer Gaskanal im Gebiet zwischen den Elektroden, bis die Sperrspannung auftritt, dann kann diese durch die geringere Gasdichte im Kanal und die dadurch vorliegende geringere Ionisierungsfeldstärke sowie durch die Thermo-Ionisierung im Gaskanal leichter einen Durchschlag herbeiführen als bei kaltem Gas. Die Höhe der Durchschlagspannung und die Lage des Durchschlagkanales in der Sperrzeit lassen erkennen, inwieweit und an welcher Stelle Nachwirkungen von Lichtbögen vorliegen (vgl. Abschnitt 27).

Zu d). Als letzter Grund für die Herabsetzung der Rückschlagspannung durch einen vorher bestehenden Lichtbogen war auf S. 64 das Vorhandensein elektrisch nicht neutraler Teilchen genannt worden. Auch diese Tatsache kann die Rückschlagspannung in entscheidender Weise beeinflussen. Es ist hierüber folgendes zu sagen:

Der Durchschlag eines Gases wird, wie aus den Abschnitten 1 bis 4 hervorgeht, durch freie Elektronen eingeleitet. Solche Elektronen sind stets in der Luft vorhanden. Ob ihre Zahl klein oder groß ist, das spielt nur bezüglich der Rückschlag-Verzögerung eine Rolle, die erst bei sehr kurzzeitigen Spannungstößen merkbar wird. Bei verhältnismäßig langsamem Spannungsanstieg, wie er bei der Umformung im allgemeinen vorliegt, kann auch eine sehr große Zahl von Elektronen, die ja von einem vorher bestehenden Lichtbogen noch in der Umgebung der Elektroden vorhanden sein können, kaum eine Erniedrigung der Durchschlagspannung zur Folge haben. Solche Elektronen werden schon während des Spannungsanstieges, ehe die Stoßionisation eintritt, aus dem Gasraum an die Anode befördert werden. Einen Einblick, welche Zeit dazu notwendig ist, kann man aus der Geschwindigkeit der Elektronen gewinnen. Rogowski gibt deren mittlere Geschwindigkeit bei Atmosphärendruck und bei einer Feldstärke von 30 kV/cm zu 10^7 bis 10^8 cm/s an[1]. Elektrodenabstände von 10 cm werden bei der Umformung kaum überschritten werden. Ein solcher Weg würde also bei den angegebenen Bedingungen in 10^{-6} s durchlaufen werden. Bei niedrigeren Feldstärken und bei höherem Gasdruck wird zwar die Geschwindigkeit der Elektronen kleiner, trotzdem wird der Elektrodenzwischenraum in einer Zeit von Elektronen entleert, die sehr klein ist gegenüber der Dauer einer Halbperiode. Eine Erniedrigung der Durchschlagspannung durch restliche Elektronen des vorangegangenen Lichtbogens ist also nicht zu befürchten.

Anders liegt der Fall bei den Ionen. Es seien zunächst die positiven Ionen betrachtet. Im Lichtbogenkanal befinden sich, wie früher eingehend beschrieben wurde, während des Stromdurchganges auf jeder Längeneinheit gleich viele positive Ionen und Elektronen. Wenn nun der Strom kleiner wird, so steigt, wie das Oszillogramm Abb. 39 zeigt, die Lichtbogenspannung an. Wenn die Löschspitze erreicht ist, genügt die Spannung der Stromquelle nicht mehr zur Aufrechterhaltung des Lichtbogens; der Strom wird dann von dem kleinen Betrag, den er noch besitzt, plötzlich auf Null herabgehen. Wenn der Strom seinen Nullwert erreicht hat, sind unzweifelhaft im Lichtbogenkanal noch positive Ionen und Elektronen vorhanden. Kurze Zeit nach dem Verschwinden des Stromes tritt die Sperrspannung auf, die zunächst die Elektronen aus dem Lichtbogenkanal herauszieht, da deren Geschwindigkeit einige hundertmal größer ist als die der positiven Ionen. Die positiven Ionen bleiben also im Feld übrig und erzeugen eine unter Umständen sehr erhebliche Verzerrung des Feldes. Die Feldstärke in der Nähe der Anode wird dadurch erniedrigt, die Feldstärke an der Kathode erhöht[2]. Die Erhöhung der Feldstärke an der Kathode durch

---

[1] Siehe Rogowski, Lit. 78 S. 501.   [2] S. Biermanns, Lit. 1 S. 1077.

diese positive Raumladung kann so beträchtlich sein, daß die Durchschlagspannung der Anordnung ganz erheblich herabgesetzt wird.

Die positiven Ionen werden sich infolge der Diffusion allmählich im Raum verteilen; dadurch wird jedoch die feldverzerrende Wirkung nur wenig abgeschwächt. (Auch während der eigentlichen Lichtbogendauer ist mit einer Diffusion von Elektronen und positiven Ionen aus dem Lichtbogenkanal heraus zu rechnen. Dadurch wird die positive Raumladung noch stärker, als sie sich allein durch den Lichtbogenkanal ergeben würde.) Die positive Raumladung wird infolge der nach der Stromunterbrechung wiederkehrenden Spannung nach der Kathode hinwandern. In welcher Zeit die Kathode erreicht wird, hängt von der Feldstärke, dem Elektrodenabstand und der Gasdichte ab. Bei einer Feldstärke von 30 kV/cm und bei Atmosphärendruck gibt Rogowski die Geschwindigkeit der positiven Ionen zu 10^5 cm/s an[1]. Steigt die Sperrspannung nach dem Verlöschen des Lichtbogens mit der Netzfrequenz sinusförmig an, dann wird in einer Zeit von $^1/_{200}$ bis $^1/_{100}$ Sekunde der Höchstwert der Sperrspannung erreicht. In diesem Falle ist damit zu rechnen, daß die positive Raumladung inzwischen zur Kathode abgewandert ist. Dann kann eine Erniedrigung der Rückschlagspannung durch die positive Raumladung nicht mehr erfolgen. Meist wird jedoch der Anstieg der Sperrspannung rascher erfolgen (vgl. Abschnitt 19 und 30).

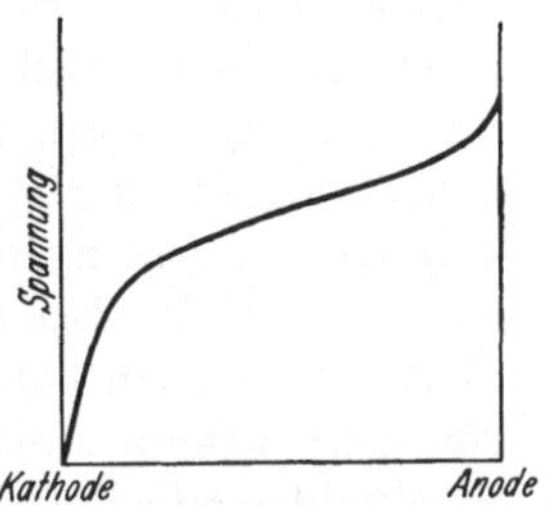

Abb. 41. Spannungsverteilung zwischen zwei Elektroden kurz nach der Lichtbogenunterbrechung.

Schließlich ist noch mit der Wirkung der negativen Ionen zu rechnen, die dadurch entstehen, daß sich schon während der Dauer des Lichtbogens oder kurz nach seinem Verlöschen Elektronen an Gasmoleküle anlagern. Die negativen Ionen haben ähnliche Abmessungen und Geschwindigkeiten wie die positiven Ionen, sie werden also auch etwa ebenso lange im Felde bleiben wie diese. Da die negativen Ionen nach der Anode hin wandern, so wird durch sie eine Erhöhung der Feldstärke an dieser Elektrode erzeugt. Beim Vorhandensein positiver und negativer Raumladung (wobei die positive Raumladung im allgemeinen stärker sein wird als die negative) entsteht im ursprünglich homogenen Felde ein Spannungsverlauf ähnlich Abb. 41, d. h. es entsteht an beiden Elektroden, und zwar besonders stark an der Kathode, eine Erhöhung der Feldstärke. Man sieht daraus, daß durch die Anwesenheit negativer Ionen eine zusätzliche Verschlechterung der Spannungsverteilung zu erwarten ist. Zu einem vollkommenen Durchschlag ist nach Abschnitt 4 sowohl ein hoher Kathodenfall wie ein hoher Anodenfall nötig.

---

[1] Vgl. Rogowski, Lit. 78 S. 501.

Diese Voraussetzung wird bei einer Spannungsverteilung nach Abb. 41 begünstigt, die Durchschlagspannung also erniedrigt. Für die Entfernung der negativen Ionen aus dem Felde infolge der allmählich anwachsenden Sperrspannung gilt das gleiche, was bezüglich der positiven Ionen gesagt wurde. Der Prozentsatz der Elektronen, der sich an Moleküle anlagert und dadurch negative Ionen bildet, hängt von der Zeit, von der Geschwindigkeit der Elektronen und von dem Gas ab, in dem sich der Vorgang abspielt. Eine größere Zahl von negativen Ionen kann sich insbesondere während der eigentlichen Lichtbogendauer dadurch bilden, daß Elektronen aus dem Lichtbogenkanal entweichen. Diese Elektronen werden bei der in der Umgebung des Lichtbogens herrschenden größeren Gasdichte und bei der während der Lichtbogenbrennzeit bestehenden sehr kleinen Feldstärke nur eine sehr kleine Geschwindigkeit annehmen können und dadurch zur Anlagerung an Moleküle neigen. Eine Anlagerung der im Lichtbogenrest befindlichen Elektronen wird dagegen nur in weniger starkem Maße auftreten. Besonders stark ist die Anlagerungsfähigkeit der Elektronen in den sogenannten elektronegativen Gasen (z. B. Chlor, Brom).

Eine starke Erniedrigung der Rückschlagspannung durch nicht neutrale Teilchen läßt sich z. B. durch Gasströmungen vermeiden, die für sehr rasche Entfernung der nicht neutralen Teilchen aus dem Rückschlaggebiet sorgt.

Bei der Lichtbogenlöschung spielen offenbar noch weitere, zum Teil ungeklärte Vorgänge eine Rolle. Kesselring[1] stellt z. B. fest, daß ein Lichtbogen dann, wenn eine plötzliche Druckentlastung im Lichtbogenraum stattfindet, stets sofort verlöscht. Er nimmt an, daß durch die Druckentlastung eine Kondensation des Dampfes im Lichtbogenraum erfolgt und daß dadurch eine Anlagerung der Elektronen an die kondensierten Flüssigkeitströpfchen erfolgt. Die Elektronen werden dadurch in ihrer Beweglichkeit außerordentlich stark gehemmt und können beim Auftreten der Rückschlagspannung nicht wieder die zur Stoßionisation und zum Durchschlag nötige Geschwindigkeit erreichen. Auf dieser Theorie ist der Expansionsschalter aufgebaut. Es ist grundsätzlich möglich, auch dieses Löschmittel bei Stromrichtern zu benutzen.

In einer Arbeit von C. Reher[2] wird festgestellt, daß in manchen Fällen sogar eine Erhöhung der elektrischen Festigkeit einer Anordnung durch einen vorher in der Nähe stehenden Lichtbogen eintritt. Eine Erscheinung, die vielleicht damit zusammenhängt, kann man bei Versuchen mit hochgespannten, hochfrequenten Schwingungszügen, die in Zeitabständen von $^1/_{50}$ Sekunde auftreten, beobachten. Die Lichtbogenüberschläge wandern bei diesen Spannungen mit gewisser Regelmäßigkeit nach ganz verschiedenen Punkten des Raumes, deren Ab-

---

[1] Lit. 36 S. 1012.   [2] Lit. 75.

stand von der spannungführenden Elektrode sehr verschieden sein kann (der Verfasser hat bei gleichbleibender Spannung ein Abtasten von Gegenelektroden beobachtet, deren Abstände zwischen 1,50 m und 4,50 m lagen.) Man hat auch bei solchen Versuchen den Eindruck, daß die Überschlagspannung zwischen zwei Punkten durch einen vorher dort stehenden Lichtbogen höher werden kann.

19. Der zeitliche Verlauf der wiederkehrenden Spannung.

Aus dem vorigen Abschnitt geht der große Einfluß hervor, den die Zeit zwischen dem Verlöschen des Lichtbogens und dem Auftreten der Rückschlagspannung auf die Rückzündsicherheit besitzt. Es kommen ja für die Erniedrigung der Rückschlagspannung nur zwei Faktoren in Frage, nämlich Wärme und Ionisation. Beide werden unter dem Einfluß der Zeit, je nach der Anordnung mehr oder weniger rasch, verschwinden oder unwirksam werden. Die Nachwirkungen von Lichtbögen müssen also mit der Zeit verschwinden. Untersuchungen der Nachwirkungsdauer von Lichtbögen zwischen Metallelektroden sind wieder nur wenige veröffentlicht worden und diese beziehen sich nur auf die einmalige Unterbrechung von Stromkreisen. Interessant ist z. B. eine Untersuchung von Slepian[1], der findet, daß eine Funkenstrecke sofort nach dem Verlöschen eines Lichtbogens wieder eine Spannung von 250 V aushält, während die weitere Erhöhung der Durchschlagspannung dann verhältnismäßig langsam vor sich geht.

Die Nachwirkungsdauer hängt sehr stark von der Anordnung ab, also von Elektrodenformgebung und -abstand, Strömung des Gases, Kühlung, Stromstärke usw., so daß eine weitere Erörterung dieser Frage sowie eine Angabe von Versuchsergebnissen erst im Teil B erfolgen soll.

Über den zeitlichen Verlauf der wiederkehrenden Spannung sind eingehende Untersuchungen von Biermanns[2] durchgeführt worden. Er findet, daß bei der Abschaltung von Kurzschlüssen die Zeit zwischen Verlöschen des Stromes und dem Auftreten der Sperrspannung bis auf wenige Mikrosekunden herabgehen kann. Versuche mit Preßgasschaltern ergaben, daß auch bei so kurzen Zeiten eine einwandfreie Lichtbogenlöschung zu erzielen ist. Im normalen Umformungsbetrieb ist ein so rasches Wiederkehren der Spannung nicht zu erwarten. Eine Behandlung dieser Frage, die von der Stromrichterschaltung, von der Art der Belastung usw. abhängt, wird später im Abschnitt 30 erfolgen.

---

[1] Slepian, Lit. 106. [2] J. Biermanns, Lit. 1 S. 1075.

B. Die praktische Durchbildung der Lichtbogen-Stromrichter.

IV. Die Entwicklung des Lichtbogenventils. Untersuchungen über die künstliche Zündung von Lichtbögen sowie Ausarbeitung von Prüfschaltungen.

20. Bereits bekannte Anordnungen zur Gleichrichtung mit Funkenstrecken.

Als Vorläufer der Lichtbogen-Gleichrichter sind die rotierenden Gleichrichter anzusehen. Es bewegt sich bei ihnen ein Arm synchron mit der gleichzurichtenden Wechselspannung. Durch diesen Arm wird periodisch der Stromübergang zwischen zwei Elektroden ermöglicht und eine pulsierende Gleichspannung oder, bei Verwendung von Kondensatoren, eine ruhende Gleichspannung erzeugt. Bei diesen rotierenden Gleichrichtern bleiben Lichtbögen zwischen den rotierenden und den festen Elektroden bestehen, wenn die Stromstärke zu groß und die Spannung zu hoch wird. Sie sind deshalb ohne besondere Lichtbogenlöscheinrichtung nicht zur Umformung großer Leistungen bei hoher Spannung zu verwenden[1].

In dem vorliegenden Buch wird die Entwicklung von Lichtbogen-Stromrichtern unter Verwendung ruhender Elektroden behandelt. Es wird gezeigt, daß man grundsätzlich ohne Elektrodenbewegung auskommen kann. Wenn eine Elektrodenbewegung angewandt wird, so kann diese bei der vorliegenden Entwicklung nur den Zweck haben, den zur Zeit erreichten Gesamtwirkungsgrad der Umformung von etwa 98% durch Verringerung der Lichtbogenspannung, sowie durch Verringerung des Luftverbrauches zu verbessern, sowie unter Umständen den Elektrodenabbrand zu verringern. Auf diese Möglichkeiten wird an den betreffenden Stellen hingewiesen werden.

Ruhende Funkenstrecken zur Umformung von größeren Leistungen sind bisher fast nur in Patenten beschrieben worden. In dem

---

[1] Wertvolle Vorschläge zur Lichtbogenlöschung an rotierenden Gleichrichtern sind von Franz Unger, Braunschweig, gemacht worden (Patentanmeldungen). Von ihm ist auch erstmalig der Vorschlag gemacht worden, solche rotierenden Anordnungen zur Rückumformung von Gleichstrom in Wechselstrom zu benutzen.

amerikanischen Patent 1188597 vom Jahre 1914 wird vorgeschlagen, eine Spitzenelektrode, die einer Platte gegenübersteht, mit einem Luftstrom zu überblasen, um den Stromdurchgang in einer Richtung zu bevorzugen. In dem amerikanischen Patent 1235935 vom Jahre 1917 stehen sich zwei Elektroden gegenüber, von denen die eine, mit dem kleineren Krümmungsradius, in axialer Richtung durchbohrt ist; durch diese Bohrung wird Preßluft geblasen. Es wird also auch hier eine Luftströmung in Richtung des Lichtbogens erzeugt, die die Rückzündung des Lichtbogens in der Sperrzeit verhindern soll. Die Elektroden sind hier bereits in einem geschlossenen Behälter eingebaut, um auch andere Gase als Luft verwenden zu können. Auch in weiteren Patenten sind solche Anordnungen, bei denen eine Luftströmung längs oder quer zur Lichtbogenbahn erzeugt wird, beschrieben. Um höhere Stromstärken beherrschen zu können, sind gelegentlich viele Spitzenelektroden nebeneinander gestellt, die sämtlich durch Preßluft angeblasen werden. Nach unseren späteren Ausführungen können diese Anordnungen bei der Hochspannungsumformung großer Leistungen nicht verwendet werden, weil an ihnen grundlegende Mängel vorhanden sind, die sowohl einen Dauerbetrieb mit großer Stromstärke, wie eine zuverlässige Lichtbogenlöschung ausschließen. Dem Verfasser sind auch keine praktischen Verwendungen dieser Anordnungen bekannt.

In der Patentliteratur ist ferner bereits 1909 die künstliche Zündung von Lichtbögen durch einen Hilfsfunken angegeben[1]. Diese periodische Zündung erfolgt dort durch Kondensatorentladungen, die durch einen in synchroner Bewegung befindlichen Arm eingeleitet werden. Es ist auch dort schon eine Veränderung des Zeitpunktes der Zündung im Verhältnis zur Phase der Wechselspannung vorgesehen. Eine größere Lichtbogengleichrichteranlage, die mit periodischer Hilfszündung arbeitet, ist von Toulon gebaut und beschrieben worden[2]. Die Hilfszündung erfolgt hier mit Hilfe von hochfrequenten Schwingungen, die durch Tesla-Transformatoren erzeugt werden. Toulon arbeitet allerdings nur mit Niederspannnung, da ihm bei höherer Spannung das Löschen der Lichtbögen nicht möglich ist. Die von ihm beschriebene Anlage lieferte 100 kW im Mehrphasenbetrieb. Der Elektrodenabbrand durch den Lichtbogen wird mit Hilfe einer magnetischen Ablenkung klein gehalten. Da der Lichtbogen nur eine kleine Fläche auf den Elektroden bestreicht, wird trotzdem der Elektrodenabbrand so groß, daß nur eine Betriebsdauer von etwa 100 Stunden erreicht werden konnte. Die praktische Verwendung einer solchen Anlage ist dem Verfasser nicht bekannt. Sie wird auch deshalb kaum erfolgt sein, weil man für solche Spannungen und Stromstärken besser Quecksilberdampf-Gleichrichter verwenden kann.

---

[1] Murphy, Lit. 61.   [2] Siehe Toulon, Lit. 119.

Praktisch verwertbare Anordnungen zur Umformung sehr hoher Spannungen bei großer Leistung mit Funkenstrecken lagen also bis zum Erscheinen dieses Buches nicht vor. Eine solche Umformung wurde bisher von vielen Stellen insbesondere wegen der Schwierigkeit der periodischen Lichtbogenlöschung für unmöglich gehalten.

Auch die Gleichrichtung sehr hoher Wechselspannungen bei kleiner Leistung mit ruhenden Funkenstrecken in Luft ist in praktisch verwendbarer Form bisher nur unter Anwendung einer besonderen Schaltung möglich geworden (siehe nächsten Abschnitt). Da aus dieser Hochspannungsumformung für Prüfzwecke die Umformereinrichtungen für große Leistungen entwickelt worden sind, soll zunächst darüber einiges gesagt werden.

21. Funkenstrecken-Anordnungen zur Gleichrichtung sehr hoher Wechselspannungen für Prüfzwecke.

Versuche, den elektrischen Funken oder Lichtbogen zwischen ruhenden Elektroden in Luft von Atmosphärendruck (oder in komprimierter

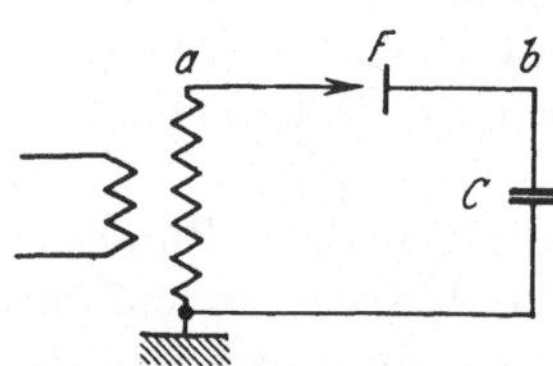

Abb. 42. Gleichrichtung mit einer Funkenstrecke Spitze—Platte (praktisch nicht anwendbar). [Elektrotechn. Z. Bd. 51 (1930).]

Luft) zur Umformung von hohen Spannungen zu verwenden, sind schon vielfach gemacht worden (s. a. Abschnitt 20). Bei den meisten derartigen Versuchen handelte es sich darum, hohe Gleichspannungen zu Versuchs- oder Prüfzwecken, also bei sehr geringer Stromstärke, zu gewinnen. Es traten zunächst verschiedene Schwierigkeiten auf, so daß die Verfahren sich nicht in der Praxis einführten.

Die einwandfreie Erzeugung sehr hoher Gleichspannungen mit ruhenden Funkenstrecken gelang erst durch die Reihenschaltung zweier Funkenstrecken mit großem Polaritätseffekt bei Erdung der Verbindungsleitung zwischen diesen Funkenstrecken über einen hohen Widerstand[1]. Es war bereits seit langem bekannt, daß die Durchschlagspannung zwischen Elektroden mit stark verschiedenem Krümmungsradius sich stark ändert, wenn die Polarität der angelegten Spannung vertauscht wird (vgl. Abschnitt 5). Die Ausnutzung dieser Erscheinung zur Gleichrichtung war jedoch aus mehreren Gründen schwierig. Wenn mit einer Schaltung nach Abb. 42 eine ruhende Gleichspannung erzeugt werden soll, die den Kondensator C auflädt, so kann man das durch Steigerung der Spannung am Transformator erreichen. Von der Spitze zur Platte hin treten nämlich immer dann Überschläge auf, wenn die Spitze positiv ist, während die Überschlagspannung bei negativer Spitze sehr viel höher liegt. Der Konden-

---

[1] Vgl. Erwin Marx, Lit. 48.

sator wird durch den Überschlagfunken positiv aufgeladen. Der Punkt b behält also positives Potential gegen Erde. Wenn die Spannung des Transformators negativ ist, so muß die Funkenstrecke etwa den doppelten Scheitelwert der Transformatorspannung aushalten, ohne überzuschlagen. Die Überschlagspannung bei negativer Spitze muß also, wenn die Funkenstrecke Spitze—Platte einwandfrei als Gleichrichter arbeiten soll, mindestens doppelt so hoch sein als bei positiver Spitze. Das Überschlagspannungsverhältnis bei verschiedener Polarität beträgt nun zwar bei großen Elektrodenabständen etwa 3, doch ist trotzdem insbesondere dann ein zu geringer Sicherheitsgrad gegen Rückschläge vorhanden, wenn die Spannung des Transformators etwas höher gemacht wird, als es zum Überschlag der Funkenstrecke bei positiver Spitze notwendig ist[1]. Ferner ist bei der Schaltung nach Abb. 42 sehr nachteilig, daß die Funkenstrecke erst dann wieder anspricht, wenn der Kondensator C fast völlig entladen ist. Man erhält also eine Gleichspannung, die dauernd zwischen ihrem Höchstwert und Null schwankt. Die Geschwindigkeit der Spannungsabsenkung hängt dabei von der Zeitkonstanten im Belastungskreise, also von der Kapazität C und dem zu ihr gegebenenfalls parallel geschalteten Widerstand ab. Die Schaltung Abb. 42 ist aus diesen Gründen praktisch nur dazu brauchbar, einen welligen Gleichstrom in einem Wirkwiderstand zu erzeugen. Man erhält dann nur den einfachen Scheitelwert der Wechselspannung als Sperrspannung und die Funkenstrecke spricht in jeder positiven Halbwelle an. Die Schaltung Abb. 43 gestattet dagegen die Erzeugung einer ruhenden Gleichspannung und vermeidet das Auftreten der doppelten Sperrspannung[2]. Wenn die Transformatorspannung (Punkt a) in das positive Maximum kommt, tritt an F_1 der Überschlag ein. (Der Punkt b hatte bis dahin infolge des Widerstandes R annähernd Erdpotential.) Der Überschlag an F_1 erhöht das Potential von b rasch auf das von a und erzeugt einen Überschlag an F_2, so daß der Konden-

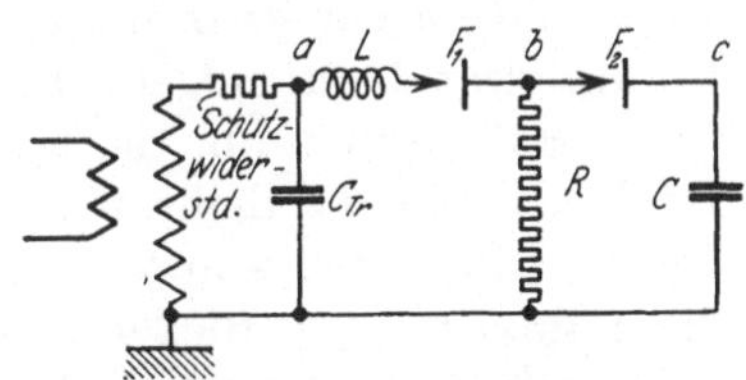

Abb. 43. Gleichrichterschaltung mit 2 in Reihe geschalteten Funkenstrecken. [Elektrotechn. Z. Bd. 51 (1930).]

---

[1] Herr Dr. Hans Boas machte mich darauf aufmerksam, daß man diese Schwierigkeit auch dadurch vermeiden kann, daß man eine Stromquelle mit einseitiger Spannungskurve benutzt und diese Spannung über einen Transformator an eine Reihenschaltung Spitze—Platte Funkenstrecke und Kondensator anschließt. Dann fällt die doppelte Sperrspannung weg. Eine von der Firma Hans Boas nach diesem Prinzip gebaute Gleichspannungsanlage ist bei der AEG einige Jahre zur Kabelprüfung gelaufen. Die oben angeführte Schwierigkeit der großen Spannungsschwankung wird allerdings dadurch nicht vermieden.

[2] Die Wirkungsweise dieser Schaltung ist in der Elektrotechn. Z. 1930 S. 1089 eingehend beschrieben, so daß hier nur kurz darauf eingegangen werden soll.

sator C aufgeladen wird. Die Funkenstrecken F_1 und F_2 unterbrechen den Strom, wenn die Punkte a und c etwa das gleiche Potential erhalten haben. Das Potential von b sinkt dann infolge von R auf das Erdpotential und dadurch entsteht vor Eintritt des negativen Spannungsscheitelwertes der Transformatorspannung eine gleichmäßige Sperrspannungsverteilung an den beiden Funkenstrecken. Es hat also jede Funkenstrecke nur den gleichen Spannungswert in der Sperrzeit auszuhalten, der in der Durchlaßzeit zum Durchschlag führt. Die Schwierigkeit des zu geringen Sicherheitsgrades wird dadurch vermieden. Das wesentlichste an der Schaltung ist also der hohe Erdungswiderstand R, der das Potential der Verbindung zwischen beiden Funkenstrecken in der Sperrzeit bis zum Auftreten der Sperrspannung jedesmal wieder auf Null bringt. — Ferner muß dafür gesorgt werden, daß eine möglichst konstante Gleich-spannung erzielt werden kann, daß also die beiden Funkenstrecken auch dann ansprechen und Strom durchlassen, wenn die Gleichspannung am Punkte c nur ganz wenig abgesunken ist. Das wird mit Hilfe der Induktivität L auf folgendem Wege erreicht. F_1 spricht in jeder positiven Halbperiode an, da ja b regelmäßig entladen wird. Durch die Funkenstrecke F_1 fließt bei ihrem·Ansprechen ein stoßartiger Strom, der die Kapazität von b gegen Erde auflädt. Da dieser Strom durch die Induktivität L fließen muß, entsteht eine Schwingung, die b annähernd auf den doppelten Spannungswert von a bringen kann. Die Kapazität C_{Tr}, die etwa 1000 $\mu\mu$F betragen muß, hält das Potential am einen Ende der Induktivität annähernd fest und liefert die Schwingungsenergie. Durch diese Spannungsüberhöhung an b wird nun die Funkenstrecke F_2 auch dann zum Ansprechen gebracht, wenn die Spannung am Kondensator C nur wenig abgesunken ist. Bei der normalen Benutzung einer solchen Anlage als Gleichspannungsprüfanlage erreicht man dadurch ohne Schwierigkeiten ein Ansprechen beider Funkenstrecken in jeder positiven Halbperiode, so daß die Gleichspannungsschwankung ein Mindestmaß erreicht.

Bei sehr hohen Spannungen ergeben sich bezüglich der Regelmäßigkeit des Ansprechens der Funkenstrecken jedoch dadurch gewisse Schwierigkeiten, daß durch die hohen Sprühverluste sowie durch die bei großen Schlagweiten der Funkenstrecken vorhandenen hohen Funkenwiderstände das Potential von b beim Ansprechen von F_1 nur einen wesentlich geringeren Betrag als den doppelten Scheitelwert der Transformatorspannung erreicht. Dadurch kann F_2 erst bei großer Spannungsabsenkung an c wieder ansprechen. Eine Abhilfe ist durch die Schaltung Abb. 44 möglich[1]. Die Induktivität ist hier zwischen den beiden

---

[1] Diese bei Spannungen von mehr als etwa 350 kV gegen Erde zweckmäßige Verbesserung wurde erst nach dem Erscheinen des bereits erwähnten Aufsatzes in der Elektrotechn. Z. gefunden.

Funkenstrecken F_1 und F_2 angeordnet und mit einer Anzapfung versehen, an die die Kapazität C_E und der Widerstand R in Parallelschaltung angeschlossen sind. Die beim Ansprechen von F_1 in dem Teil L_1 und in C_E auftretende Schwingung erzeugt einen magnetischen Fluß, der auch L_2 durchsetzt und dort eine höhere Spannung von b gegen Erde erzeugt. (Die Induktivität ist also hier als Spartransformator geschaltet.) Theoretisch ist nunmehr am Punkt b eine beliebig große Spannungserhöhung über den Scheitelwert der Transformatorspannung hinaus erreichbar, so daß in jedem Falle ein regelmäßiges Ansprechen von F_2 erzielt werden kann.

Für die praktische Ausführung solcher Prüfanlagen für sehr hohe Spannungen waren eingehende Untersuchungen nötig, da im Spannungsbereich von 1000 kV und darüber ja noch sehr wenig Erfahrungen vorliegen. Diese Untersuchungen wurden in der Hauptsache mit einem Transformator von 500 kV$_{\text{eff}}$ gegen Erde angestellt, mit dem eine Gleichspannung von 1200 kV zwischen den Klemmen erzeugt werden konnte. Schließt man nämlich an einen solchen Transformator eine Schaltung nach Abb. 44 noch einmal mit vertauschten Elektroden der Funkenstrecken an[1], so daß die Plattenelektroden auf der Trans-

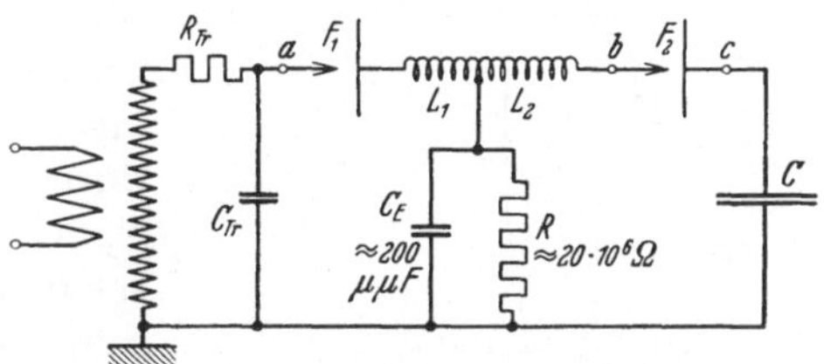

Abb. 44. Gleichrichterschaltung für besonders hohe Spannungen.

formatorseite liegen, dann erzeugt dieser Teil der Schaltung eine negative Gleichspannung, der andere eine positive. Der Scheitelwert der Transformatorspannung wird also annähernd verdoppelt.

In einer Untersuchung wurde die Frage der zweckmäßigsten Elektrodenausbildung bei sehr hoher Spannung geklärt[2]. Hier bestand nämlich die folgende Schwierigkeit: Bei der Erzeugung einer Gleichspannung von beispielsweise 700 kV gegen Erde muß der Abstand zwischen Spitze und Platte etwa 1,15 m betragen, da diese Funkenstrecke erst beim Spannungscheitelwert überschlagen werden soll. Um den vollen Polaritätseffekt einer Funkenstrecke Spitze—Platte zu erhalten, muß aber der Plattendurchmesser 3- bis 4 mal größer sein als der Elektrodenabstand, so daß ein Plattendurchmesser von etwa 4 m notwendig wäre. Dabei muß die Platte eine glatte Oberfläche besitzen und es muß besonderer Wert auf richtige Randausbildung gelegt werden. Ferner muß diese Platte einen großen Erdabstand erhalten, da sonst zu starke Entladungen nach der Erde hin an ihr auftreten. Die Ausführung und Aufstellung solcher Plattenelektroden würde außerordentlich schwierig

---

[1] H. Greinacher, Lit. 21; Güntherschulze, Lit. 25 S. 119.
[2] Herbert Buchwald, Lit. 4.

und teuer sein. **Buchwald** fand nun in seiner Arbeit, daß sich ein so großer Plattendurchmesser durch einen dünnen Isolierschirm vermeiden läßt, der vor die Platte gestellt wird. Abb. 45 zeigt schematisch die Anordnung eines solchen Schirmes. Der Schirm läßt durch seine kreisförmige Mittenöffnung den Durchschlagfunken, der bei positiver Spitze auftritt, hindurch, er verhindert aber den Rückschlag bei positiver Plattenelektrode. Es ist hierbei sogar günstig, die Plattenelektrode mit scharfem Rand auszuführen, da die von diesem scharfen Rand ausgehenden Entladungen durch den Schirm aufgehalten werden. (Vgl. die Betrachtungen über die Entwicklung des Durchschlags im Abschnitt 5, sowie die Angaben über die Wirkung von dünnen Isolierschirmen im elektrischen Felde im Abschnitt 9.) Durch Anwendung solcher Schirme wird es möglich, die Plattenelektroden nur etwa ebenso groß zu wählen wie den Elektrodenabstand.

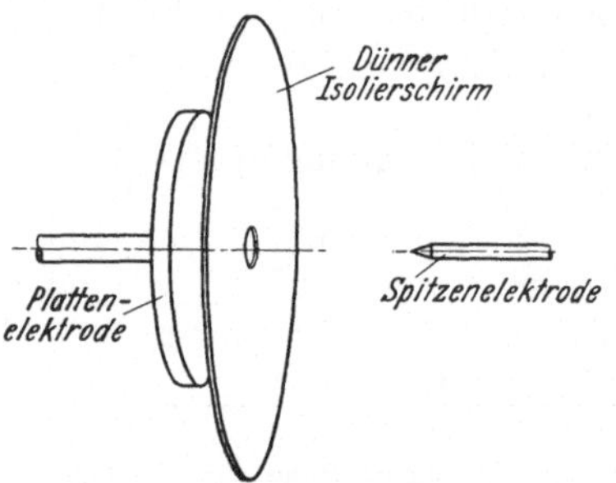

Abb. 45. Isolierschirm vor einer Plattenelektrode zur Erhöhung der Durchschlagspannung bei positiver Platte und negativer Spitze.

Eine weitere Untersuchung betraf die Ausbildung, den Betrieb und die Sicherheitsgrade von Gleichrichteranlagen nach Abb. 43 und 44. Es wurden durch diese, insbesondere für sehr hohe Spannung, die günstigsten und wirtschaftlichsten Größen der in den Abbildungen eingezeichneten Anlagenteile R_{Tr}, C_{Tr}, L, L_1, L_2, C_E und R bestimmt[1]. Diese Größen müssen in einem bestimmten Zusammenhange stehen, wenn eine möglichst gute Wirkung erzielt werden soll. Die Kondensatoren werden, besonders dann, wenn sie durch hohe Wechselspannung beansprucht werden, teuer; es ist also notwendig, die Größe der Kapazität zu ermitteln, die sie bei bestimmter zu erzielender Gleichspannungshöhe mindestens besitzen müssen. Diese Mindestgrößen ergaben sich aus eingehenden Untersuchungen der Schwingungsverhältnisse beim Ansprechen der Funkenstrecken F_1. Zugleich wurde dadurch die Größe der Induktivitäten gefunden. Der Schutzwiderstand (R_{Tr}) erwies sich als notwendig zur Unterdrückung einer unerwünschten Schwingung der Kapazität C_{Tr} mit der Transformatorinduktivität. Bei diesen Untersuchungen leistete der Kathodenstrahl-Oszillograph von **Rogowski** sehr gute Dienste. Auch der Widerstand R, der nach den oben gemachten Angaben einen sehr wichtigen Teil der Gleichrichteranlage darstellt, mußte sorgfältig bestimmt werden, da sich bei zu großem Widerstandsbetrag eine ungenügende Entladung der Verbindungsleitungen zwischen den Funkenstrecken ergibt, während bei zu kleinem Betrage eine unnötig große Belastung der Anlage und eine zu große Wärmeentwicklung im

---

[1] Diese Arbeit führte Herr **Paul Nedderhut** durch. Lit. 62.

Widerstand entsteht. Schließlich erwies es sich als zweckmäßig, den Abstand der Funkenstrecke F_2 etwas geringer einzustellen als den von F_1, weil dann bereits mit geringerer Spannungshöhe an dem Leitungsstück b eine regelmäßige Zündung an F_2 und geringste Spannungschwankungen auf der Gleichspannungseite erreicht werden können. Andererseits ergibt eine enge Einstellung von F_2 natürlich eine Verminderung des Sicherheitsgrades der Gesamtanlage, weil dadurch leichter Rückschläge von der Gleichspannungseite in die Wechselspannungseite eintreten können. Auch für den Abstand von F_2 im Verhältnis zu dem von F_1 gibt es also ein Optimum. Aus der Arbeit von Nedderhut läßt sich die zweckmäßigste Bemessung aller Teile dieser Gleichrichteranlagen für jede Spannungshöhe entnehmen[1].

22. Anordnungen mit großem Polaritätseffekt und künstlicher Lichtbogenlöschung.

(Zündung des Lichtbogens durch die Betriebspannung[2].)

Die im vorigen Abschnitt beschriebenen Funkenstrecken-Gleichrichter sind nur für kleine Stromstärken brauchbar, da bei größeren Belastungen Lichtbögen an den Funkenstrecken stehenbleiben und die Anlage kurzschließen. Parallel mit der Untersuchung dieser Prüfanlagen wurden deshalb systematische Versuche zur periodischen Löschung dieser bei höherer Stromstärke auftretenden Lichtbögen unternommen. Daß solche Lichtbogenlöschungen in Luft möglich waren, hatten die Versuche mit Druckluftschaltern gezeigt, bei denen Stromstärken von 30000 A gelöscht wurden (s. Abschnitt 18, Seite 62). Wenn auch die dort üblichen Anordnungen nicht ohne weiteres übernommen werden konnten, so ermutigten sie doch zu Versuchen mit großen Leistungen. Ferner zeigen die Erfahrungen mit Lichtbogenöfen zur Stickstofferzeugung sowie mit Poulsen-Generatoren, daß es möglich ist, Lichtbögen von großer Stromstärke lange Zeit zwischen den gleichen Elektroden zu brennen, so daß auch in dieser Hinsicht keine grundsätzlichen Bedenken bestanden (s. Abschnitt 16, Seite 57). Trotzdem war der Weg bis zur Erreichung von praktisch brauchbaren Lichtbogenventilen lang und schwierig. Die mit den einzelnen, bei den Untersuchungen benutzten Anordnungen erzielten Ergebnisse sollen in diesem und den

---

[1] Nach den Ergebnissen der Untersuchungen dieser Gleichspannungsschaltungen, an denen auch Herr Karl Großmann mitarbeitete, wurde durch die AEG eine Gleichspannungsprüfanlage für 1200 kV gebaut, die erstmalig zur Tagung der Studiengesellschaft für Höchstspannungsanlagen E. V. im Herbst 1930 in Braunschweig vorgeführt wurde.

[2] Die Untersuchungen, über die im Abschnitt 22 und 24 berichtet wird, sind, soweit nichts anderes angegeben ist, von Herrn Wilhelm Ziegenbein durchgeführt worden. Lit. 128.

nächsten Abschnitten kritisch besprochen werden, auch wenn die zuerst behandelten Anordnungen zum Dauerbetrieb mit großen Leistungen nicht geeignet sind. Der Hauptzweck dieses Buches soll ja sein, auch an anderer Stelle Versuche mit dieser Umformungsart anzuregen, bei denen die hier gewonnenen Erfahrungen verwertet werden können. Dazu erschien eine Schilderung des Entwicklungsganges notwendig.

a) Elektroden Spitze—Platte ohne Luftströmung.

Zunächst wurde zu Vergleichszwecken eine normale Spitze—Platte Funkenstrecke ohne künstliche Löschung untersucht. Diese, bestehend

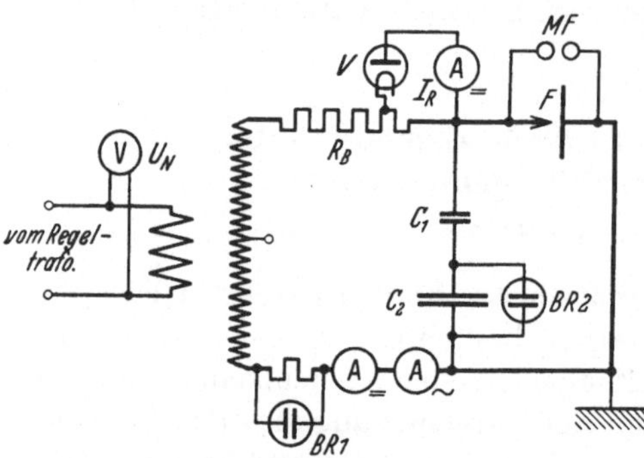

Abb. 46. Schaltung zur Untersuchung der Sperrfähigkeit von Funkenstrecken bei verschiedenen Betriebstromstärken.

aus einer Kupferspitze mit 30^0 Öffnungswinkel und einer Kupferplatte von 30 cm Durchmesser, wurde in einer Schaltung nach Abb. 46 untersucht. Zu dieser Untersuchung wurde ein Einphasen-Transformator von 100 kVA, 380/80000 V benutzt, an den über den veränderlichen Belastungswiderstand R_B die Spitze—Platte-Funkenstrecke F angeschlossen war. Die schwach gezeichneten Nebenstromkreise dienten zu

Meßzwecken und werden noch beschrieben. Als Beispiel für die mit dieser Anordnung erzielten Ergebnisse seien die Verhältnisse bei 8 cm Elek-

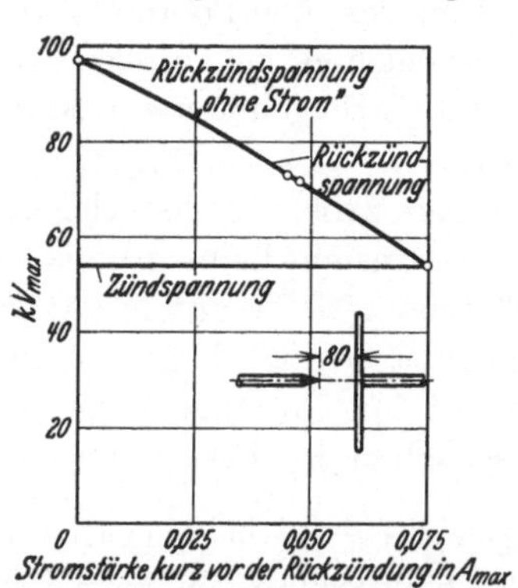

Abb. 47. Rückzündspannung einer normalen Funkenstrecke Spitze—Platte in Abhängigkeit von der Lichtbogenstromstärke.

trodenabstand beschrieben (s. Abb. 47). Bei allmählicher Steigerung der Transformatorspannung traten bei einem Spannungscheitelwert von $54\,\mathrm{kV_{max}}$ (gemessen mit der Meßfunkenstrecke MF zusammen mit dem Spannungsmesser U_N) regelmäßige Überschläge zwischen Spitze und Platte auf. Dieser Spannungswert ist also als „Zündspannung" zu bezeichnen. Sie ist als Horizontale in Abb. 47 eingezeichnet. Die Messung der Rückzündspannung der Funkenstrecke F erfolgte zunächst in einer anderen Schaltung mit Gleichspannung, und zwar wurde bei negativer Spitze ihre Überschlagspannung zu 97 kV gefunden. Dieser Wert wird als „Rückzündspannung ohne Strom" bezeichnet; er ist in Abb. 47 auf der Ordinatenachse eingezeichnet. Dann wurde in der

Schaltung Abb. 46 nacheinander bei verschiedenen Werten des Widerstandes R_B die Transformatorspannung über die Zündspannung von 54 kV hinaus gesteigert, bis auch in der negativen Halbwelle Überschläge von der Spitze nach der Platte erfolgten. Die Tatsache, daß die Überschläge zunächst nur in der positiven und später auch in der negativen Halbwelle auftraten, war an dem mit J_R bezeichneten Strommesser festzustellen, der infolge des ihm vorgeschalteten Glühventils V nur dann ausschlägt, wenn ein negativer Strom von der Spitze zur Platte hin fließt und einen entsprechenden Spannungsabfall an dem angezapften Teil des Widerstandes R_B hervorruft. Es war also mit dieser Schaltung zugleich die Zündspannung und die Rückzündspannung zu bestimmen[1]. Die Höhe des Spannungsscheitelwertes, bei dem die ersten Rückzündungen auftraten, wurde mit der Kugelfunkenstrecke MF bestimmt, sie ist in Abb. 47 eingetragen. Die zugehörigen Stromwerte wurden mit den beiden Strommessern, von denen der mit $=$ bezeichnete den arithmetischen und der mit $\sim$ bezeichnete den effektiven Mittelwert maß, sowie aus Oszillogrammen ermittelt[2]. Die Strommesser wurden wenig unterhalb des Spannungswertes abgelesen, bei dem die ersten Rückzündungen auftraten. Der Scheitelfaktor der Stromkurven liegt im allgemeinen nahe bei 2,5. Da die Angabe der Effektivstromstärke hier wenig Sinn hat, sind im folgenden fast ausschließlich die Scheitelwerte der Ströme angegeben (A_{max}), die aus den Effektivwerten im allgemeinen durch Multiplikation mit diesem Faktor bestimmt wurden.

Man sieht aus Abb. 47, daß die Rückzündspannung bei wachsendem Strom steil abfällt. Schon bei 0,075 A_{max} wird die Rückzündspannung gleich der Zündspannung, d. h. es ist keine Gleichrichterwirkung mehr vorhanden. Diese Erniedrigung der Rückschlagspannung bei wachsendem Strom ergibt sich nach den Ausführungen im Abschnitt 18 dadurch, daß der Lichtbogen in seinen Fußpunkten das Elektrodenmetall und im Kanal den Luftraum erhitzt und eine Ionisierung (positive Raumladung) hinterläßt. Die Durchschlagspannung wird dadurch in der Sperrzeit herabgesetzt. Diese Anordnung Spitze—Platte ohne künstliche Löschung des Lichtbogens ist also nur bei kleiner Stromstärke zur Gleichrichtung benutzbar.

Es wurden deshalb andere Anordnungen untersucht, bei denen eine künstliche Löschung des Lichtbogens erfolgt.

---

[1] Vgl. Abschnitt 6 S. 17, wo diese von Buchwald angegebene Schaltung näher beschrieben ist.

[2] Die Aufnahme der Strom- und Spannungskurven erfolgte bei den in Abschnitt 22 und 24 beschriebenen Versuchen mit dem Braunschen Rohr. Die Ablenkplatten sind in Abb. 46 eingezeichnet (*BR 1* und *BR 2*).

b) Bewegte Spitze gegenüber einer Platte.

Als einzige Anordnung mit Elektrodenbewegung soll die in Abb. 48 dargestellte behandelt werden, weil sich dabei einiges Interessante ergibt. Die Bewegung der Spitze erfolgte in konstantem Abstand zur Platte. Durch die Bewegung wird erreicht, daß eine Luftströmung an der Spitze entsteht und daß die Sperrbeanspruchung in einem Gebiet erfolgt, in dem sich vorher kein Lichtbogen befand. Die Bewegung der Spitze erfolgte synchron mit der angelegten Wechselspannung mit einer Drehzahl von 3000 je Minute. Die Geschwindigkeit der Spitze war durch Veränderung des Radius r einzustellen. Zunächst wurde mit der Schaltung nach Abb. 46 die Zündspannung be-

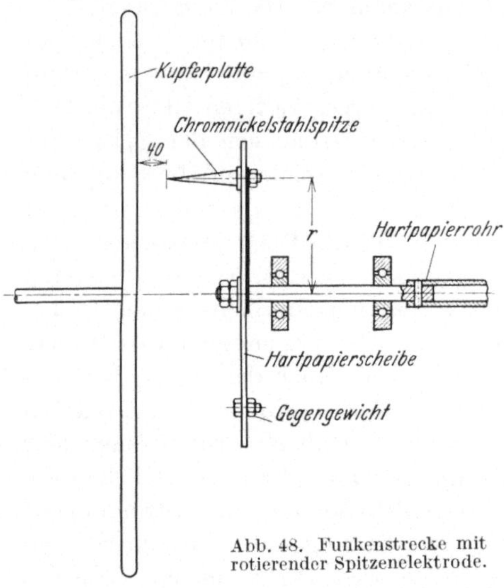

Abb. 48. Funkenstrecke mit rotierender Spitzenelektrode.

stimmt. Sie erwies sich als unabhängig von der Geschwindigkeit der Spitze. Dann wurde die Rückzündspannung bei negativer Spitze mit Gleichspannung gemessen. Es zeigte sich, daß diese Rückschlagspannung mit wachsender Geschwindigkeit der Spitze größer wurde (vgl. auch Abschnitt 7, S. 23). Diese Erscheinung begünstigt also wegen der höheren Sperrwirkung die Verwendung der bewegten Spitze als Gleichrichter.

Bei einer Geschwindigkeit der Spitze von 31,4 m/s und 4 cm Elektrodenabstand wurde dann, wie bei dem in Abschnitt 22a beschriebenen Versuch, die Abhängigkeit der Rückschlagspannung vom Durchgangstrom gemessen. Das Ergebnis dieses Versuches zeigt Abb. 49. Man erkennt, daß der Strom

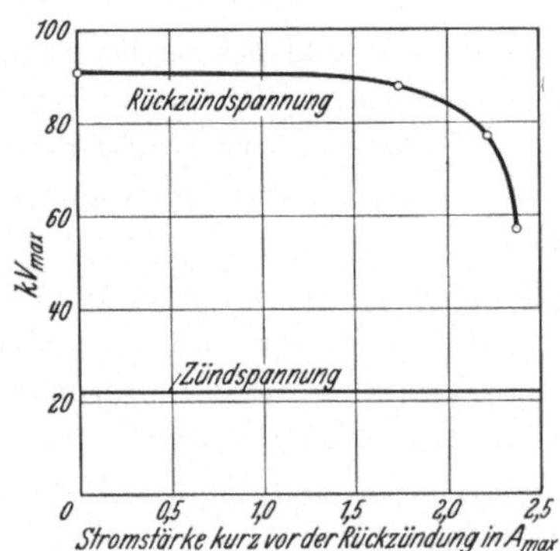

Abb. 49. Zünd- und Rückzündspannung der Funkenstrecke nach Abb. 48 in Abhängigkeit von der Lichtbogenstromstärke. Elektrodenabstand 4 cm, Geschwindigkeit der Spitze 31,4 m/s.

bei dieser Anordnung etwa 30 mal größer gemacht werden kann als bei ruhender Spitze, ehe die Rückschlagspannung stark sinkt. Interessant ist bei diesem Versuch ferner die Beobachtung des Lichtbogenverlaufs. Da die Spitze synchron mit der Wechselspannung umläuft, erfolgt die Zündung stets bei der gleichen Lage der Spitze. Der Lichtbogen besteht dann etwa während einer Viertelperiode, die dem 4. Teil eines Umlaufes der Spitze entspricht. Trotz dieser Bewegung der Spitze bleibt der bei dem Durchschlag entstehende Lichtbogenkanal an seiner ursprünglichen Stelle stehen und hinter der weglaufenden Spitze zieht sich eine Lichtbogenfahne her, die allmählich an der Spitze nach deren Einspannstelle hin läuft. Man erkennt daraus die starke Abneigung des Lichtbogens, sich in ruhender Luft zu bewegen. Er verlängert sich lieber um ein Mehrfaches, als daß er seine ursprüngliche Lage ändert. Die Lichtbogenfußpunkte auf der Platte bleiben, wie die nachträgliche Beobachtung der Platte ergibt, ebenfalls jedesmal an einem Punkte stehen.

Nimmt man die Rückzündspannung bei verschiedener Geschwindigkeit der Spitze und bei konstantem Belastungswiderstand auf, so zeigen sich zwei charakteristische Zustände. Oberhalb einer gewissen Geschwindigkeit liegt die Rückzündspannung bei Belastung um einen bestimmten, geringen Betrag unter der Rückzündspannung bei Leerlauf; die Rückzündungsdurchschläge erfolgen von der Spitze aus nach der Platte hin auf dem kürzesten Wege. Bei geringerer Geschwindigkeit der Spitze dagegen erfolgen die Rückschläge auf demselben Wege, auf dem der Lichtbogen während der Durchlaßperiode stand, also in einem alten Lichtbogenkanal. Die Sperrspannung liegt dann im allgemeinen bei Belastung viel niedriger als bei Leerlauf. Diese Erscheinung erklärt sich einfach dadurch, daß bei hoher Spitzengeschwindigkeit die Durchschlagspannung der Anordnung rascher anwächst, als die an der Funkenstrecke nach Verlöschen des Lichtbogens wiederkehrende Spannung. In diesem Falle findet bei hoher Sperrspannung ein Durchschlag in einem neuen Kanal statt. Bei geringer Spitzengeschwindigkeit ist das Entgegengesetzte der Fall.

Trotz dieses an sich günstigen Verhaltens der umlaufenden Spitze wurde diese Anordnung nicht weiter untersucht, da sie, wie aus den späteren Betrachtungen hervorgehen wird, für den praktischen Dauerbetrieb mit großer Stromstärke kaum in Frage kommen wird.

c) Ruhende Spitzenelektrode im Luftstrom gegenüber einer Platte.

Für weitere Versuche wurde eine Anordnung benutzt, die in Abb. 50 dargestellt ist[1]. Die Spitzenelektrode, eine Wolframnadel, steht in einem Kanal, in dem ein kräftiger Luftstrom nach der Platte hin vorliegt. Die Spitze ist während der Arbeitsdauer Anode, sie wird also während der Sperrzeit Kathode. Durch den Luftstrom wird erreicht, daß die Spitze

---

[1] Eine solche Anordnung ist, wie in Abschnitt 20 angegeben wurde, bereits durch eine amerikanische Patentanmeldung bekannt geworden.

und der Luftraum in ihrer Nähe nach dem Verschwinden des Lichtbogens rasch gekühlt werden, so daß die Erhitzung dieser Elektrode und ihrer Umgebung nicht oder nur wenig zur Erniedrigung der Sperrspannung beitragen kann. (Es könnte von vornherein günstiger erscheinen, den Lichtbogen auf seiner ganzen Länge durch einen senkrecht zu seinem Kanal verlaufenden Luftstrom anzublasen. Das erfordert jedoch sehr viel Luft und ergibt im allgemeinen eine große Verlängerung des Lichtbogens mit großen Lichtbogenverlusten.)

Die Versuche mit dieser Anordnung wurden in der Hauptsache mit 4 cm Elektrodenabstand durchgeführt. Es ergab sich dabei, daß eine sehr günstige Sperrspannung von einem Luftaustrittsquerschnitt von 25 mm² an erzielbar war. Der Durchmesser der Wolframnadel betrug im zylindrischen Teil 1,5 mm. Bei einer Stromstärke von 2,75 A_{max} war noch keine wesentliche Herabsetzung der Rückschlagspannung zu bemerken. Der Druck betrug dabei 2,8 ata in dem Druckraum vor der Ausströmöffnung. Am günstigsten lagen die Verhältnisse, wenn die Spitze der Nadel gerade mit dem vorderen Rand der Düse abschnitt. Bei Steigerung des Stromes über 2,75 A_{max} hinaus traten dagegen schon bei Zündspannungshöhe Rückschläge auf; dieser Strom stellt also bei den vorliegenden Verhältnissen den größten gleichzurichtenden Stromwert dar. Zur

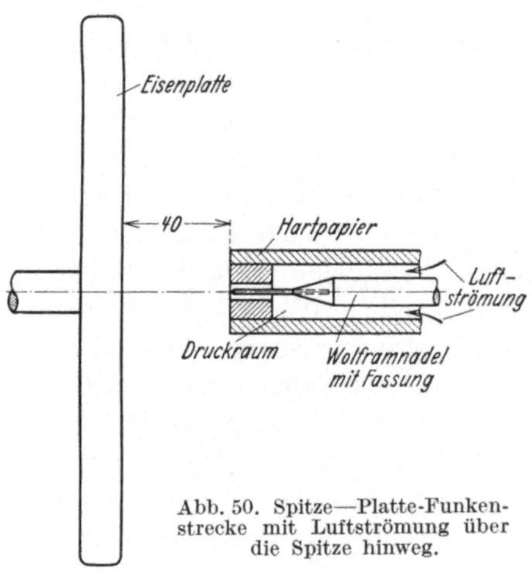

Abb. 50. Spitze—Platte-Funkenstrecke mit Luftströmung über die Spitze hinweg.

Aufklärung des Rückschlagvorganges wurde der Lichtbogen durch einen Schlitz in einer synchron umlaufenden Scheibe, beobachtet. Es wurde dabei die Feststellung gemacht, daß der Rückschlag im gleichen Gebiet erfolgt wie der Zünddurchschlag, d. h. also etwa auf dem kürzesten Wege zwischen Spitze und Platte. Als wesentlicher Nachteil dieser Anordnung stellte sich durch diese Beobachtungen heraus, daß die Luft an der Plattenelektrode angestaut wird und daß dadurch am Lichtbogenfußpunkt auf der Platte auch bei stärkstem Blasen nur eine geringe Luftgeschwindigkeit vorliegt. Die Abkühlung dieses heißen Fußpunktes sowie die Abführung der Wärme aus der ihn umgebenden Luft erfolgt also nach dem Verlöschen des Lichtbogens zu langsam. Nach den in Abschnitt 8 beschriebenen Untersuchungen wirkt ein heißer Punkt auf einer der Elektroden, gleichgültig ob diese beim Auftreten der Spannung Anode oder Kathode ist, im allgemeinen erniedrigend auf die Durchschlagspannung. Es mußte also diese Anordnung nach Abb. 50 vor allem insofern verbessert werden, als am Lichtbogenfußpunkt an der Platte ebenfalls eine hohe Luftgeschwindigkeit erzeugt werden mußte. Eine solche wurde durch ein Loch in der Plattenmitte zu erreichen versucht; das half aber erst dann, als die gesamte Anordnung in eine geschlossene Kammer eingebaut wurde. Dadurch ergab sich ein sehr wesentlicher neuer Gesichtspunkt für Lichtbogenventile, nämlich die Bedingung, daß an beiden Elektroden eine hohe Luftgeschwindigkeit vorhanden sein muß. Das läßt sich am besten in einer geschlossenen Lichtbogenkammer erreichen.

d) Lichtbogenkammer mit Spitze—Platte-Elektroden.

Die nun untersuchte Anordnung nach Abb. 51 gestattet die Erzielung einer hohen Luftgeschwindigkeit an der Plattenelektrode. Durch Einschließen des Lichtbogens in eine Kammer wird erreicht, daß die gesamte Luft durch das Loch in der Platte ausströmt. Der Lichtbogenfußpunkt auf der Platte wandert dadurch nach kurzer Zeit aus der Kammer heraus nach der mit a bezeichneten kegelförmigen Fläche, an der eine schwache Luftströmung herrscht. Durch die Einschließung des Lichtbogens in eine Kammer läßt sich

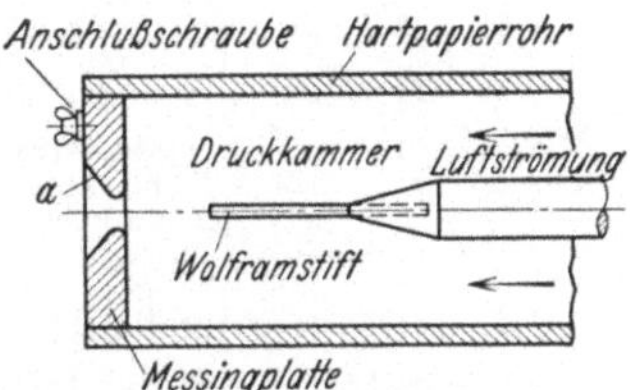

Abb. 51. Spitze—Platte-Funkenstrecke in einer Druckkammer.

ferner der große Vorteil erreichen, daß in dem Raum zwischen den Elektroden ein Überdruck herrscht und daß auch bei sehr hoher Spannung verhältnismäßig kleine Elektrodenabstände benutzt werden können. Bei allen künftig beschriebenen Anordnungen wird von einer solchen Lichtbogenkammer Gebrauch gemacht. Wie sich die Tatsache, daß sich der Lichtbogen nun in einem Gas unter Druck befindet, auf die Höhe der Lichtbogenspannung und auf die Rückschlagspannung auswirkt, ist in den grundsätzlichen Erörterungen in den Abschnitten 7 und 15 behandelt worden; diese Fragen werden außerdem später bei Besprechung der endgültigen Form der Lichtbogenkammer wieder erwähnt (s. Abschnitte 27 und 29, S. 123 und 138). Die Elektrodenform nach Abb. 51 ähnelt der bei Druckgasschaltern gebräuchlichen Anordnung[1]. Auch dort steht die eine Elektrode als Stift vor einer Öffnung, aus der Luft herausgeblasen wird. Es sind mit dieser Anordnung dort Ströme bis zu 30000 A gelöscht und sehr hohe Sperrspannungen erzielt worden.

Bei der Untersuchung der Anordnung nach Abb. 51 wurden die in Abb. 52 dargestellten Werte gewonnen. Man sieht, daß die Rückschlagspannung mit wachsender Belastung allmählich sinkt. Aus weiteren

---

[1] Biermanns, Lit. 1 S. 1078.

Versuchen mit dieser Anordnung nach Abb. 51 ging hervor, daß sich ihre Löschfähigkeit besonders bei Vergrößerung des Elektrodenabstandes stark verschlechterte. Das ist darauf zurückzuführen, daß die Luftgeschwindigkeit an der Spitze bei wachsendem Elektrodenabstand kleiner wird. Eine große Luftgeschwindigkeit ist jedoch besonders bei großer Stromstärke unbedingt zur raschen Kühlung der Elektroden nötig. Dieser Nachteil läßt sich leicht dadurch vermeiden, daß an beiden Elektroden düsenförmige Öffnungen mit hoher Luftgeschwindigkeit vorgesehen werden, daß man also die Anordnungen nach Abb. 50 und 51 in sinngemäßer Weise vereinigt, wie das in der Anordnung Abb. 66, Seite 104 geschehen ist.

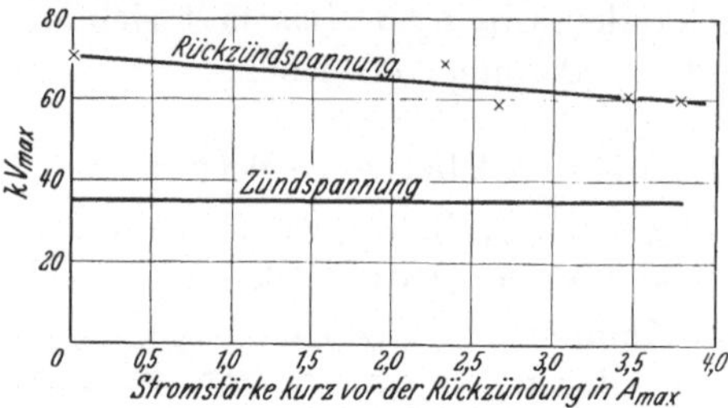

Abb. 52. Zünd- und Rückzündspannung der Funkenstrecke nach Abb. 51 in Abhängigkeit von der Lichtbogenstromstärke.

Bevor die Weiterführung dieser Versuche geschildert wird, soll ein Abschnitt über die künstliche Zündung von Lichtbögen eingeschaltet werden. Die Einführung einer solchen periodischen Hilfszündung erwies sich als notwendig, um höhere Betriebstromstärken anwenden und Elektrodenanordnungen ohne Polaritätseffekt untersuchen zu können.

23. Die künstliche Zündung von Lichtbögen durch eine Hilfspannung.

Bei Glühkathodengleichrichtern setzt der Stromdurchgang bereits ein, wenn eine geringe Spannungsdifferenz mit der richtigen Polarität zwischen den Elektroden besteht; bei Lichtbogen-Ventilen mit ruhenden Elektroden wird jedoch der Lichtbogen durch die Betriebspannung erst eingeleitet, wenn diese einen Wert angenommen hat, der zu einem Durchschlag zwischen den Elektroden hinreicht. Es ist nun aber bereits bei Vakuumapparaten bekannt, einen Stromdurchgang zu beliebiger Zeit durch Steuereinrichtungen zu eröffnen, wie das bei der Rückumformung von Gleichstrom in Wechselstrom sowie bei der Frequenzumformung usw. unerläßlich ist[1]. Auch bei der Lichtbogenumformung in strömendem Gas ist diese Einleitung des Stromdurchganges leicht dadurch möglich, daß kurzzeitig eine hohe Hilfspannung an die Elektroden angelegt wird, die einer Stromquelle mit geringer Leistung entnommen werden kann. Diese Hilfspannung erzeugt einen „Zündfunken" zwischen den Elektroden und leitet den Betriebslichtbogen ein,

---

[1] S. z. B. Schenkel, Lit. 87.

sie wird deshalb Zündspannung genannt. Eine solche Hilfszündung ist auch insofern günstig, als bei ihrer Anwendung der Zeitpunkt für die Einleitung der Lichtbögen recht genau im Verhältnis zur Periode der Wechselspannung festgelegt werden kann. Außerdem können bei Anwendung der Hilfszündung auch Elektrodenformen benutzt werden, die nur einen geringen oder keinen Polaritätsunterschied in der Durchschlagspannung aufweisen. Für mehrphasige Lichtbogen-Stromrichter ist eine Hilfszündung unerläßlich.

Die Hilfszündanlagen für Lichtbogen-Stromrichter müssen, da diese auch bei sehr hohen Betriebspannungen benutzt werden sollen, sehr hohe Zündspannungen erzeugen (*a*), diese Zündspannungen müssen gegenüber benachbarten Anlagenteilen abgeriegelt werden und der Betriebstrom darf nicht in die Zündanlage übertreten (*b*), ferner muß mit der Zündanlage ein ausreichend starker Strom erzeugt werden, damit der Hauptlichtbogen auch bei geringer Betriebspannungsdifferenz mit Sicherheit gezündet wird (*c*), und schließlich ist die Anordnung bei Mehrphasenanlagen so zu treffen, daß die Zündspannungen auf die Phase, die jeweils gezündet werden soll, beschränkt bleiben. Nach diesen für die künstliche Zündung in Frage kommenden Gesichtspunkten soll die folgende Behandlung gegliedert werden. Über Mehrphasenanordnungen wird erst später, im Abschnitt 30, gesprochen werden.

a) Erzeugung sehr hoher Zündspannungen.

Sehr hohe kurzzeitige Spannungen können in der Hauptsache auf zwei Wegen erzeugt werden, nämlich mit Tesla-Transformatoren und mit Stoßvielfachschaltungen[1]. Man wird natürlich denjenigen der beiden Wege wählen, der am einfachsten und sichersten zum Ziele führt.

Um eine hohe Spannung zwischen den Elektroden der Lichtbogenkammer zu erzeugen, wird die Energie $C \cdot \dfrac{U_z^2}{2}$ benötigt. Unter U_z ist dabei die Spannung zu verstehen, um die das Potential der Elektrode, an die die Zündanlage angeschlossen ist, verändert werden soll und mit C ist die Summe aller Kapazitäten bezeichnet, die durch die Zündspannung aufgeladen werden müssen, also die Kapazität der Elektrode mit ihrem Zubehör, die Kapazität eines Teiles der Zündanlage selbst und die Kapazität der Verbindungsleitungen, und zwar kommen die Kapazitäten dieser Teile gegen Erde und gegen die benachbarten Anlagenteile in Frage. Die Höhe von U_z ist von der Betriebsgleichspannung gegen Erde (U_-) abhängig, die mit der Umformungsanlage erzeugt werden soll. Zwischen den Elektroden der Lichtbogenkammer besteht beim Mehrphasenbetrieb in der Sperrzeit eine Spannung von etwa $2 \cdot U_-$. Damit eine genügende

---

[1] **Erwin Marx**, Lit. 43, 44, 45.

Sicherheit gegen einen Rückschlag vorhanden ist, muß die Rückschlagspannung, d. h. die Durchschlagspannung während der Sperrzeit, mindestens $2{,}5 \cdot U_=$ betragen. Die Zündspannung muß andererseits so hoch sein, daß mit Sicherheit ein regelmäßiger Überschlag zwischen den Elektroden stattfindet. Wenn die Elektrodenanordnung keinen Polaritätseffekt besitzt, muß also die Zündspannung höher sein als die Rückschlagspannung. Um auch hier eine gewisse Sicherheit zu haben, wird man die Zündanlage so projektieren, daß regelmäßig ein Spannungsscheitelwert von $3 \cdot U_=$ erzielt wird, dabei ist, wie immer bei unseren Betrachtungen, vorausgesetzt, daß in der Lichtbogenkammer keine periodischen Druck- oder Abstandsänderungen vorgenommen werden. Die Entwicklung der Lichtbogenumformung erfolgte, wie bereits betont wurde, in der Hauptsache für die Gleichstromkraftübertragung. Die höchste hier anwendbare Gleichspannung wird, wie später im Abschnitt 32 noch näher gezeigt wird, etwa 400 kV gegen Erde betragen. Für eine solche Anlage wäre also eine Zündspannung von 1200 kV_{max} nötig. Erfahrungen mit der betriebsmäßigen Verwendung so hoher Spannungen liegen bisher

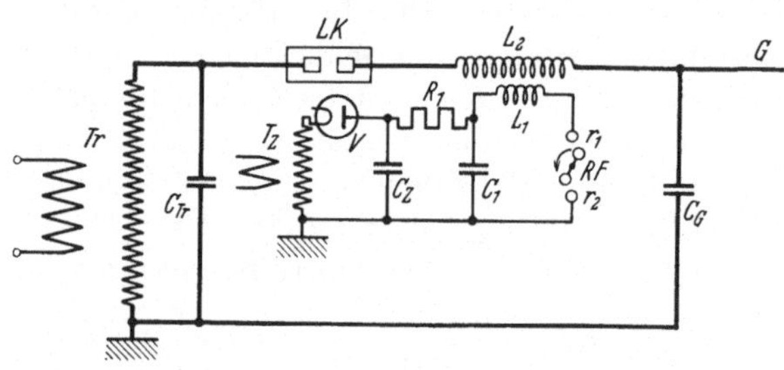

Abb. 53. Einphasige Gleichrichterschaltung mit periodischer Hochfrequenzzündung der Lichtbögen.

nicht vor. Der Aufbau solcher Zündanlagen muß also sehr genau geprüft werden, damit die nötige Sicherheit und Wirtschaftlichkeit erreicht wird. — Der Wert C hängt stark vom Aufbau der Anlage ab. Die Kapazitäten müssen so klein gehalten werden wie möglich, damit die Zündenergie klein bleiben kann. Diese periodisch aufzubringende Energie ist im übrigen von der Art der Zündanlage unabhängig.

Zunächst soll nun die Zündung unter Benutzung eines Tesla-Transformators, etwa unter Verwendung einer Schaltung nach Abb. 53, besprochen werden[1]. Das Schaltbild ist der Einfachheit halber einphasig gezeichnet. Tr ist der Haupttransformator, LK die Lichtbogenkammer, und G ist der Anschlußpunkt der Gleichspannungsbelastung. Die periodische Erzeugung der Zündspannung erfolgt in dem aus C_1, L_1 und der rotierenden Funkenstrecke RF bestehenden Stromkreis. C_1 wird durch den Transformator T_z über das Ventilrohr V aufgeladen. (Die Heizung dieses Glühventils ist im Schaltbild nicht mit dargestellt. Sie kann durch isoliert aufgestellte Akkumulatoren, Isolier-

---

[1] Dieses Zündverfahren wurde, wie bereits erwähnt, schon von Toulon bei der Niederspannungsumformung benutzt. Lit. 119.

wandler oder eine Anzapfung am Transformator T_z vorgenommen werden.) Zur Aufspeicherung der Gleichstromenergie dient der Kondensator C_z. Die Aufladung von C_1 erfolgt dann von diesem Kondensator aus über den Widerstand R_1. Dieser muß so gewählt werden, daß die Zeitkonstante $T_1 = R_1 \cdot C_1$ höchstens etwa den vierten Teil einer Periodendauer der umzuformenden Wechselspannung beträgt. C_1 wird dann jedesmal zwischen zwei Zündungen auf fast die volle Gleichspannung aufgeladen. Der Zeitpunkt der Zündung kann durch Verstellung der beiden nicht rotierenden Kontakte r_1 und r_2 der rotierenden Funkenstrecke beliebig eingestellt werden. Entsteht an RF ein Durchschlag, so tritt im Kreise C_1, L_1, RF eine gedämpfte Schwingung auf, die in der mit L_1 magnetisch gekoppelten Spule L_2 eine EMK induziert[1]. Da das Potential des rechtsliegenden Endes der Spule L_2 durch den Kondensator C_G und durch die Kapazität der angeschlossenen Gleichspannungsleitung festgehalten wird, muß die an L_2 entstehende Spannung das Potential der in der Lichtbogenkammer rechts liegenden Elektrode verändern und zwischen diesen Elektroden bei genügender Spannungshöhe einen Überschlag hervorbringen. Der Kondensator C_{Tr} ist in manchen Fällen zum Schutz des Transformators gegen die Hochfrequenzschwingungen notwendig. Er kann zugleich zur Verminderung der Anstiegsgeschwindigkeit der an LK nach der Lichtbogenlöschung wiederkehrenden Spannung benutzt werden (siehe Abschnitt 30, S. 145).

An der Spule L_2 muß also, wie wir gesehen haben, eine sehr hohe Spannung erzeugt werden, wenn die Betriebsgleichspannung hoch ist. Das ist mit Tesla-Transformatoren in der Hauptsache auf zwei Wegen möglich, nämlich erstens dadurch, daß der Primärkreis und der Sekundärkreis in Resonanz gebracht werden und zweitens dadurch, daß bei sehr enger Kopplung zwischen L_1 und L_2 mit „Stoßerregung" gearbeitet wird. (Es gibt zwischen diesen beiden Möglichkeiten natürlich auch alle Zwischenstufen. Es seien jedoch hier diese beiden charakteristischen Fälle besonders betrachtet.) Es ist an sich nicht schwierig, mit einem auf Resonanz abgestimmten Tesla-Transformator Spannungen von $1200\,\mathrm{kV_{max}}$, wie wir sie vorhin als Höchstwert ermittelt haben, zu erzeugen, es sind jedoch dazu recht große Kapazitäten auf der Primärseite notwendig, deren periodische Aufladung mit Gleichspannung sichergestellt werden muß. Es ist andererseits auch möglich, C_1 durch Wechselspannung aufzuladen. Dann muß aber darauf geachtet werden, daß C_1 auch bei Veränderung des

---

[1] Es kann, insbesondere beim Mehrphasenbetrieb, nötig sein, den Zeitpunkt der Zündung der einzelnen Phasen genauer festzulegen, als das mit einer rotierenden Funkenstrecke möglich ist. Man kann dann als Taktgeber z. B. Einrichtungen wie bei den Zündanlagen von Gasmotoren benutzen. Zur Erzielung genügend hoher Spannungen lassen sich auch mehr als zwei Schwingungskreise koppeln. Es kommen ferner auch Röhrenschaltungen in Frage.

Zündzeitpunktes zur Zeit der Zündung stets auf voller Spannung ist. Bei sehr hohen Spannungen empfiehlt es sich, die beiden Spulen des Tesla-Transformators unter Öl zu setzen, weil sonst die Spulenabmessungen sehr groß gemacht werden müssen. Bei Anordnung der Spulen unter Öl kann auch die Kapazität der Sekundärspule gegen Erde klein gehalten werden; das ist deshalb günstig, weil dadurch die zur Erzeugung der Zündspannung nötige Energie kleiner wird. Sind die beiden Tesla-Kreise in Resonanz, dann ist die Energie des Primärkreises in den Sekundärkreis hinübergewandert, wenn die Spannungsamplituden auf der Primärseite zu Null geworden sind. Die Sekundärspannung hat zu diesem Zeitpunkt ihre höchste Amplitude erreicht. (Bis dahin ist allerdings schon ein Teil der ursprünglich im Primärkreis vorhandenen Energie in den Wirkwiderständen des Primär- und Sekundärkreises, hauptsächlich in der primären Funkenstrekke, in Wärme umgesetzt worden.) Es entsteht bei Resonanzabstimmung bei loser Kopplung bekanntlich ein Sekundärschwingungsvorgang nach Abb. 54, wenn die Funkenstrecke im Primärkreis nach Erreichen des Spannungsmaximums im Sekundärkreis verlischt; bei etwas engerer Kopplung

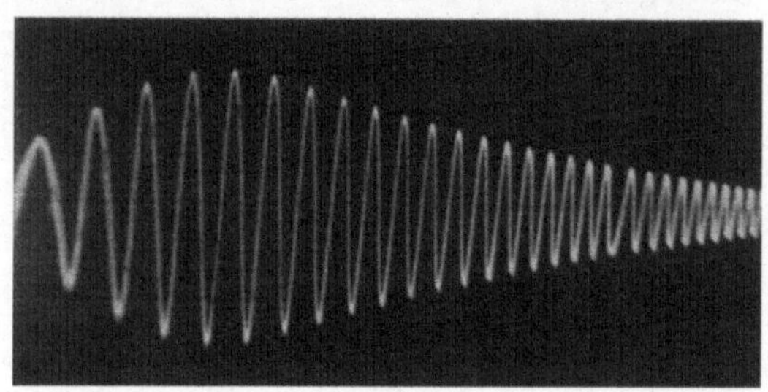

Abb. 54. Spannungsverlauf im Sekundärkreis eines Tesla-Transformators bei raschem Verlöschen des Funkens im Primärkreise.

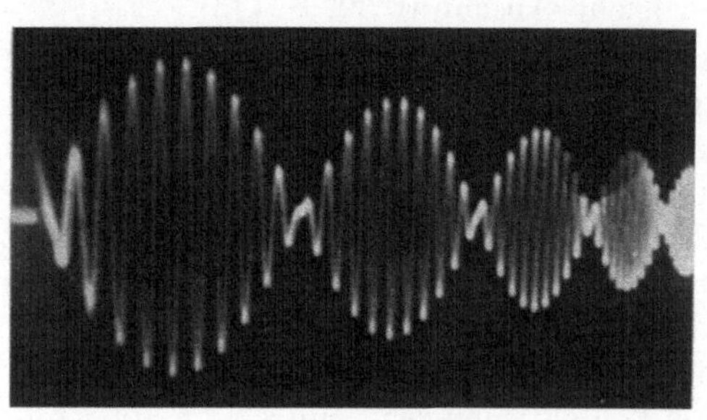

Abb. 55. Spannungsverlauf im Sekundärkreis eines Tesla-Transformators, wenn beide Kreise mit geringer Dämpfung ausschwingen.

und sehr geringer Dämpfung in beiden Kreisen tritt ein Verlauf nach Abb. 55 ein[1].

Unter Stoßerregung eines Tesla-Transformators[2] ist folgendes zu verstehen:

[1] Diese Aufnahmen wurden von Herrn Alwin Ernstberg, Lit. 15, mit einem Kathodenstrahloszillographen nach Rogowski hergestellt. Über das Verhalten von Tesla-Transformatoren, deren Abstimmung und die bei diesen Spannungsformen auftretenden Überschlagspannungen siehe auch Erwin Marx, Lit. 46.

[2] Siehe Harald Müller, Lit. 59.

Beim Ansprechen der rotierenden Funkenstrecken RF entsteht an L_1 sehr rasch eine Spannung. Ihre Anstiegsgeschwindigkeit ist gegeben durch den zeitlichen Verlauf der Widerstandsänderung an RF, der nach Toepler berechenbar ist[1] und sich in einer Zeit von etwa 10^{-7} s abspielt. Da L_1 in überwiegendem Maße induktiven Widerstand besitzt, ist diese Spannung an L_1 (die annähernd so groß ist wie die Aufladespannung an C_1) etwa gleich der durch Flußänderung in L_1 entstehenden EMK e_{1m}. Beim Vorliegen des Spannungsscheitelwertes an L_1 ergibt sich die Änderungsgeschwindigkeit des magnetischen Flusses in dieser Spule aus der Gleichung:

$$e_{1m} = - w_1 \cdot \frac{d\,\Phi_1}{d\,t} \cdot 10^{-8}\,\text{Volt}\,.$$

Von dem magnetischen Fluß Φ_1 durchsetzt ein bestimmter Teil, wir wollen ihn Φ_2 nennen, die Spule 2. Dann gilt für den Höchstwert der in der Spule 2 erzeugten EMK die Beziehung

$$e_{2m} = - w_2 \cdot \frac{d\,\Phi_2}{d\,t} \cdot 10^{-8}\,\text{Volt}\,.$$

Die Tatsache, daß die Flüsse nicht alle Windungen einer Spule durchsetzen, kann dabei dadurch berücksichtigt werden, daß die Windungszahlen nicht voll eingesetzt werden. Die Änderungsgeschwindigkeiten von Φ_1 und Φ_2 verhalten sich wie die Flüsse selbst. Man kann also

$$\frac{e_2}{e_1} = \frac{w_2}{w_1} \cdot \frac{\Phi_2}{\Phi_1}$$

setzen, wobei das Verhältnis $\frac{\Phi_2}{\Phi_1}$ von dem Kopplungsgrad beider Spulen abhängt. Man erhält somit gleich beim ersten Anstieg der Spannung an L_1 eine Spannung an L_2, die um so größer ist, je größer das Windungsübersetzungsverhältnis und je besser die Kopplung zwischen beiden Spulen ist. Zu weit darf man mit der Verkleinerung der primären Windungszahl nicht gehen, weil sonst die Voraussetzung nicht mehr gilt, daß die EMK an L_1 ungefähr gleich der Aufladespannung des Kondensators ist und weil bei sehr kleiner Primärwindungszahl die Kopplung schlecht wird.

Die angestellten Betrachtungen gelten für den sekundär unbelasteten Tesla-Transformator. Es liegt jedoch stets eine Belastung durch die Seite 87 erwähnte Kapazität C vor. Um diese auf hohe Spannung aufladen zu können, müssen Primärkapazität C_1 und deren Ladespannung U_1 groß gemacht werden.

Die andere Möglichkeit der Erzeugung hoher Zündspannungen ist die durch Spannungsstöße. Es liegt natürlich auch dabei der Wunsch vor, die Ausgangsgleichspannung nicht zu hoch zu wählen; zur Er-

---

[1] Max. Toepler, Lit. 115, 116, 117. W. Schilling, Lit. 91.

reichung genügend hoher Zündspannungen sind deshalb Stoßvielfachschaltungen zweckmäßig. Es werden dabei Kondensatoren über hohe Widerstände in Parallelschaltung aufgeladen und dann über Funkenstrecken selbsttätig in Reihe geschaltet. Eine Schaltung, nach der die Erzeugung von Zündspannungen auf diesem Wege erfolgen kann, zeigt Abb. 56, die ebenfalls für eine einphasige Gleichrichtung gezeichnet ist. Durch den Hilfstransformator T_z werden über 2 Ventilrohre die beiden Kondensatoren C_{z-} und C_{z+} mit Gleichspannung aufgeladen. Von diesen aus erfolgt über die Widerstände R_{1-} bis R_{4-} sowie über R_{1+} bis R_{4+} die Aufladung der Kondensatoren C_1 bis C_4. Gibt der Transformator T_z eine Spannung von $90\,\mathrm{kV_{eff}}$, dann wird die Reihenschaltung der beiden Kondensatoren C_z auf $90 \cdot \sqrt{2 \cdot 2} = 250\,\mathrm{kV}$ aufgeladen. Die gleiche

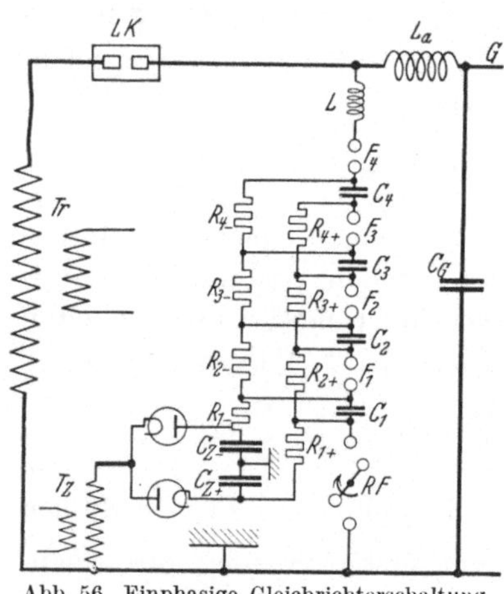

Abb. 56. Einphasige Gleichrichterschaltung mit Zündung der Lichtbögen durch Spannungsstöße.

Spannung erhält jeder der Kondensatoren C_1 bis C_4, wenn die Zeitkonstante für die Aufladung genügend klein gemacht wird. Die Funkenstrecken F_1 bis F_4 müssen so eingestellt werden, daß sie 250 kV aushalten, ohne überzuschlagen, daß sie jedoch beim Ansprechen von RF mit überschlagen. Durch den Überschlag dieser Funkenstrecken entsteht die Reihenschaltung der vier Kondensatoren C_1 bis C_4 und dementsprechend zwischen F_4 und Erde eine Spannung von etwa 1000 kV. Zwischen F_4 und die den Betriebstrom führende Hauptleitung zur Lichtbogenkammer kann noch eine Drosselspule L eingebaut werden. Dann wird beim Ansprechen von F_4 eine Schwingung erzeugt, die das Potential des an L angeschlossenen Leitungsstückes auf einen wesentlich höheren Wert gegen Erde auflädt, als ihn die Reihenschaltung der Kondensatoren ergibt. Für diese Schwingung ist die Reihenschaltung der Kondensatoren als Stromquelle anzusehen, L als Drosselspule und die (verhältnismäßig kleine) Kapazität der Leitung zwischen L_a und LK gegen Erde sowie gegen die Nachbarteile der Anlage als Schwingungskapazität[1]. Die Spule L_a hat lediglich die Aufgabe der Abriegelung des Spannungsstoßes von der Gleichspannungseite (s. Abschnitt 23 b). Sieht man zunächst von der Wirkung von L und L_a ab, so ist folgendes festzustellen:

---

[1] Ein ähnlicher Schwingungsvorgang wurde bei Gleichstromprüfanlagen behandelt (Abschnitt 21, S. 76).

In den Kondensatoren C_1 bis C_4 ist unmittelbar vor dem Ansprechen der Funkenstrecken die Gesamtenergie $4 \cdot C_s \cdot \dfrac{U_s^2}{2}$ aufgespeichert, wenn mit C_s die Kapazität jedes dieser Kondensatoren und mit U_s ihre Aufladespannung (im Beispiel 250 kV) bezeichnet wird. Beim Ansprechen der Funkenstrecken muß aus dieser Energie zunächst ein Betrag entnommen werden, der diese Kondensatoren sowie die Funkenstrecken und Zuleitungen zu den Widerständen auf ein anderes Potential gegen Erde bringt. Dazu ist insbesondere bei den Gliedern, die auf eine höhere Spannung gegen Erde aufgeladen werden müssen, eine nicht unbeträchtliche Energie notwendig. Um sie klein zu halten, muß die Kapazität aller Anlageteile gegen Erde klein gehalten werden. Dies kann bei höheren Spannungen, bei denen in Luft durch die großen Abmessungen der Kapazitäten und Funkenstrecken sowie durch die langen Zwischenverbindungen eine hohe Kapazität gegen Erde entsteht, dadurch leicht erreicht werden, daß die gesamte Vielfachschaltung in einem Ölbehälter eingebaut wird. Gegen Spannungsstöße hat Öl, auch wenn es bei niederfrequenter Wechselspannung eine geringe Durchschlagfestigkeit besitzt, eine sehr hohe elektrische Festigkeit und gestattet dadurch einen sehr gedrängten Aufbau der Vielfachschaltung[1]. Man kann ferner die Kapazität der einzelnen Glieder gegen Erde dadurch weniger wirksam machen, daß man die einzelnen Glieder der Vielfachschaltung, die jedesmal aus Kapazität, Funkenstrecke und zwei Widerständen bestehen, so übereinanderstellt, daß die Isolatoren der unteren Glieder zugleich als Isolation für die höheren Glieder dienen. Die meisten der in der Praxis zur Stoßprüfung von Hochspannungsapparaten benutzten Anlagen sind so aufgebaut[2]. Die einzelnen Glieder der Vielfachschaltung können dann gleichartig gebaut werden; die Anlage ist dadurch beliebig erweiterungsfähig. Durch diesen Aufbau kann also die Gesamtenergie des elektrischen Feldes, das nach dem Ansprechen aller Funkenstrecken vorliegt, wesentlich kleiner gehalten werden als bei getrenntem Aufbau der einzelnen Glieder.

Mit einer Vielfachschaltung, die aus n Gliedern besteht, dürfte also an sich nie das n-fache der Ladespannung eines Gliedes erreicht werden. Durch die Induktivität L tritt jedoch der bereits erwähnte Schwingungsvorgang ein, der den Scheitelwert des Spannungsstoßes wesentlich über den durch die Vervielfachung gegebenen Betrag erhöht[3].

---

[1] An der Universität Berlin ist eine Stoßanlage für etwa 10 Millionen Volt im Bau, Lit. 3. Diese Anlage wird ebenfalls unter Öl gebaut, allerdings ist sie nicht für die Erzeugung von periodisch auftretenden Stößen bestimmt.

[2] Siehe z. B. Erwin Marx, Lit. 49. Abb. 8. In Abb. 9 dieses Aufsatzes sind auch zwei Tesla-Transformatoren für sehr hohe Spannungen zu sehen.

[3] Näheres siehe bei Lenz, Lit. 40a.

Die Widerstände R_{1-} bis R_{4-} und R_{1+} bis R_{4+} müssen so bemessen werden, daß alle Kondensatoren mit Sicherheit während einer Periode der Wechselspannung aufgeladen werden. Es reicht aus, wenn die Zeitkonstante der Aufladung bei $f = 50$ Hertz etwa gleich $\frac{1}{200}$ s ist, dann fehlen nach einer Periode nur noch etwa 2% an der vollen Aufladung der Kondensatoren. Jeder Widerstand muß die volle Spannung eines Kondensators aushalten können[1]. Die Widerstände müssen so bemessen sein, daß sie im Dauerbetrieb nicht zu warm werden. Ihre Erwärmung ist durch periodische Aufladung der Kondensatoren gegeben. Die in den Widerständen verbrauchte Leistung hängt bei gegebener Spannungshöhe nur von der Größe der Kondensatoren und der Zeitdauer zwischen zwei Aufladungen, nicht vom Ohmbetrag der Widerstände, ab[2].

Die Funkenstrecken in der Vielfachschaltung sind so zu bauen, daß während der Aufladung keine Vorentladungen an ihnen auftreten. Im übrigen kommt es auf ihre Formgebung nicht an.

Bei der Projektierung von Zündanlagen wird man die Zahl der Glieder nur so hoch wählen, als dies nötig ist. Bei der Umformung von niedrigen Spannungen wird man oft schon mit einer einfachen Kondensatorentladung auskommen können. — Die Schaltbilder Abb. 53 und 56 stellen nur Ausführungsbeispiele dar. In vielen Fällen wird es zweckmäßig sein, die Speisung der Hilfszündanlage mit durch den Haupttransformator vorzunehmen. Ferner besteht die Möglichkeit, die Hilfszündanlage von der Gleichstromseite aus zu speisen, wenn dort stets eine ruhende Gleichspannung zur Verfügung steht. An Stelle der in den Abbildungen eingezeichneten Ventile kommen auch alle anderen Hochspannungsgleichrichter in Frage. Auch die rotierenden Funkenstrecken können durch andere Einrichtungen, wie gittergesteuerte Röhren usw., ersetzt werden. Die Tesla-Transformatoren können schließlich auch mit nur einer Wicklung in Sparschaltung ausgeführt werden. Diese und andere Abänderungsmöglichkeiten sollen hier nicht näher erörtert werden.

b) Abriegelung der Zündspannung gegen die übrige Anlage.

Die hohen Zündspannungen, hochfrequenten Schwingungen oder Spannungsstöße, müssen gegenüber den anderen Anlageteilen abgeriegelt werden, weil sonst der eigentlichen Zündung zu viel Energie

---

[1] Der Bau solcher Widerstände kann nach einem von Dipl.-Ing. Jungesbluth, Physikalisches Institut der T. H. Braunschweig, angegebenen Verfahren vorgenommen werden, bei dem ein sehr dünner Widerstandsdraht auf einen dünnen Kern fadenförmigen Isolierstoffes, z. B. Asbest, spiralförmig aufgewickelt wird. Diese Widerstandskordel wird in der Form eines Gewebes als Flachspule angeordnet. Die Widerstandsbänder sind kapazitäts- und selbstinduktionsarm. Sie werden bis zu 15000 Ohm/cm² hergestellt und können bis zu 1,2 W/cm² belastet werden.

[2] Vgl. W. Böhlau, Lit. 2.

entzogen wird und weil andere Anlageteile durch sie beschädigt werden können.

Bei der Hochfrequenzzündung mit Tesla-Transformatoren ist die Abriegelung der Schwingungszüge durch die beiden Kondensatoren C_G und C_{Tr} (Abb. 53) am einfachsten möglich. Der Kondensator C_G ist dann, wenn eine Gleichstromfreileitung, insbesondere wenn ein Gleichstromkabel angeschlossen ist, nicht nötig, da dann eine genügend große Kapazität vorhanden ist. Der Kondensator C_{Tr} soll die hochfrequenten Spannungen dann aufnehmen, wenn die Zündungsüberschläge in der Lichtbogenkammer eingetreten sind, um Beschädigungen der Transformatorenwicklungen durch diese Schwingungen zu vermeiden. Bei großen Transformatorleistungen wird allerdings die Eigenkapazität der Transformatoren so groß, daß auch dieser Kondensator C_{Tr} weggelassen werden kann[1]. Bei Transformatoren kleiner Leistung ist C_{Tr} im allgemeinen nötig. Seine Größe läßt sich aus der zulässigen Spannungserhöhung an der Transformatorwicklung errechnen.

Bei Anwendung von Spannungsstößen zur Zündung ist eine besondere Induktivität (L_a in Abb. 56) zur Abriegelung dieser Stöße von der übrigen Anlage notwendig. Die Induktivität dieser Spule braucht nicht sehr groß zu sein, da die Spannungsstöße nur sehr kurzzeitig auftreten. Es genügen also in allen Fällen Spulen ohne Eisenkern. Allerdings muß diese Spule eine hohe Überschlagspannung besitzen, da an ihr der volle Zündstoß auftritt. Die Windungskapazität muß klein gehalten werden. Für die Kapazität C_G und C_{Tr} gilt das bereits bei Hochfrequenzzündung Gesagte. Beide sind unnötig bei Anschluß einer Gleichstromfernleitung und bei großer Leistung des Transformators.

Es ist natürlich auch notwendig, die Betriebspannung von der Zündanlage fernzuhalten. Es könnte beispielsweise bei zu kleinen Widerständen R_1 bis R_4 in Abb. 56 infolge der Betriebspannung ein Strom über diese Widerstände und die rotierende Funkenstrecke nach Erde fließen und ein Lichtbogen an dieser Funkenstrecke entstehen. Bei Widerständen von einigen Megohm ist das jedoch auch bei hohen Spannungen nicht zu befürchten.

c) Energiebedarf der Zündanlage.

Eine eingehende Betrachtung muß nun noch über die zur Zündung benötigte Energie angestellt werden. Bisher haben wir lediglich die Forderung aufgestellt, daß durch die Zündanlage ein Überschlag zwischen den Elektroden in der Lichtbogenkammer erzeugt wird. Es ist aber selbstverständlich, daß dieser Überschlag eine gewisse Intensität besitzen muß, um nun den Betriebstrom in dem durch ihn entstandenen

---

[1] Vgl. Biermanns, Lit. 1 S. 1075, wo für einen Transformator für 30000 kVA und 100 kV eine Kapazität von $3600 \cdot 10^{-12}$ F/Phase angegeben ist.

Kanal als Lichtbogen nachfolgen zu lassen. Wir wollen, um uns diese
Verhältnisse klarzumachen, nochmals das Schaltbild Abb. 53 betrachten.
Der Zeitpunkt der Einleitung des Lichtbogens läßt sich, wie bereits auf
S. 89 ausgeführt wurde, willkürlich durch Verstellen der nicht rotierenden
Kontakte r_1 und r_2 der rotierenden Funkenstrecke RF verändern. Wir
wollen in Zukunft immer den Zündzeitpunkt entsprechend der EMK-
Kurve des Transformators bezeichnen und z. B. sagen, es wird bei
90° gezündet, wenn die Zündung im positiven Scheitelwert der sinus-
förmigen EMK erfolgt.

Beobachtet man im Oszillographen den Spannungsverlauf an der
Lichtbogenkammer und den Stromverlauf, dann sieht man Kurven
ähnlich Abb. 57. Während des Stromdurchganges herrscht die Spannung u_L am Lichtbogen, das ist die stationäre, durch Stromstärke,
Elektrodenabstand usw. bedingte eigentliche Lichtbogenspannung (s.
Abschnitt 15). Im Zeit-
punkt t_z, wenn die EMK
des Transformators den
Wert u_{zs} besitzt, mag
die künstliche Zündung
des Lichtbogens erfol-
gen. Der Zeitraum, in
dem die Zündspannung
vorliegt, ist so klein,

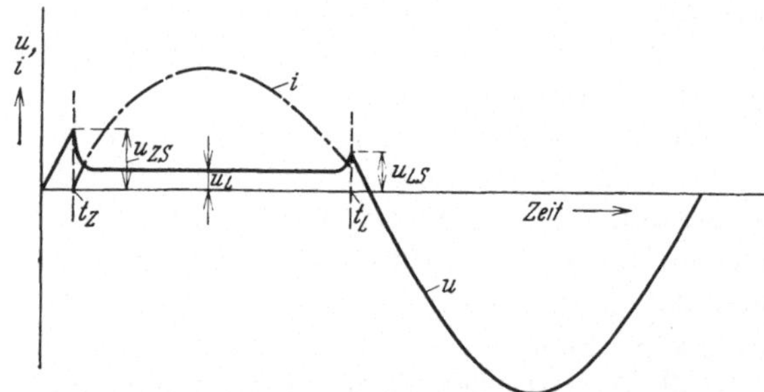

Abb. 57. Zeitlicher Strom- und Spannungsverlauf an einer
Lichtbogenstrecke bei künstlicher Lichtbogenzündung.

daß ihr Verlauf im gleichen Bild nicht dargestellt werden kann. Die
künstliche Zündung muß es ermöglichen, daß die an der Funkenstrecke
liegende Betriebspannung u_{zs} einen Strom durch den Zündfunkenkanal
schickt, der den entstandenen Lichtbogen nun von sich aus aufrechtzu-
erhalten vermag. Der Betriebstrom kann nicht sprungweise ansteigen,
da sich im Stromkreise Induktivitäten befinden. Wenn der Transformator über die Lichtbogenkammer durch einen Wirkwiderstand belastet ist, so sind die Größe dieses Widerstandes, die Streuinduktivität
des Transformators und die Spannungshöhe für den Stromanstieg maßgebend. Die Zeitkonstante für diesen Anstieg ist $T = \dfrac{L}{R}$; ist e_s die prozentuale Streuspannung des Transformators und ist der Widerstand R
so groß, daß der Transformator im stationären Wechselstrombetriebe
durch ihn voll belastet ist, dann wird $T = \dfrac{e_s}{100 \cdot \omega}$. Bei $e_s = 10\%$ und
$f = 50$ Hertz ist z. B. $T = 0{,}3 \cdot 10^{-3}$ s. Bei induktiver Belastung ergeben
sich noch weit größere Zeiten. Der Betriebstrom steigt also verhältnismäßig langsam an. Bei kleinem Scheitelwert des Stromes wird oft der

Zündstrom schon wieder zu Null geworden sein, ehe der Betriebstrom einen Wert angenommen hat, bei dem die Lichtbogenspannung an sich kleiner wäre als die Betriebspannung in der Kammer. Auch in diesem Falle ist eine Einleitung des Betriebstromes durch die Hilfszündung grundsätzlich möglich, da ja der Zündfunke durch seine Wärme sowie durch die Ionisation des Gasraumes Nachwirkungen besitzt, die zur Aufrechterhaltung des Betriebstromes führen können. Diese Nachwirkungen des Zündfunkens müssen also so stark wie möglich gemacht werden.

Aber auch wenn der Betriebstrom etwa bei Entnahme der Energie aus einem Wechselstromkabelnetz praktisch sofort ansteigen würde, so würde es doch nicht gelingen, die Zündung des Lichtbogens so früh vorzunehmen, daß die Zündspitze völlig verschwindet, daß also die Spannung u_{zs} in der Abb. 57 gleich u_L wäre[1]. Die Tatsache, daß der Mindestwert der Zündspitze höher liegt als die stationäre Lichtbogenspannung, besagt, daß die Lichtbogenspannung im Augenblick des Lichtbogenbeginnes, also wenn die Elektrodenfußpunkte und der Gaskanal noch kalt sind, noch erheblich höher sein muß als im stationären Zustand. Wie rasch die Lichtbogenspannung von der Zündspitze in den stationären Wert übergeht, das hängt von der Beschaffenheit der Lichtbogenstrecke und den Konstanten des Stromkreises ab. In manchen Fällen sind hierfür außerordentlich kurze Zeiten gemessen worden[2].

Aus dem Vorstehenden geht hervor, daß der Mindestwert der Betriebspannung, der zu einer regelmäßigen Einleitung des Lichtbogens notwendig ist, von der Intensität der Hilfszündung abhängt. Andererseits ist es, wie wir später sehen werden, besonders bei einem mehrphasigen Stromrichterbetrieb von großer Wichtigkeit, den Lichtbogen in einer Phase schon bei geringer Betriebspannungsdifferenz mit Sicherheit einzuleiten. Das Problem, die Hilfszündanlage mit möglichst geringem Kostenaufwand so zu bauen, daß die Zündspitze sehr klein gehalten werden kann, hat also eine große praktische Bedeutung.

Die Wirkung der Hilfszündung, durch die der Betriebsstrom eingeleitet werden soll, kann, wie bereits gesagt wurde, einmal in der Erwärmung eines Gaskanals sowie von Fußpunkten auf den Elektroden und andererseits in der Ionisation dieser Gasstrecke bestehen. Die im Hilfslichtbogen erzeugte Wärme ist dem Ausdruck $\int u_{LZ} \cdot i_z \, dt$ proportional (u_{LZ} = Lichtbogenspannung beim Vorliegen des Zündstromes; i_z = Augenblickswert des Zündstromes). Dieser Ausdruck muß also groß gemacht werden, um eine starke Wärmewirkung des Hilfsfunkens zu er-

---

[1] Vgl. hierzu auch das Oszillogramm Abb. 39, das den Spannungs- und Stromverlauf an einem Kohlelichtbogen darstellt. Auch dort tritt eine erhebliche Zündspitze auf. Die gleiche Beobachtung macht man auch bei Quecksilberdampf-Gleichrichtern. Vgl. z. B. Müller-Lübeck, Lit. 60 S. 30.

[2] Vgl. Klemperer, Lit. 37.

reichen. Nimmt man u_{Lz} als konstant an, dann kommt es auf einen möglichst hohen Wert des Ausdruckes $\int i_z dt$ an, d. h. es muß die durch den Hilfslichtbogen fließende Elektrizitätsmenge möglichst groß gemacht werden. — Die Ionisation, die in der Hauptsache durch positive Raumladungen im Lichtbogenkanal und in seiner Umgebung das Entstehen des Betriebstromes begünstigt, hängt vom Scheitelwert des Zündstromes, aber auch von seiner Dauer ab. Beide Wirkungen, die Wärme sowie die Ionisation, verschwinden bald nach Verlöschen des Stromes wieder. Die Wirkung der Hilfszündung wird also dadurch günstig zu gestalten sein, daß der Zündstrom möglichst groß gemacht wird und daß er möglichst lange Zeit aufrechterhalten bleibt.

d) Versuche über die künstliche Zündung.

An diese grundsätzlichen Erörterungen soll sich nun die Beschreibung einiger charakteristischer Versuchsergebnisse anschließen, die das Gesagte bestätigen[1].

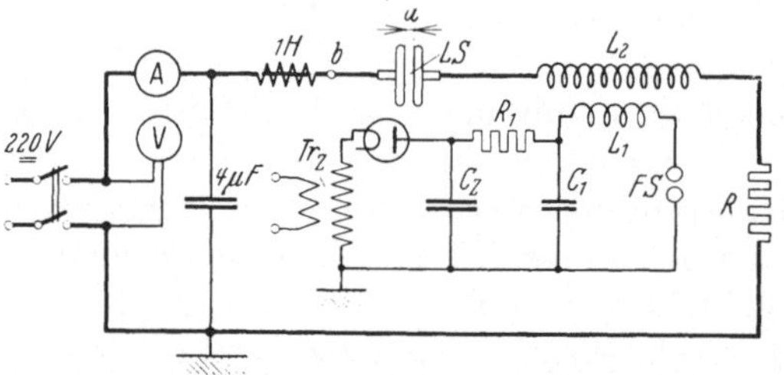

Abb. 58. Schaltung zur Bestimmung der Zündspitze bei künstlicher Zündung mit Hochfrequenz.

Zunächst wurden mit einer Schaltung nach Abb. 58 Messungen ausgeführt. Diese Schaltung ist ähnlich aufgebaut wie die in Abb. 53 gezeigte, an Stelle des Transformators Tr ist jedoch hier ein Gleichspannungsnetz von 220 V mit einem zu den Klemmen parallel geschalteten Kondensator von $4\,\mu\text{F}$ und einer Drosselspule von 1 Henry getreten. Der Lichtbogen wurde zwischen zwei Eisenplatten von 15 cm Durchmesser und 1,5 cm Dicke erzeugt. Der in der Abbildung stark gezeichnete Hauptkreis ist durch den Widerstand R belastet. Die hochfrequenten Zündschwingungen entstehen jedesmal dann, wenn an der Funkenstrecke FS ein Überschlag eintritt. Der Zeitabstand zwischen zwei Überschlägen ließ sich durch die Spannungshöhe des Zündtransformators Tr_z einstellen. Der Tesla-Transformator, der zur Zündung benutzt wurde, bestand aus zwei Spulen von $L_1 = 0{,}08$ mH und $L_2 = 0{,}29$ mH, die sehr eng gekoppelt waren. Die Spannungshöhe im Primärkreis der Zündanlage ist im Augenblick der Zündung durch den Elektrodenabstand an der Funkenstrecke FS gegeben. Dieser Abstand wurde bei dem Versuch so eingestellt, daß an L_2 eine Spannung von $75\,\text{kV}_{\text{max}}$ erzeugt wurde; er blieb dann unverändert. Bei kleinen Abständen a zwischen den Elektroden der Lichtbogenstrecke LS folgte

---

[1] Die Durchführung dieser Untersuchungen erfolgte durch Herrn Johannes Lenz, Lit. 40a.

bei jeder Zündung an FS ein Lichtbogenstrom aus dem 220-V-Netz dem Zündfunken nach. Bei Vergrößerung dieses Abstandes trat zunächst ein unregelmäßiges Nachfolgen des Lichtbogenstromes und schließlich ein vollkommenes Unterbleiben des Lichtbogens ein, obgleich die Zündfunken noch regelmäßig zwischen den Platten der Lichtbogenstrecke übergingen. (Bei dieser Schaltung mußte nach jedem Lichtbogen das 220-Volt-Netz abgeschaltet werden, um den Strom zu unterbrechen.) Bei einem gesamten Wirkwiderstand von 27 Ohm im Hauptstromkreis und einem daraus sich ergebenden Dauerstrom von 8 A wurde nun die folgende Aufnahme gemacht. Bei verschiedenen Werten von C_1 wurde der Abstand a jedesmal allmählich soweit ver-

kleinert, bis eine regelmäßige Einleitung des Lichtbogens durch die Zündfunken erreicht war. Abb. 59 zeigt die gewonnenen Werte, die bei der gewählten logarithmischen Teilung der Abszissenachse etwa auf einer geraden Linie liegen. Man sieht, daß bei Vergrößerung der Kapazität C_1 die mit Sicherheit zu zündende Lichtbogenlänge wächst. Die Betriebspannung von 220 V ist hier als Zündspitze anzusehen; diese Zündspitze ist also bei diesem Versuch konstant. Die Lichtbogenspannung der Lichtbogenstrecke wird mit wachsendem Abstand größer. Das Verhältnis

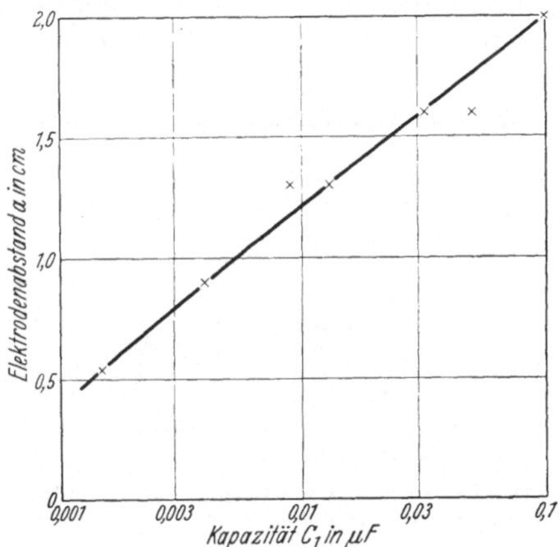

Abb. 59. Lichtbogenlänge, die bei 220 V Betriebspannung gerade noch mit Sicherheit gezündet werden kann, in Abhängigkeit von der Kapazität im Primärkreis der Zündanlage.

Zündspitze zu Lichtbogenspannung wird also bei Vergrößerung der Kapazität C_1 kleiner. Bei hohen Werten von C_1 beträgt dieses Verhältnis hier etwa 3, was als sehr günstig zu bezeichnen und für den praktischen Betrieb bei weitem ausreichend ist. Die Einwirkung von C_1 auf dieses Verhältnis beruht darauf, daß die bei jeder Zündung durch die Lichtbogenstrecke geschickte Elektrizitätsmenge bei Vergrößerung von C_1 wächst. Verbindet man nach Abschaltung des Netzes den Punkt b bei der Schaltung Abb. 58 mit der Erde, ersetzt den Widerstand R durch einen Hitzdraht-Strommesser und die Funkenstrecke FS durch eine rotierende Funkenstrecke, die 50 mal in einer Sekunde zündet, so kann man den Effektivwert des Zündstromes messen. Es ergab sich bei einem solchen Versuch, daß der Effektivwert des Zündstromes zwischen den Werten $C_1 = 0{,}04$ und $0{,}15\,\mu$F dieser Kapazität proportional war. Der Tesla-Transformator arbeitet hier nicht

7*

in Resonanz, sondern in einer Art Stoßerregung. Beim Überschlag an der Lichtbogenstrecke wird die Sekundärseite dieses Tesla-Transformators praktisch kurzgeschlossen. Der Sekundärstrom ist dann dem Primärstrom annähernd proportional.

Die Zeitkonstante des Stromanstieges in der Schaltung nach Abb. 58 ist infolge der vorgeschalteten Induktivität von 1 Henry sehr groß, nämlich gleich 0,037 s. Trotz dieses hohen Wertes, der in der Praxis nie vorliegen wird, werden also hier recht günstige Zündungsverhältnisse erzielt, weil die Energie der Zündanlage im Verhältnis zum Abstand der Hauptelektroden sehr groß ist.

Es sei noch ein anderer Versuch beschrieben, der mit größeren Elektrodenabständen und mit Zündung durch eine Stoßanlage ausgeführt wurde. Abb. 60 zeigt die Schaltung zu diesem Versuch. Der Kondensator $C_=$ wurde vom Transformator Tr aus über ein Glühventil aufgeladen. Beim Entstehen eines Lichtbogens an LS entlädt sich $C_=$ über LS, die Induktivität L_1 und den Wirkwiderstand R. Als Lichtbogenstrecke wurde hier eine normale Kugelfunkenstrecke mit 15 cm-Kugeln benutzt. Die Kondensatoren C' und C'' haben die Aufgabe, die Zündspannungstöße aufzufangen (zwischen $C_=$ und C' lag eine längere Leitung). Diese Zündspannungstöße werden durch die vom Transformator Tr_z gespeiste Zündanlage erzeugt, die ähnlich aufgebaut ist, wie die in Abb. 56 dargestellte. Vorversuche ergaben, daß diese Zündanlage Spannungsstöße zu erzeugen gestattet, deren Scheitelwert ohne die Induktivität L' gleich dem 4,2fachen, mit Induktivität $L' = 2,3$ mH gleich dem 7,8fachen des Spannungscheitelwertes des Transformators Tr_z war. Die Induktivität L' führt also fast zu einer Verdoppelung der Stoßspannung. Sie gibt außerdem den Spannungstößen einen periodischen Verlauf, was nach den früheren Ausführungen ebenfalls die Wirksamkeit der Zündung verbessert. Bei diesem Vorversuch war $C_1 = C_2 = 0,001\ \mu$F. Die Spule L_1 hat die Aufgabe, die Zündspannungstöße vom

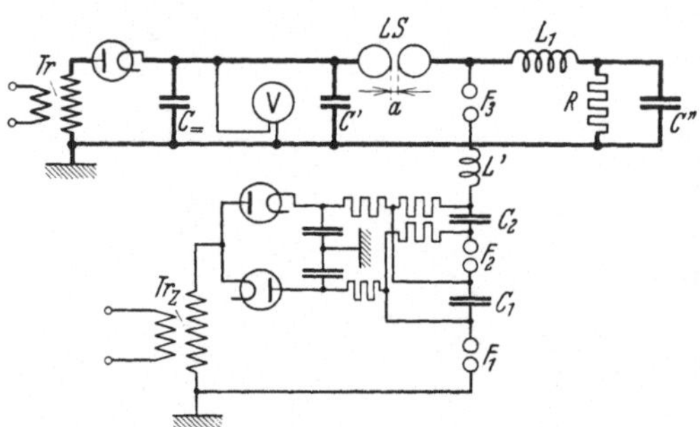

Abb. 60. Schaltung zur Bestimmung der Zündspitze bei künstlicher Zündung durch Spannungstöße.

Belastungswiderstand R fernzuhalten. Durch das Verhältnis $\frac{L_1}{R}$ ist ferner die Zeitkonstante für den Anstieg des Hauptstromes gegeben. $C_=$ war ein sehr großer Kondensator, der sich während des hier interessierenden Zündvorganges praktisch nicht entlädt. Der Endwert des Hauptstromes war also lediglich durch den Widerstand R, seine Anstiegsgeschwindigkeit durch L_1 einzustellen.

Abb. 61 zeigt das Ergebnis eines Versuches mit dieser Schaltung. Die Zündanlage war hierbei so eingestellt, daß bei einem Abstand an LS von 14 cm noch regelmäßige Zündungsüberschläge eintraten. Diese Einstellung der Zündanlage wurde während des Versuches unverändert gelassen. Der Aufladespannung des Kondensators $C_=$ wurden nun nacheinander verschiedene Werte gegeben und es wurde jedesmal derjenige Abstandswert a durch allmähliche Näherung der Elektroden von LS ermittelt, bei dem eine regelmäßige Einleitung des Lichtbogens eintrat. Die Tatsache, daß ein Lichtbogen eingeleitet wurde, ließ sich an der Ausschlagsänderung des zu $C_=$ parallel geschalteten Spannungsmessers feststellen. Aus der Abb. 61 sind bei gegebener Energie der Zündanlage die Zündspitzen bei verschiedenen Elektrodenabständen zu entnehmen. Um beurteilen

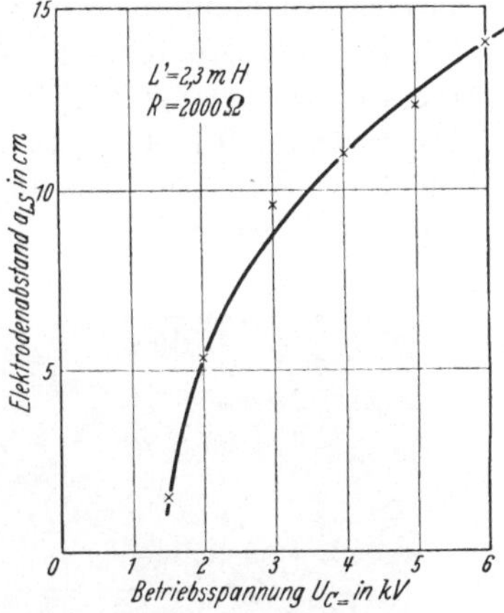

Abb. 61. Größter erreichbarer Elektrodenabstand bei sicherer Lichtbogenzündung für verschiedene Betriebspannungen („Zündspitzen").

zu können, ob diese Zündspitzen für praktische Verhältnisse ausreichend klein sind, sei für einen beliebig herausgegriffenen Punkt folgende Betrachtung angestellt: Bei einem Elektrodenabstand an LS von 5 cm beträgt die Durchschlagspannung zwischen diesen Elektroden 135 kV_{max}. Diese Spannung würde also als Sperrspannung für die Lichtbogenstrecke zu betrachten sein, wenn der Lichtbogen jedesmal in idealer Weise gelöscht würde. Die mit dieser Anordnung erzeugbare Gleichspannung würde dann den dritten Teil dieser Sperrspannung, also 45 kV betragen (vgl. hierzu S. 115). Die Zündspitze bei diesem Elektrodenabstand be-

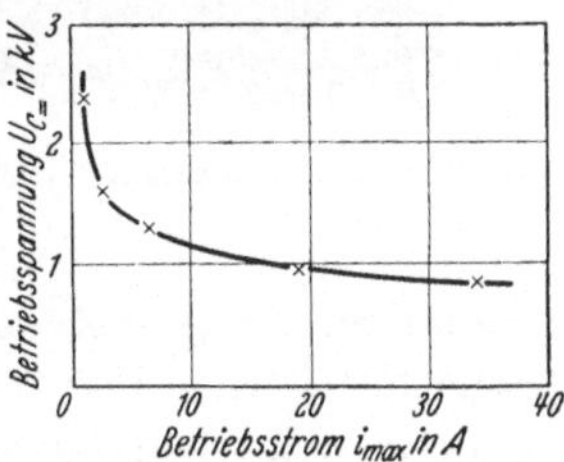

Abb. 62. Die zur sicheren Lichtbogenzündung erforderliche Betriebspannung („Zündspitze") in Abhängigkeit vom Betriebstrom.

trägt etwa 1,9 kV, das sind 4,2% der Gleichspannungshöhe. Ein solcher Wert würde wohl noch als ausreichend zu bezeichnen sein.

Der Widerstand R betrug bei diesem Versuch 2000 Ohm. Der Dauerstrom erreichte also bei dem eben gewählten Beispiel nur etwa 1 A. Es zeigte sich, daß die Zündspitze bei sonst gleichen Verhältnissen auch von der Größe dieses Dauerstromes stark abhing. Die Abb. 62 stellt eine solche Abhängigkeit dar. Sie zeigt, daß bei zunehmender Belastung einer Anlage die Zündungsverhältnisse viel günstiger werden, wie das nach den früheren Ausführungen (S. 96) auch nicht anders zu erwarten war.

Die Abb. 63 zeigt ein Kathodenstrahloszillogramm des Stromverlaufes im Widerstand R (Abb. 60). Die Ablenkplatten für die senkrechte Strahlablenkung sind zu einem Teil dieses Widerstandes parallel geschaltet, der Kondensator C'' ist fortgelassen. Der Scheitelwert des Dauerstromes beträgt bei dieser Aufnahme 3 A, die Zeitkonstante des Stromanstieges $0{,}1 \cdot 10^{-3}$ s und die Schwingungszahl der Zündspannung 200000 Hz. Man sieht aus dieser Aufnahme, daß der Zündstrom schon abgeklungen ist, ehe der Hauptstrom einen merklichen Betrag an-

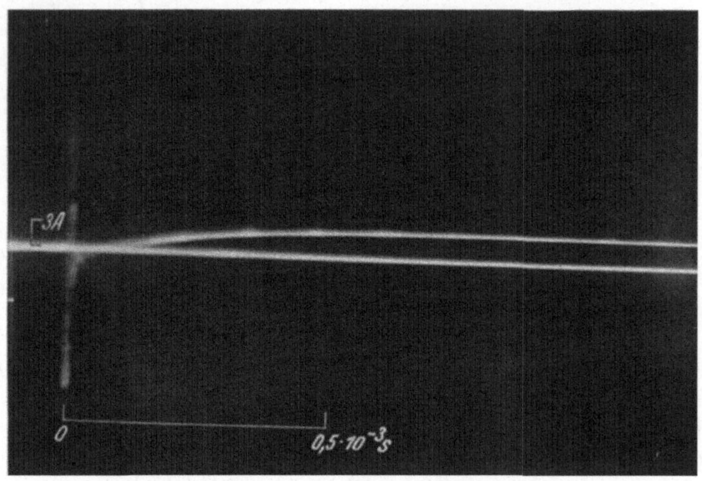

Abb. 63. Der Stromverlauf im Widerstand R der Schaltung nach Abb. 60. (Aufgenommen mit dem Kathodenoszillographen.)

genommen hat. Der Zündfunke hat also nur durch seine Nachwirkungen (siehe S. 97) den Lichtbogen eingeleitet.

Diese Angaben mögen zur Kennzeichnung der Zündungsuntersuchungen genügen. Näheres ist aus der bereits erwähnten Forschungsarbeit Lenz zu ersehen.

24. Anordnungen, an denen der Lichtbogen künstlich gezündet wurde.

a) Lichtbogenkammer mit Spitze—Platte-Elektroden.

Zuerst wurde die in Abb. 51 bereits dargestellte Anordnung auch mit künstlicher Zündung untersucht. Die Schaltung glich grundsätzlich der in Abb. 46 gezeigten, es war jedoch ein Zündkreis nach Abb. 53 hinzugefügt. Der Hauptstromkreis wurde also nur durch eine Spule (die

Sekundärspule des Zünd-Tesla-Transformators) ergänzt. Zu der Untersuchung wurde ein Haupttransformator von 100 kVA bei 380/15000 V benutzt, da infolge der künstlichen Einleitung des Lichtbogens eine so hohe Betriebspannung wie bisher nicht mehr notwendig war. Auf eine Regelung der Spannung dieses Transformators wurde verzichtet, um die Kurzschlußspannung der Anordnung zu erniedrigen. Die Rückzündsicherheit der untersuchtenLichtbogenkammern wurde nun dadurch festgestellt, daß der Druck in der Kammer so lange

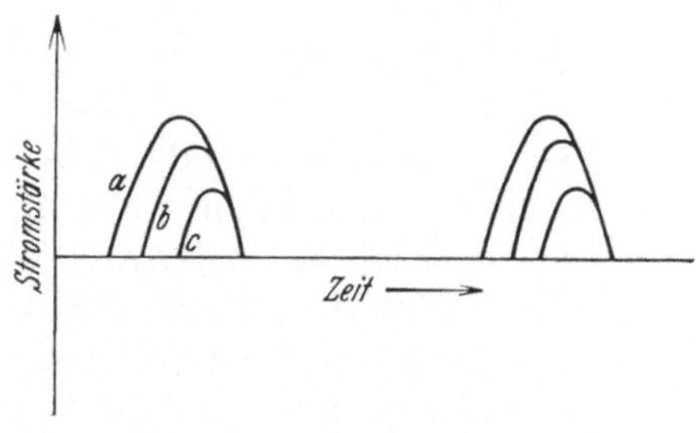

Abb. 64. Mit dem Braunschen Rohr aufgenommene Stromkurven. Zündzeitpunkt bei a) 52°, bei b) 90° und bei c) 128°, vom Nulldurchgang der Spannung an gerechnet.

vermindert wurde, bis eine Rückzündung schon bei der Betriebspannung von 15 kV eintrat. Dieser Druck wird in Zukunft mit „Rückzünddruck" bezeichnet. Auch derBelastungswiderstand R_B wurde konstant gleich 660 Ohm gehalten; die Änderung der Stromstärke erfolgte nur durch Verstellung des Zündzeitpunktes. Abb. 64 zeigt die Stromkurve bei verschiedenen Zündzeitpunkten. Man sieht, daß der Strom in allen Fällen zu gleichem Zeitpunkt und mit gleicher Änderungsgeschwindigkeit zu Null wird.

Das Ergebnis dieser Messung zeigen die beiden gestrichelten Kurven der Abb. 65. Man sieht, daß der Rückzünddruck, insbesondere bei einem Elektrodenabstand von 2,5 cm, mit wachsendem Betriebstrom stark ansteigt, d. h. die Rückzündsicherheit wird rasch geringer. Der Grund für dieses ungünstige Arbeiten ist die schon im Abschnitt 22 erwähnte Tatsache, daß die Luftgeschwindigkeit an der Spitze

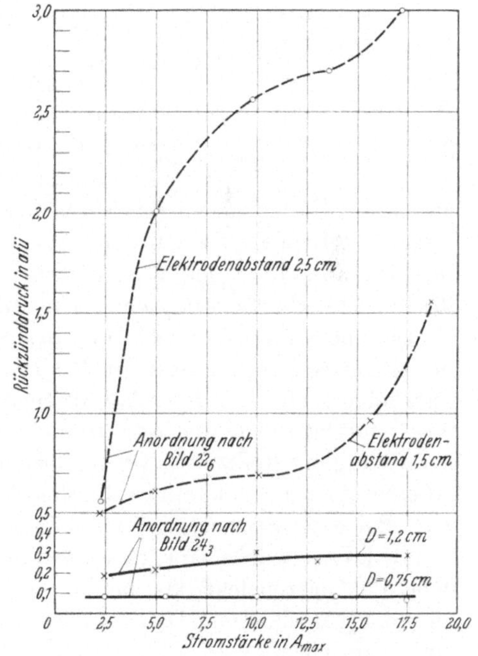

Abb. 65. Rückzünddruck in Abhängigkeit vom Belastungsstrom bei verschiedenen Anordnungen.

klein ist. Das tritt um so mehr in Erscheinung, je größer der Elektrodenabstand ist. Diese Lichtbogenkammer wäre aus diesem Grunde auch bei einem Abstand von 1,5 cm nur bis zu etwa 10 A_{max} zu benutzen, wenn nicht viel höhere Drücke angewandt würden.

b) Lichtbogenkammer mit düsenförmigen Öffnungen an jeder Elektrode.

Die Verhältnisse wurden jedoch sofort in erheblicher Weise verbessert, als eine Anordnung nach Abb. 66 gewählt wurde. Hier wird, unabhängig vom Elektrodenabstand, eine hohe Luftgeschwindigkeit an beiden Elektroden erzeugt. Die Untersuchung dieser Anordnung ergab die beiden ausgezogenen Kurven in Abb. 65. Der Rückzünddruck, der im Raum 1 gemessen wurde, liegt, wie man sieht, sehr viel niedriger und ist bei $D = 7{,}5$ mm, also bei kleinem Durchmesser der Ausströmöffnung am Stift, bei ganz verschiedenen Stromwerten konstant. Man sieht, daß diese Anordnung schon für die Praxis durchaus brauchbare Ergebnisse bringt. Bei 17 A_{max} genügt ein Überdruck von 0,08 at, um Rückzündungen bei 22 kV_{max} zu vermeiden. Wie weitere Untersuchungen zeigten, bleiben diese Verhältnisse ebenso günstig, wenn größere Elektrodenabstände benutzt wurden. Man sieht daraus, daß es bei der Lichtbogenlöschung in allererster Linie auf eine hohe Luftgeschwindigkeit an und in der Nähe der Elektrodenfußpunkte

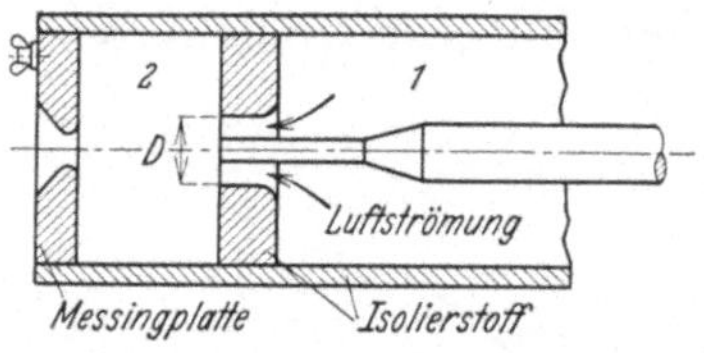

Abb. 66. Lichtbogenkammer mit düsenförmigen Öffnungen an jeder Elektrode.

ankommt, daß dagegen die Nachwirkungen des Lichtbogenkanals auf der freien Länge zwischen den Elektroden auf die Rückzündspannung nur wenig herabsetzend wirken. Das ist eine auch für die Lichtbogenlöschung bei Hochleistungschaltern ganz besonders wichtige Erkenntnis.

Da eine weitere Vergrößerung der Stromstärke bei hoher Spannung im Hochspannungsinstitut in Braunschweig unmöglich war, wurden Parallelversuche mit dieser Anordnung in der Transformatorenfabrik der AEG durchgeführt, die dazu freundlicherweise ihre Prüfeinrichtungen zur Verfügung stellte[1]. Es wurde dort unter anderem ein Dauerversuch an einer Lichtbogenkammer durchgeführt, die ähnlich Abb. 66 gebaut war. Bei einer Stromstärke von 50 A_{max} und bei einer Sperrspannung von 31 kV_{max} wurde eine einwandfreie Lichtbogenlöschung erzielt. An dem als Spitzenelektrode benutzten Wolframstift von 7 mm Durchmesser lag nach einem Dauerbetrieb von etwa 2 Stunden ein Abbrand von 4 mm vor[2].

---

[1] Die Durchführung der dortigen Versuche übernahm Herr Herbert Buchwald.

[2] Da bei der Prüfung mit einer Resonanzschaltung gearbeitet wurde, mußte in beiden Halbwellen der Spannung gezündet werden. Es lag also eine besonders starke Beanspruchung der Anordnung vor.

Dieser Versuch beweist, daß die Anordnung Abb. 66 auch für das Löschen großer Stromstärken geeignet ist. Sie hat sich ferner auch im Dauerbetrieb bei Mehrphasen-Stromrichtern bewährt, bei denen sie zu Versuchen mehrere Monate lang benutzt wurde (vgl. Abschnitt 30). Schwierigkeiten sind jedoch bei dieser Anordnung durch den Elektrodenabbrand an der Spitze zu erwarten. Die Spitzenelektrode läßt sich zwar mit einer Flüssigkeitskühlung ausführen, aber ein Abbrand der Spitze wird sich trotzdem nicht vermeiden lassen. Um in dieser Hinsicht eine Abhilfe zu schaffen, wurden Anordnungen gebaut, bei denen die Durchmesser der ebenen Fläche an der Stiftelektrode wesentlich größer (12, 20, 30 mm) waren. Bei diesen Anordnungen ergaben sich jedoch wieder dadurch Schwierigkeiten, daß eine genügend starke Strömung an der Spitze nur mit sehr viel Preßluft zu erreichen war, und daß sich an der flachen Seite der Stiftelektrode Luftwirbel bildeten, durch die die Löschbedingungen verschlechtert und der Elektrodenabbrand vergrößert wurden. Ein weiterer Nachteil der Anordnung nach Abb. 66 ist der, daß der ringförmige Teil, der zur Erzielung der hohen Luftgeschwindigkeit an der Stiftelektrode nötig ist, beim Lichtbogenbetrieb leicht zerstört wird. Besteht dieser Teil aus Isolierstoff, dann verbrennt er mit der Zeit infolge der Wärmestrahlung des Lichtbogens. Besteht er aus Metall, dann zündet gelegentlich ein Lichtbogen auch auf diesem Teil. Da der Fußpunkt dann nicht im Luftstrom liegt, wird der Lichtbogen nicht gelöscht; es gibt dadurch Rückzündungen und große Schmelzperlen auf dem Metall.

Unzweifelhaft sind die Verhältnisse bei der Plattenelektrode mit dem Luftaustrittsloch in der Mitte in diesen Hinsichten weit günstiger. Der Lichtbogenfußpunkt wird durch die von allen Seiten zu dem Loch hinströmende Luft aus der Kammer herausgeführt. Er muß einen großen Weg durchlaufen und steht schließlich beim Verlöschen des Stromes außerhalb des elektrischen Feldes, also an einer ungefährlichen Stelle. Diese Tatsachen führten zu dem Gedanken, beide Elektroden nach dieser Art der Plattenelektrode auszubilden. Es entstand dadurch eine Anordnung nach Abb. 67, bei der auch eine Kühlung der Elektroden vorgesehen war[1]. Die Untersuchung dieser neuen Lichtbogenkammer ergab jedoch einen anderen Nachteil, nämlich den, daß die Löschung zu gut erfolgte. Der Lichtbogen entstand infolge der Hochfrequenzzündung zwischen den Elektrodenteilen, an denen der Ab-

---

[1] Mit dieser Konstruktion werden also die bisher benutzten unsymmetrischen Anordnungen verlassen. Da die Lichtbögen bei Stromrichtern doch stets künstlich gezündet werden müssen und da nach allen Versuchen die Löschbedingungen für den anodischen wie den kathodischen Fußpunkt praktisch die gleichen sind, ist eine verschiedenartige Ausbildung der Elektroden nicht nötig (s. hierzu allerdings Abschnitt 29 Seite 138).

stand am kleinsten war. Es herrscht dort eine sehr starke Luftströmung nach den Austrittsöffnungen hin, so daß die Enden des Lichtbogens sofort nach seinem Entstehen an seinen Fußpunkten aus der Kammer herausgeblasen werden. Dadurch tritt bald eine starke Lichtbogenverlängerung und große Wärmeentwicklung ein, weil ja die entstehende Wärme im Lichtbogen bei sonst gleichen Verhältnissen seiner Länge ungefähr proportional ist (s. Abschnitt 15). Es zeigten sich außerdem große Stromschwankungen, weil der Lichtbogen infolge von Zufälligkeiten in der Luftströmung in den einzelnen Halbperioden zu verschiedenen Zeitpunkten abriß und weil manchmal in der langen Lichtbogenbahn Schleifen entstanden, die ein starkes Schwanken der Lichtbogenspannung hervorriefen. Da aber für die Stromrichter ein gleichmäßiges Arbeiten des Lichtbogens unerläßlich ist, so waren die Elektroden in dieser Form nicht zu gebrauchen. Das Studium dieser Elektrodenform

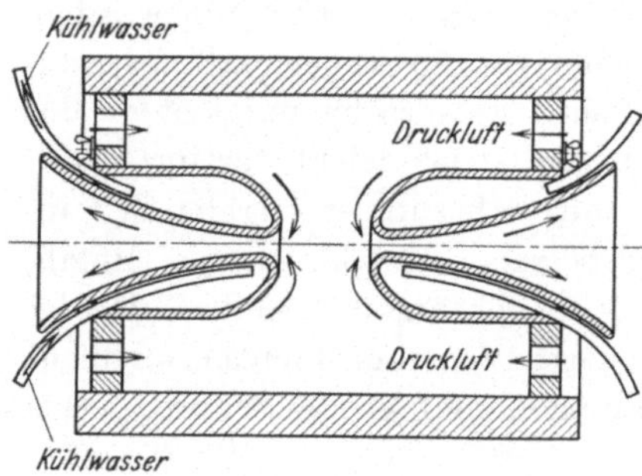

Abb. 67. Lichtbogenkammer mit düsenförmiger Ausströmöffnung an jeder Elektrode.

führte schließlich zu der folgenden wichtigen Erkenntnis, die nun die letzte Stufe in der zur Zeit vorliegenden Entwicklung darstellt. Man muß den Lichtbogen bei der Umformung während des eigentlichen Stromdurchganges mit möglichst geringer Verlängerung, aber bei rascher Wanderung auf den Elektroden brennen lassen und darf die Mittel zur Lichtbogenlöschung erst kurze Zeit vor dem Nulldurchgang des Stromes, der ja durch die Schaltung erzwungen wird, wirksam werden lassen[1]. Bei der Tatsache, daß durch den Lichtbogen z. B. bei Stromrichtern für die Gleichstromkraftübertragung außerordentlich große Leistungen hindurchgeschickt werden müssen, erscheint die Forderung, daß man den Lichtbogen zunächst ungestört brennen lassen muß, selbstverständlich. Aber es war auch hier so, wie oft bei technischen Entwicklungsarbeiten, daß zur Erzielung einer Erkenntnis, die einem selbst und jedem anderen nachher selbstverständlich erscheint, ein langer Weg nötig war.

Es ergab sich nun weiterhin die günstige Tatsache, daß sich diese soeben aufgestellten Forderungen, nämlich die der geringen Lichtbogenverlängerung während der eigentlichen Brenndauer, der raschen Wanderung während des Brennens und der plötzlich einsetzenden und kräftigen Löschung kurz vor dem Nulldurchgang des Stromes, mit

―――――――――――
[1] Dieses Ergebnis wurde insbesondere bei systematischen Versuchen des Herrn Walter Schneider gefunden. Lit. 94.

einer Elektrodenform und einem Aufbau, der Abb. 67 ähnelt, sehr gut erfüllen läßt. Ehe wir zur Behandlung dieser neuen Anordnung übergehen, muß jedoch ein Abschnitt über Prüfverfahren eingeschaltet werden, da Prüfmittel für sehr hohe Leistungen, wie sie bei Großkraftübertragungen in Frage kommen, an keiner Stelle zur Verfügung standen.

25. Prüfschaltungen.

Zur Prüfung von Gleichrichtern kann eine Schaltung ähnlich Abb. 68 benutzt werden, mit der zwei in Reihe geschaltete Ventile mit hoher Stromstärke in der Durchlaßzeit und mit hoher Spannung in der Sperrzeit beansprucht werden können. Es ist dann nicht mehr nötig, daß die Stromquelle die gleiche Leistung besitzt, wie die durch das Ventil umzuformende Leistung. Diese Schaltung wurde auch zur Untersuchung der Lichtbogenkammern benutzt. Der stark gezeichnete Stromkreis, der an ein 220-Volt-Netz angeschlossen war, führt, wenn die Licht-

bögen in den Kammern brennen, eine hohe Stromstärke, die sich durch den Belastungswiderstand R_B einstellen läßt. Die Lichtbögen in den Kammern wurden in der im Abschnitt 23 beschriebenen Weise periodisch durch eine

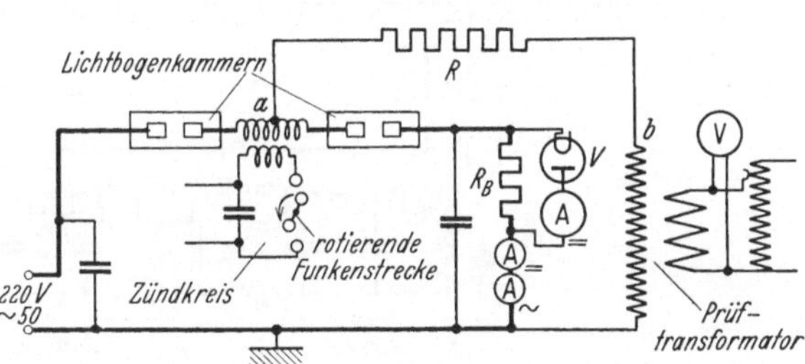

Abb. 68. Prüfschaltung für zwei in Reihe geschaltete Ventile.

Hochfrequenzzündung eingeleitet. Der Prüftransformator mit hoher Spannung und kleiner Stromstärke hat während der Durchlaßzeit der Kammer wegen des hohen Widerstandes R praktisch keinen Einfluß auf den Betriebstrom. Wenn aber die Lichtbögen in den Kammern verlöschen, nimmt der Punkt a (die Verbindungsleitung zwischen den beiden Kammern und die Sekundärspule des Tesla-Transformators) rasch die gleiche Spannung gegen Erde an, wie sie die Klemme b des Prüftransformators besitzt. Für die Geschwindigkeit der Spannungsänderung von a ist der zeitliche Potentialverlauf von b sowie die Aufladezeitkonstante der Kapazität C_a der mit a verbundenen Leiterstücke gegen Erde (und gegen die benachbarten Teile der Anlage) maßgebend. Diese Zeitkonstante $C_a \cdot R$ läßt sich durch R beliebig verändern. Im allgemeinen wird man die Unterspannungsseite des Prüftransformators durch das Netz speisen, das den Arbeitsstrom liefert. Dann steigt die Spannung des Punktes a bei kleiner Aufladezeitkonstante nach Verlöschen des Arbeitsstromes sinusförmig an. Durch verschiedene Phasenlage von Arbeits- und Prüfspannung und durch Veränderung der Zeitkonstanten läßt sich jedoch auch jede andere An-

stiegsgeschwindigkeit erzielen. Man kann während des Betriebes die
Spannung des Prüftransformators allmählich so weit steigern, bis ein
Durchschlag in den Lichtbogenkammern während der Sperrzeit eintritt. Dieser ist mit einem Oszillographen feststellbar. Einen Durchschlag in der rechts dargestellten Kammer zeigt ferner der Ausschlag
des mit dem Ventil V in Reihe geschalteten empfindlichen Strommessers
an (s. a. Abb. 46).

Dieses Prüfverfahren wurde bei der Entwicklung der Lichtbogenkammern mit Erfolg benutzt. Es hat jedoch die Nachteile, daß erstens
stets zwei Kammern zur Prüfung zur Verfügung stehen müssen und daß
ferner die gegenseitige Richtung von Betriebsstrom und Sperrspannung
in den beiden Kammern verschieden ist. Der letztgenannte Nachteil
ist zwar unwesentlich, wenn Kammern mit zwei gleichen Elektroden
benutzt werden, der andere Nachteil, daß stets zwei Kammern zur Ver-

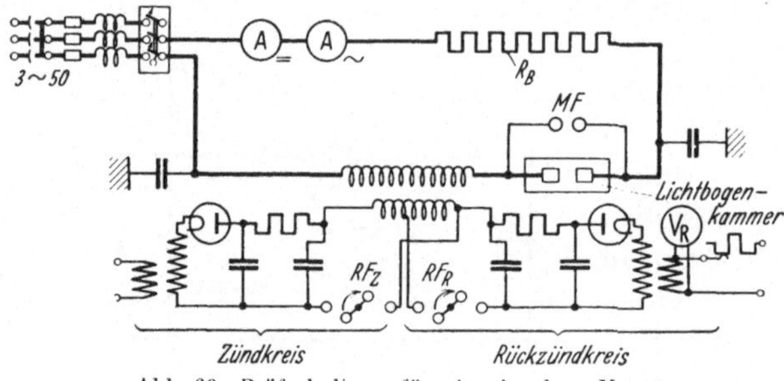

Abb. 69. Prüfschaltung für ein einzelnes Ventil.

fügung stehen müssen, ist jedoch bei Entwicklungsarbeiten sehr störend
und kostspielig.

Es wurde deshalb noch ein anderes Prüfverfahren entwickelt[1], das
im Schaltbild Abb. 69 dargestellt ist und mit dem alle später beschriebenen Versuche durchgeführt worden sind. Der stark gezeichnete Hauptstromkreis war bei den Versuchen meist unmittelbar
an das 6-kV-Kabelnetz des Elektrizitätswerkes Braunschweig angeschlossen. Neben dem „Zündkreis" ist noch ein zweiter Hilfsstrom-
kreis, der „Rückzündkreis", vorhanden, mit dem in der Sperrzeit
hochfrequente Schwingungszüge erzeugt werden können, die die Lichtbogenkammer auf Durchschlag beanspruchen. Wie das Schaltbild zeigt,
wird zur Erzeugung dieser Rückzündungsschwingungen derselbe Tesla-
Transformator benutzt, der zur Zündung dient. Allerdings empfiehlt es
sich meist, für den Rückzündkreis eine andere Windungszahl der Primär-
spulen zu benutzen, um die Rückzündspannung regeln zu können. Die
Zündspannung muß stets so hoch sein, daß sie mit Sicherheit einen Überschlag zwischen den Elektroden der Lichtbogenkammer erzeugt. Die

---

[1] Die Untersuchungen wurden von Herrn Kurt Delor ausgeführt. Lit. 8.

Rückzündspannung muß dagegen feinstufig und in weiten Grenzen regelbar sein. Diese Regelung erfolgt in groben Stufen am besten durch Verändern der Primärwindungszahl des Tesla-Transformators, die feinstufige Erhöhung der Spannung während des Betriebes nimmt man am einfachsten auf der Unterspannungsseite des Speisetransformators für den Rückzündkreis vor. Man kann vor dem eigentlichen Versuch den Scheitelwert der Rückzünd-Schwingungszüge mit der Funkenstrecke MF in Abhängigkeit von der Angabe des Spannungsmessers V_R bestimmen. Mit der so gewonnenen Eichkurve, die natürlich bei jeder Änderung der Primärwindungszahl des Teslas eine andere wird, läßt sich während des Betriebes die Rückzündspannung feststellen.

Der Zeitpunkt, in dem die Rückzündspannung auftritt, wird durch Verdrehen der nicht rotierenden Kontakte der rotierenden Funkenstrecke RF_R beliebig eingestellt. So läßt sich also mit diesem Rückzündkreis die gesamte Sperrzeit der Lichtbogenkammer abtasten und es läßt sich in jedem Zeitpunkt der Spannungswert bestimmen, der gerade zum Durchschlag hinreicht. Abb. 70 stellt schematisch den Gang einer solchen Messung dar. Die Dauer

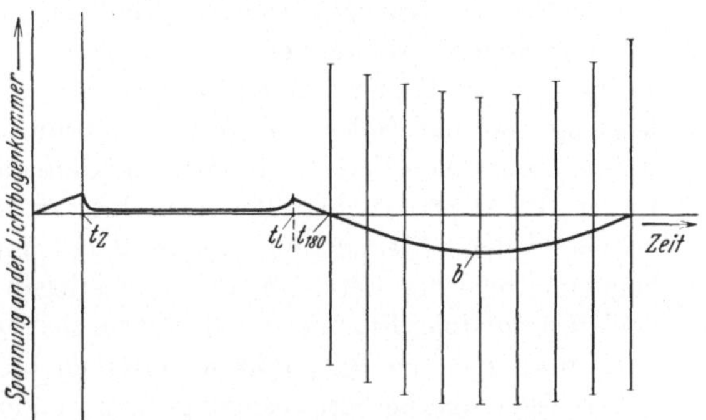

Abb. 70. Spannungen an der Lichtbogenkammer bei Anwendung der Prüfschaltung nach Abb. 69.

der hochfrequenten Schwingungszüge ist sehr kurz gegenüber einer Arbeitsperiode; sie sind deshalb nur als gerade Linie eingezeichnet. Die Kurve b stellt die Betriebspannung an der Kammer dar. 30^0 nach dem Nulldurchgang der Betriebspannung erfolgt die Zündung des Lichtbogens; von diesem Zeitpunkt t_z an brennt bis zum Auftreten der Löschspitze (Zeitpunkt t_L) der Lichtbogen. Die Rückzündschwingungen können nacheinander in verschiedenen Zeitpunkten der Sperrzeit erzeugt werden. Die Feststellung, ob die Rückzündspannung einen Durchschlag zwischen den Elektroden hervorrief oder nicht, machte bei den Versuchen zunächst Schwierigkeiten. Wenn der Rückzünddurchschlag zu einer Zeit erfolgt, in der auch die Betriebspannung einen hohen Wert besitzt, dann fließt der Betriebstrom in dem entstandenen Kanal nach. Ein solcher Stromstoß in der Sperrzeit, der natürlich in einer dem Normalstrom entgegengesetzten Richtung auftritt, wäre an einer Reihenschaltung von Ventilröhren und Strommesser (ähnlich wie in Abb. 68) sofort zu erkennen gewesen. Wenn dagegen ein Rückzünddurchschlag in der Nähe des Nulldurchganges der Betriebspannung (Zeitpunkt t_{180}) erfolgt, dann kann der Betriebstrom nicht einsetzen. Bei der Untersuchung mit der Prüfschaltung muß aber natürlich trotzdem die Feststellung, ob ein Rückzünddurchschlag erfolgte oder nicht, zuverlässig möglich sein. Nach einigen anderen Versuchen gelang die Feststellung von Rückzünddurchschlägen dadurch am einfachsten, daß in die Lichtbogenkammer ein Glasfenster so eingebaut wurde, daß der Elektrodenzwischenraum beobachtet werden konnte. Unter Zuhilfenahme einer mit Schlitzen versehenen, synchron rotierenden Scheibe konnte dann die Tatsache, ob eine Rückzündung erfolgte oder nicht, sehr leicht beobachtet werden. Näheres hierüber, sowie die Angabe von Meßergebnissen, folgt im Abschnitt 27.

Aus dem 6-kV-Kabel des Elektrizitätswerkes Braunschweig konnten Ströme bis zu 250 A_{max} entnommen werden. Die Hochfrequenzspannung zur Prüfung der Rückzündsicherheit läßt sich unschwer auf beliebig hohe Werte bringen[1]. Es können also mit dieser verhältnismäßig einfachen Prüfschaltung Kammern geprüft werden, die für eine Durchgangsleistung von 100000 kW und mehr bestimmt sind. Wenn bekannt ist, welchen zeitlichen Verlauf die Sperrspannung an der Lichtbogenkammer während des praktischen Betriebes besitzt, so läßt sich aus den Ergebnissen der Untersuchung mit der Schaltung Abb. 69 für jede Lichtbogenkammer die Betriebspannung festlegen, für die diese Kammer noch verwendbar ist. Die mit der Prüfschaltung ermittelte Sperrspannung muß zu allen Zeitpunkten um einen bestimmten Sicherheitsgrad höher liegen als die betriebsmäßig auftretende Sperrspannung.

Wichtig ist nun die Frage, ob und inwieweit diese Prüfung ein in allen Hinsichten maßgebendes Urteil über die Betriebstüchtigkeit einer Lichtbogenkammer abzugeben gestattet, ob diese Prüfung also wirklich für die Praxis stichhaltig ist. Hierzu ist folgendes zu sagen: Während der Durchlaßzeit der Kammer fließt ein Strom, der durch Einstellen des Widerstandes R_B dem praktischen Betriebsstrom gleich gemacht werden kann. Der Spannungsabfall an der Kammer während der Lichtbogendauer, also auch ihre Erwärmung, richten sich nach der Stromstärke, dem Elektrodenabstand, dem Luftdruck, der Luftgeschwindigkeit usw. Alle diese Größen können bei der Prüfung ebenso gewählt werden, wie im praktischen Betriebe. Auch die mechanischen Beanspruchungen der Kammer und der Teslaspulen infolge des magnetischen

---

[1] In Abschnitt 23 ist der Bau von Zündanlagen für sehr hohe Spannungen behandelt worden. Die gleichen Gesichtspunkte gelten für die Anlagen zur Ermittlung der Sperrspannung. Auf Seite 88 wurde angegeben, daß für die Großkraftübertragung Gleichspannungen bis etwa 400 kV gegen Erde in Frage kommen werden. Auch Lichtbogenventile für solche Anlagen, die eine Sperrspannung von ungefähr 1000 kV vertragen müssen, lassen sich mit Schaltungen nach Abb. 69 einwandfrei prüfen.

Feldes des Arbeitsstromes sind bei der Prüfung und im praktischen Betriebe gleich groß. Die Tatsache, daß bei der Prüfschaltung die Betriebspannung sehr niedrig ist, kommt zunächst dadurch zum Ausdruck, daß der Zeitraum zwischen Löschspitze und dem darauffolgenden Nulldurchgang der Spannung (Zeitraum $t_{180} - t_L$ in Abb. 70) bei der Prüfung länger ist als im praktischen Betrieb. Diese Tatsache läßt sich jedoch bei der Prüfung ohne weiteres dadurch berücksichtigen, daß die Rückzündspannung auch schon vor dem Nulldurchgang der Betriebspannung angelegt werden kann, daß man also mit der Rückzündprüfung bis unmittelbar an die Löschspitze herangehen kann. Bei der Lichtbogenlöschung spielt, wie schon mehrfach ausgeführt wurde, der zeitliche Verlauf der wiederkehrenden Spannung eine ausschlaggebende Rolle (s. z. B. Abschn. 19). Von Einfluß sind nicht nur Zeitpunkt und Höhe des Sperrspannungscheitelwertes, sondern der gesamte zwischen dem Verschwinden des Stromes und Auftreten des Sperrspannungshöchstwertes liegende zeitliche Verlauf dieser Spannung. Auch in dieser Hinsicht besteht ein Unterschied zwischen dem zeitlichen Sperrspannungsverlauf beim praktischen Betriebe, wo diese Spannung während der gesamten Sperrzeit eine große Höhe besitzt und zwischen dem Spannungsverlauf bei der Prüfung, wo die Prüfspannung in jeder Sperrzeit nur einmal ganz kurzzeitig ansteigt und rasch in Form einer Schwingung wieder verschwindet. Die Beanspruchung bei der Prüfung nach Schaltung Abb. 69 ist trotzdem stärker als in der Praxis, und zwar aus dem folgenden Grunde. Die Nachwirkungen des Lichtbogenstromes in der vorhergehenden Halbperiode, die ja durch die Ermittlung der Sperrspannung festgestellt werden sollen, können, wie früher ausführlich erörtert wurde, sowohl in einer Erwärmung wie in einer Ionisation des Gaskanals bestehen (s. Abschn. 18). Die Nachwirkung des Betriebstromes durch Ionisation verschwindet dann rascher wieder, wenn zwischen den Elektroden nach dem Verlöschen des Lichtbogens längere Zeit eine hohe Spannung besteht, weil durch diese Spannung die freien Elektrizitätsteilchen an die Elektroden gezogen werden. Diese Ionisation des Gasraumes wird also im praktischen Betriebe nur einen geringeren Einfluß auf die Höhe der Rückzündspannung ausüben können als bei der Prüfung. Aus diesem Grunde wird die Prüfschaltung im allgemeinen niedrigere Rückschlagspannungen ergeben, als diese im praktischen Betriebe vorliegen. — Die Rückschlag-Prüfspannung schwingt um die Betriebspannung nach beiden Richtungen. Ein Polaritätseffekt ist mit ihr bei Wahl einer Schaltung nach Abb. 69 nicht bestimmbar. Dagegen sind bei der Benutzung von Spannungstößen zur Prüfung der Rückzündsicherheit (etwa ähnlich wie in Abb. 56) auch Polaritätseinflüsse festzustellen. Mit solchen Schaltungen läßt sich auch erreichen, daß die Rückzündspannung während der ganzen Sperrzeit hoch bleibt.

Man kann hiernach sagen, daß die Prüfung von Lichtbogenkammern mit der Schaltung nach Abb. 69 ein durchaus zuverlässiges Urteil über die Brauchbarkeit dieser Kammern im praktischen Betriebe abzugeben gestattet. Die in den nächsten Abschnitten angeführten Untersuchungen erfolgten fast ausschließlich mit dieser Schaltung[1].

V. Die praktisch brauchbare Form der Lichtbogenkammer.

26. Allgemeine Beschreibung der Lichtbogenkammer und ihrer Elektroden.

Aus den Versuchen und Überlegungen der Abschnitte 22 und 24 entstand die in Abb. 71 schematisch dargestellte Lichtbogenkammer, die zum Dauerbetrieb mit großer Stromstärke geeignet ist. Der Betriebstrom fließt durch einen Lichtbogen zwischen den Elektroden E, der in jeder zweiten Halbperiode der Wechselspannung durch eine überlagerte stoßartige gedämpfte hochfrequente Spannung gezündet und durch strömende Druckluft wieder gelöscht wird. Die Elektroden E, die in ihren einander gegenüberstehenden, eng schraffierten Teilen

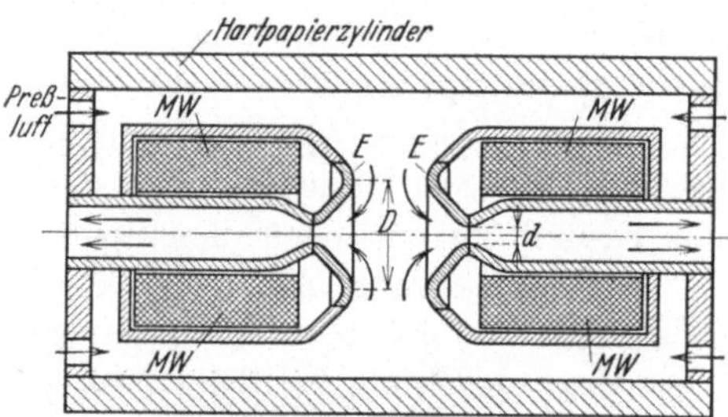

Abb. 71. Schematische Darstellung einer für hohe Stromstärke und hohe Sperrspannung geeigneten Lichtbogenkammer. (Die Kühleinrichtung für die Elektroden ist der Deutlichkeit halber nicht mit eingezeichnet.)

aus Kupfer bestehen, sind in ein zylindrisches Druckgefäß eingebaut, das aus Isolierstoff besteht[2]. Die Stirnflächen sind aus Eisenplatten hergestellt. Durch Öffnungen in diesen wird Preßluft eingeblasen. Die Luft strömt aus der Druckkammer durch die zentral gelegenen düsenförmigen Öffnungen in beiden Elektroden wieder aus der Kammer heraus. Sie streicht also an den Elektroden entlang nach der Achse der Anordnung hin und erreicht im engsten Querschnitt der Ausströmöffnung Schallgeschwindigkeit, wenn das Verhältnis zwischen innerem Druck und äußerem Druck höher als etwa 1,9 liegt. Die Stromzuführungen werden an den Endplatten angeschlossen. — Durch die Hilfszündung wird ein Überschlag zwischen den nächstliegenden Stellen der Elektroden hervorgerufen. Die Fußpunkte dieser Überschläge liegen annähernd auf einem Kreis mit dem Durchmesser D;

---

[1] Auch einmalige Löschvorgänge, wie z. B. bei Schaltern, kann man mit ähnlichen Schaltungen leicht untersuchen. Man erspart dadurch die sehr kostspieligen Hochleistungsprüfmaschinen.

[2] Über Verwendung und Bau solcher Gefäße s. Göschel, Lit. 18a.

wir wollen diesen Kreis auf den Elektroden in Zukunft den „Zündkranz" nennen. Die Hilfszündung leitet den Betriebslichtbogen ein, der nun durch die Luftströmung vom Zündkranz aus allmählich nach den Ausströmöffnungen mit dem Durchmesser d hingetrieben wird. Dabei wird der Lichtbogen zunächst nur wenig, später aber, wenn die Lichtbogenfußpunkte in der Nähe der engsten Stelle der Ausströmöffnungen kommen, sehr rasch verlängert. Die Verhältnisse können so gewählt werden, daß der Lichtbogen beim Nulldurchgang des Stromes gerade aus den Öffnungen hinausgeblasen wird. Dazu müssen die Werte D und d, die Formgebung der Lichtbogenlauffläche der Elektroden E sowie der Druck in der Kammer aufeinander abgestimmt sein. Auch die Stromstärke und der Elektrodenabstand spielen dabei, wie wir sehen werden, eine Rolle. Der Lichtbogen steht also beim Verlöschen etwa in der Mittelachse der Anordnung. Beim Auftreten der Sperrspannung, deren höchste Feldstärke im allgemeinen wieder auf dem Zündkranz vorliegt, muß dort praktisch wieder die volle elektrische Festigkeit der Anordnung vorliegen. Wie man bei einem Vergleich mit den Ausführungen der Abschnitte 10 bis 19 (vgl. insbesondere S. 67) sieht, können durch diese Formgebung der Elektroden fast ideale Betriebsverhältnisse erreicht werden. Der Lichtbogen wird während des eigentlichen Stromdurchganges vom Zündkranz aus durch eine quer zu seiner Achse gerichtete Luftströmung mitgenommen. Bei einer solchen Bewegung erhöhen sich die Lichtbogenverluste nur wenig, weil ja der Lichtbogen mit der Luft wandert und weil dadurch dem Lichtbogen nur wenig Wärme entzogen wird. Dieser Zustand ändert sich aber grundsätzlich, wenn der Lichtbogen in die Nähe der Achse der Anordnung kommt. Die Luft strömt dann auf einer langen Strecke mit sehr großer Geschwindigkeit am Lichtbogen entlang, kühlt ihn intensiv und erzeugt dadurch eine sichere Lichtbogenlöschung[1].

---

[1] Diese Elektrodenform mit düsenförmigen Ausströmöffnungen, durch die die Lichtbogenfußpunkte herausgetrieben werden, ist nach Ansicht des Verfassers die günstigste, die man sich für die Lichtbogenlöschung vorstellen kann. Sie ist auch für die einmalige Lichtbogenlöschung (in Öl- oder Wasserschaltern, Druckgasschaltern, Expansionsschaltern usw.) außerordentlich günstig. Wenn es, wie bei Schaltern, nur auf möglichst rasche Lichtbogenlöschung ankommt, wird man allerdings den Zündkranzdurchmesser kleiner halten. Die Düsenform der Luftausströmöffnungen (d. h. der sich verengernde und dann wieder zunehmende Querschnitt) muß aber aus strömungstechnischen Gründen und zur Verminderung der Rückschlaggefahr beibehalten werden. Die an Hochleistungsschalter bezüglich der Lichtbogenlöschung zu stellenden Anforderungen sind: rascheste Entfernung der Lichtbogenfußpunkte aus dem Gebiet hoher Feldstärke, laufende Beseitigung aller Lichtbogenreste (Wärme und Ionisation) aus dem Rückzündungsgebiet, starke Kühlung des Lichtbogenkanals (z. B. durch eine parallel zur Lichtbogenachse verlaufende Gasströmung, der der Lichtbogen nicht ausweichen kann), Verlegung des letzten Lichtbogenrestes kurz vor dem Nullwerden

Um einen zu starken Abbrand der Elektrodenteile, auf denen der Lichtbogen läuft, zu vermeiden, ist jede Elektrode mit einer Umlaufkühlung versehen. Diese ist in Abb. 71 der Deutlichkeit halber nicht mit dargestellt.

Schließlich ist noch eine Wicklung MW in jede Elektrode eingebaut, die zur Erzeugung eines magnetischen Feldes im Lichtbogengebiet dienen soll. Es ist bereits seit langem bekannt, daß man mit magnetischen Feldern eine Wanderung des Lichtbogens erzielen kann (s. Abschnitt 14). Neu ist hier, daß die Magnetwicklungen völlig in die Elektroden eingebaut sind. Nur durch einen solchen Einbau lassen sich bei sehr hohen Spannungen Überschläge nach den Wicklungen hin vermeiden. Der durch die Spulen erzeugte magnetische Fluß verläuft in der Hauptsache in dem Eisenkörper, in den die Wicklung eingebettet ist; in der Nähe der Kupferteile der Elektroden jedoch durchsetzt er auch den Luftraum im Lichtbogengebiet. Besonders günstig ist es, wenn die Feldlinien dort annähernd parallel zu der Elektrodenoberfläche verlaufen, da dann, wie aus der Symmetrie der Anordnung hervorgeht, die auf den Lichtbogen ausgeübte Kraft ebenfalls parallel zur Elektrodenoberfläche gerichtet ist und eine Lichtbogenwanderung in kreisförmigen Bahnen um die Achse herum entsteht. Durch das Zusammenwirken von Luftströmung und magnetischer Ablenkung beschreiben die Lichtbogenfußpunkte also spiralförmige Wege auf den Elektroden. Durch diese Wanderung wird der Elektrodenabbrand sehr klein gehalten. Die Lichtbogenverluste werden dabei nicht erheblich vergrößert, wie aus den im Abschnitt 15 (S. 54 und 56) beschriebenen Versuchen hervorgeht.

Diese Lichtbogenkammer erfüllt nunmehr alle Bedingungen, die in den Abschnitten 22 und 24 als für einen einwandfreien Lichtbogenbetrieb notwendig festgestellt wurden: es erfolgt während des eigentlichen Stromdurchganges eine rasche Wanderung der Lichtbogenfußpunkte auf den Elektroden; der Lichtbogen verlängert sich dabei nur wenig und kommt erst kurz vor dem Nulldurchgang des Stromes in die Nähe der eigentlichen Ausströmöffnungen; die Lichtbogenfußpunkte werden dann mit sehr großer Geschwindigkeit aus dem Gebiet hoher Feldstärke herausgerissen. Die an und in der Nähe der Elektroden besonders große Lichtbogenwärme kann also nicht zur Erniedrigung der Rückzündspannung führen. Der Lichtbogen ist ferner beim Verlöschen aus dem Gebiet entfernt, in dem die Feldstärke beim Auftreten der Sperrspannung am höchsten wird. In dieses Gebiet ist inzwischen Frischluft nach-

---

des Stromes in ein Gebiet, in dem der Rückschlag nur schwer erfolgen kann. Eine übermäßig große Lichtbogenverlängerung muß dabei vermieden werden, weil dadurch sehr große, schwer zu beseitigende Erwärmungen entstehen. Alle diese Forderungen können durch Elektronenformen ähnlich Abb. 71 erfüllt werden. (Wegen der Formgebung siehe auch Abschnitt 28.)

geliefert worden. Schließlich besteht ein ganz besonderer Vorteil der Anordnung darin, daß Isolierstoffe weit vom Lichtbogen entfernt sind, so daß die Lichtbogenwärme dem Isolierstoff nichts anhaben kann. Infolge der Strömung der Druckluft ist es ferner ausgeschlossen, daß sich Metallteile aus dem Lichtbogen auf dem Isolierstoff niederschlagen.

Die mit dieser Kammer angestellten Versuche haben gezeigt, daß sie eine ganz hervorragende Löschfähigkeit besitzt und daß ein Dauerbetrieb mit sehr hohen Stromstärken bei sehr hoher Sperrspannung ohne Schwierigkeiten möglich ist. Zur Kennzeichnung der Leistungsfähigkeit der Kammer müssen die Spannung, die während der Sperrzeit von der Kammer ausgehalten wird, ohne daß sich ein Rückschlag ergibt (Sperrspannung u_{Sp} in kV_{max}) und die Stromstärke, die während der Arbeitsperiode durch den Lichtbogen fließt (Prüfstrom i_p in A_{max}), herangezogen werden. Aus der Sperrspannung ergibt sich die Höhe der Betriebspannung, bei welcher die Verwendung der Lichtbogenkammer in Stromrichterschaltungen möglich ist. Die in der Sperrzeit zwischen den Elektroden auftretende Spannung ist beim Gleichrichter- oder Wechselrichterbetrieb, je nach der gewählten Schaltung, gleich oder doppelt so groß wie die Betriebsgleichspannung $U_=$. Wenn ein Sicherheitsgrad von 1,5 zugrunde gelegt wird, so muß also eine der Beziehungen $u_{Sp} = 3 \cdot U_=$ oder $u_{Sp} = 1,5 \cdot U_=$ gelten. Im allgemeinen wird bei den im folgenden beschriebenen Versuchen die Sperrspannung gemessen und zur Beurteilung herangezogen, die ¼ Periode nach dem Nullwerden des Stromes ausgehalten wurde. Die Nachprüfung ergab, daß dieser Wert der für die Beurteilung maßgebende ist. Es wurde ferner meist der arithmetische Mittelwert des Durchgangstromes der Lichtbogenkammer und sein Effektivwert gemessen. Bei der einphasigen Gleichrichtung, Belastung durch einen Ohmschen Widerstand und bei einer Zündung ca. 60° nach dem Nulldurchgang der Transformator-EMK ist, wie bereits früher angegeben wurde, der Scheitelwert des Stromes etwa 2,5-mal höher als sein Effektivwert und etwa 5-mal höher als sein arithmetischer Mittelwert. Bei den Versuchsergebnissen ist auch weiterhin stets der Scheitelwert des Prüfstromes i_p angegeben, der aus dem Effektivwert durch Multiplikation mit 2,5 ermittelt wurde. Im Mehrphasenbetrieb sind die Lichtbogenkammern in der Lage, einen Betriebsgleichstrom $J_=$ im Dauerbetrieb durchzulassen, der, wenn auch hier ein Sicherheitsgrad von 1,5 zugrunde gelegt wird, zwei Drittel des Prüfstromes in A_{max} beträgt. Für die Löschung ist in der Hauptsache der Scheitelwert des Stromes maßgebend, so daß die Beziehung $i_P = 1,5 \cdot J_=$ gerechtfertigt erscheint. Um aus den bei der Prüfung der Kammer erzielten Werten von Sperrspannung und Prüfstrom einen Begriff für die mit den gleichen Kammern im

8*

Mehrphasenbetrieb zu erzielende Durchgangsleistung zu erhalten, wollen wir als Beispiel eine Schaltung nach Abb. 98 (Graetz-Schaltung) zugrundelegen. Es sind dort sechs Lichtbogenkammern zur Umformung vorgesehen. Die im Betrieb auftretende Sperrspannung ist gleich der erzeugten Gleichspannung. Unter Berücksichtigung der Sicherheitsgrade ergibt sich also für die

Durchgangsleistung des Lichtbogenstromrichters

$$N = U_= \cdot J_= = \frac{1}{2,25} \cdot u_{Sp} \cdot i_P \,.$$

Die nachstehend beschriebenen Versuche sollen feststellen, inwieweit Anordnungen ähnlich Abb. 71 als Lichtbogenventile geeignet sind und sollen die Grundlagen geben für eine systematische Bestimmung der geeignetsten Elektroden- und Kammerabmessungen für jede gegebene Sperrspannung und jeden Betriebstrom. Dabei müssen die Lichtbogenverluste sowie der Preßgas- und Kühlwasserbedarf ermittelt werden. (Der Leistungsbedarf für die magnetische Lichtbogenablenkung spielt praktisch keine Rolle.) Diese Feststellungen ermöglichen die Bestimmung des Gesamtwirkungsgrades der Umformung.

27. Versuche mit der Lichtbogenkammer.

Die Versuche an der Lichtbogenkammer mit düsenförmigen Ausströmöffnungen an beiden Elektroden (Abb. 71) hatten zunächst in der Hauptsache einen allgemein orientierenden Charakter, da zwar die grundlegenden Gesichtspunkte für die Gestaltung der Elektroden und der Kammer feststanden, da aber über die zweckmäßigste Formgebung der Elektroden im einzelnen, insbesondere über den Durchmesser des Luft-Austrittsquerschnittes, Durchmesser des Zündkranzes, Luftdruck und Elektrodenabstand in Abhängigkeit von Sperrspannung und Prüfstrom noch nichts bekannt war. Die große Zahl der veränderlichen Größen macht eine systematische Untersuchung recht schwierig.

Bei den Versuchen mußten die Elektrodenformen vielfach geändert werden. Um solche Änderungen leicht durchführen zu können, wurde zunächst meist mit Messingelektroden ohne Kühleinrichtung und ohne magnetische Ablenkung gearbeitet. Bisher wurden ferner in den Anordnungen ähnlich Abb. 71 ausschließlich gleiche Elektroden einander gegenübergestellt. Eine verschiedene Formgebung beider Elektroden kann bezüglich der Lage der Zündungsfußpunkte, der Sperrspannung, des Wirkungsgrades und des Abbrandes günstigere Ergebnisse zeigen[1]. Es wurde ferner bisher ausschließlich mit Preßluft gearbeitet[2]. Andere

---

[1] Siehe hierzu die Bemerkungen in den Abschnitten 29, S. 138 und 31, S. 151.

[2] Es stand ein Kompressor zur Verfügung, der 8 m³/min ansaugte und einen Druck von 3 atü erzeugte.

Gase können bezüglich der Lichtbogenlöschung, Kühlung und bezüglich des Elektrodenabbrandes günstigere Werte ergeben; auch diese Frage ist noch offen[1].

Bei der Formgebung der Elektroden bestand von vornherein der Wunsch, das elektrische Feld zwischen diesen so weit wie möglich an ein homogenes anzugleichen, um schon bei kleinen Elektrodenabständen eine hohe Sperrspannung zu erzielen. Ein kleiner Elektrodenabstand ist auch zur Erzielung einer möglichst niedrigen Lichtbogenspannung, die ja dem Abstand etwa proportional ist, erstrebenswert. Andererseits besteht bei Elektroden mit großem Krümmungsradius der Nachteil, daß die Zündungsüberschläge in einem großen Gebiet streuen. Zur Erzielung eines gleichmäßigen Ablaufes des Lichtbogenvorganges in jeder Periode und zur Erzielung einer sicheren Löschung ist aber eine geringe Streuung der Zündüberschläge um den Zündkranz herum erwünscht. Offenbar wird die Streuung der Zündfußpunkte um so kleiner, je kleiner der Krümmungsradius an dem Zündkranz wird. Dieser Gesichtspunkt für die Formgebung widerspricht also der Forderung nach möglichst hoher Sperrspannung bei kleinem Abstand.

Da über die Streuung der Überschlagsfußpunkte in Luft in der Literatur keine Angaben zu finden sind, wurden einige grundsätzliche Messungen hierüber durchgeführt[2]. Die Untersuchungen wurden zunächst an Kugelelektroden von verschiedenem Durchmesser ausgeführt. Zwischen diesen wurden Überschläge in Luft von Atmosphärendruck durch hochfrequente Schwingungen hervorgerufen, da diese Spannungsform auch bei der künstlichen Zündung von Lichtbogen-Stromrichtern benutzt wird (s. Abb. 53). Dabei wurden Nachwirkungen von einem Überschlagfunken bis zum nächsten dadurch zu vermeiden gesucht, daß entweder die Zeitdauer zwischen zwei Schwingungszügen groß (etwa ½ s) gemacht wurde[3], oder daß ein sehr hoher Widerstand in den Stromkreis eingeschaltet wurde. Bei Benutzung eines solchen Widerstandes konnte auch mit Wechselspannungsaufladung des Primär-Kondensators (50 Schwingungszüge in 1 s) gearbeitet werden. Die Abb. 72 zeigt als Beispiel das Ergebnis an 5 cm-

---

[1] Siehe hierzu die Abschnitte 7, 18 und 28.

[2] Die Meßergebnisse darüber dürften auch von theoretischem Interesse sein. Sie zeigen beispielsweise, inwieweit die Durchschlagsvorgänge von Zufälligkeiten in der Stoßionisation abhängig sind. Praktische Bedeutung hat die Streuung der Fußpunkte auch beim Luftdurchschlag zwischen Kugeln. Man kann aus dieser Streuung einen Anhalt für die Meßgenauigkeit gewinnen, die sich bei den Spannungsmessungen mit Kugelfunkenstrecken im äußersten Falle erreichen läßt.

Die hier angeführten Messungen über diese Frage wurden durchgeführt durch Herrn O. H. Schmidt, Lit. 93.

[3] Das ist bei Aufladung des primären Kondensators mit Gleichspannung leicht zu erreichen.

Kugeln und Stäben von 2 cm Durchmesser mit halbkugeligen Abrundungen an den Enden. In Abhängigkeit vom Abstand a der Elektroden ist der Durchmesser b der Streufläche der Durchschlagfußpunkte auf den Elektroden aufgezeichnet. Der Durchmesser b ist dabei auf der Oberfläche gemessen worden. Jeder Meßpunkt wurde nach Erzeugung von mindestens 75 Durchschlägen aufgenommen. Um die Durchschlagfußpunkte ·auf den Elektroden leicht zu finden, wurden die Elektroden vor Anlegen der Spannung mit einem Rußüberzug versehen. An dem Meßergebnis ist merkwürdig, daß bis zu etwa 5 cm Elektrodenabstand die Streufläche auf den 5 cm-Kugeln und auf den Halbkugeln von 2 cm Durchmesser etwa gleich groß ist. Man sollte erwarten, daß die Streufläche bei den 5 cm-Kugeln größer ist, weil dort die Feldstärkenunterschiede an den Elektrodenoberflächen in gleichem Abstand von der Mittelachse kleiner sind als bei den Stäben. Auch aus anderen entsprechenden Messungen ergab sich, daß eine einfache Gesetzmäßigkeit für die Streuung der Durchschlagfußpunkte nicht zu finden war[1].

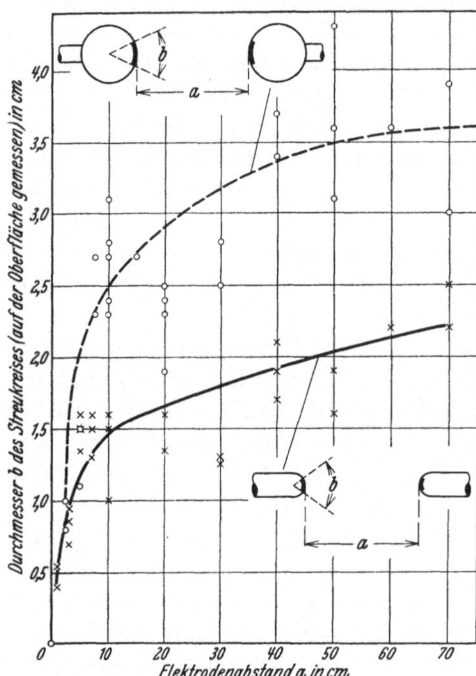

Abb. 72. Streuung von Durchschlagfußpunkten an 5 cm-Kugeln (gestrichelte Kurve) und an kugelig abgerundeten Stäben von 2 cm Durchmesser (ausgezogene Kurve).

Man sieht aus Abb. 72, daß auch bei recht großen Elektrodenabständen die Streuung nicht zu groß wird, so daß auch bei solchen Abständen eine befriedigend gleichmäßige Lage der Zündpunkte bei genügend kleinem Krümmungsradius zu erwarten ist.

Weiter wurden Versuche mit Elektrodenformen durchgeführt, die denen bei Lichtbogen-Stromrichtern entsprechen. Es zeigte sich, daß die Fußpunkte durch entsprechende Formgebung der Elektroden ohne

---

[1] Es war das nach der in Abschn. 1 und 2 beschriebenen Durchschlagtheorie auch kaum zu erwarten. Der Durchschlag entwickelt sich aus positiven Entladungskanälen heraus, die durch Stoßionisation der Elektronen entstehen. Diese Stoßionisation hängt aber von der freien Weglänge ab, die naturgemäß in sehr weiten Grenzen um einen Mittelwert schwankt.

alle Schwierigkeiten nahe dem Zündkranz gehalten werden können, wenn keine Luftströmung vorliegt. Mit Luftströmung treten leichter gelegentlich Zündungen auf, die nahe bei der Mittelachse der Anordnung verlaufen. Sie lassen sich durch geringes Druckgefälle zwischen Lichtbogenkammer und Raum, in den die Luft ausströmt, sowie durch starkes Hervorheben des gesamten Zündkranzes oder einzelner Stellen auf ihm vermeiden. Ferner besteht die Möglichkeit, durch verschiedene Formgebung beider Elektroden, evtl. auch durch den Einbau radioaktiver Substanzen unter der Metalloberfläche des Zündkranzes, eine gleichbleibende Lage der Zündpunkte zu erzwingen.

Ferner wurden nun mit verschiedenen Elektrodenformen Messungen mit der im Abschnitt 25 beschriebenen und in Abb. 69 dargestellten Prüfschaltung ausgeführt[1]. Der Bequemlichkeit halber wurden die meisten Meßreihen bei konstantem Elektrodenabstand, unverändertem Belastungswiderstand und fester Einstellung von Zünd- und Rückzündzeitpunkt vorgenommen. Gemessen wurde die Sperrspannung in Abhängigkeit von dem während des Betriebes einstellbaren Druck in der Kammer.

Es seien zunächst einige Versuche mit einer Lichtbogenkammer nach Abb. 73 beschrieben. In diese Kammer können bequem verschiedene Elektrodenformen eingesetzt werden. Die Elektroden E sind an Messingrohren A befestigt, die Gewinde tragen. Dadurch läßt sich

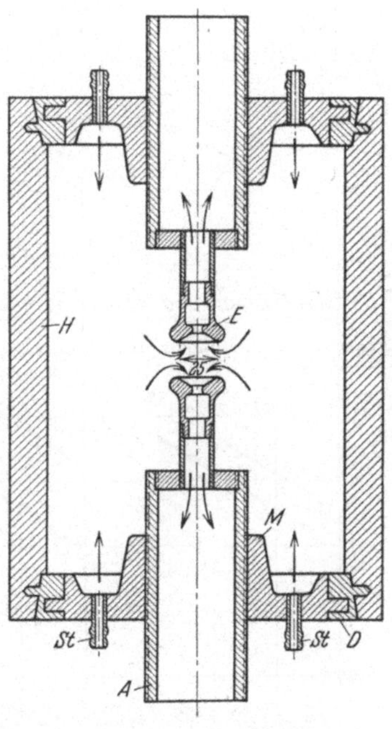

Abb. 73. Versuchsausführung einer Lichtbogenkammer mit leicht auswechselbaren Einsatzelektroden.

der Elektrodenabstand verändern. Die Rohre A sind in die Stirnplatten M eingeschraubt, die mit einem Bajonettverschluß in die an dem Hartpapierzylinder H befestigten Ringe D eingesetzt sind. Die Druckluft wird bei St zugeführt. Abb. 74 zeigt einige Versuchsergebnisse, die mit dieser Kammer gewonnen wurden. Man sieht, daß die Sperrspannung, die mit dem Rückzündkreis Abb. 69 gemessen wurde, mit dem Druck in der Kammer und mit dem Abstand anwächst. Bei jedem

---

[1] Die folgenden im Abschnitt 27 beschriebenen Versuche wurden durch die Herren Herbert Buchwald, Walter Schneider, Kurt Delor, Woldemar Bolling, Ladislaus von Hámos und Ernst-August Knoke ausgeführt. Siehe auch Kurt Delor, Lit. 8.

Abstand sind zwei Versuchsreihen durchgeführt, die Kurven sind durch die Bezeichnung „mit Strom“ bzw. „ohne Strom“ gekennzeichnet. Die Kurven „ohne Strom“ wurden aufgenommen, wenn der Zündkreis nicht eingeschaltet war, wenn also der Arbeitstrom nicht floß. Die Betriebspannung liegt an den Elektroden und die Spannung des Rückzündkreises wird bis zum Durchschlag zwischen den Elektroden gesteigert. Diese Aufnahme stellt also die reine Durchschlagspannung zwischen den Elektroden ohne Beeinflussung durch vorhergehenden Arbeitstrom dar. Die Höhe dieses Spannungscheitelwertes der Rückzündspannung wurde dabei aus der Unterspannung des Rückzündtransformators mit Hilfe einer vorher festgelegten Eichkurve ermittelt (vgl. Abschnitt 25, S. 109). Die Rückzündspannung „mit Strom“ wurde in derselben Weise bestimmt, nur war dabei der Zündkreis mit eingeschaltet, so daß also im Verlaufe einer jeden Periode in einer Halbwelle der Arbeitstrom floß, während in der anderen Halbwelle die Rückzündspannung gemessen wurde. Die Zusammenstellung der beiden Rückzündkurven mit und ohne Strom gestattet also sofort die Feststellung, ob und inwieweit eine Herabsetzung der Rückzündspannung durch einen in der vorhergehenden Halbperiode fließenden Arbeitstrom erfolgt ist.

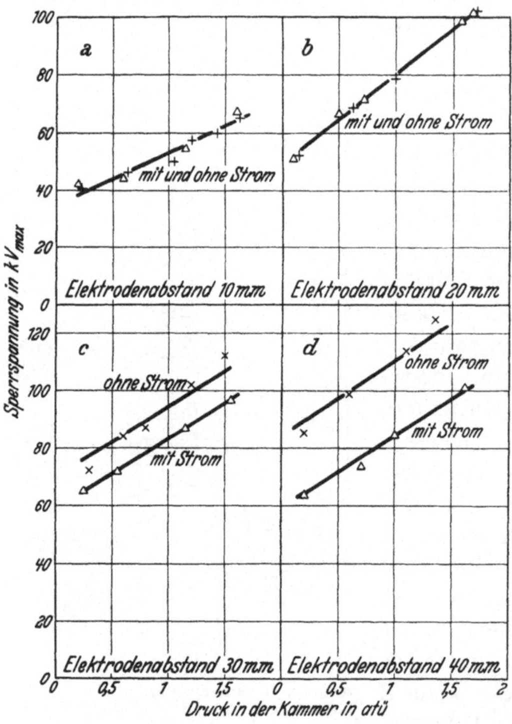

Abb. 74. Abhängigkeit der Sperrspannung vom Druck in der Lichtbogenkammer. Prüfstrom 8,5 A_{max}.

Man sieht aus der Abb. 74, daß bei den Elektrodenabständen 10 und 20 mm die Rückzündspannungen mit und ohne Arbeitstrom zusammenfallen, d. h. es liegt eine ideale Löschung des Lichtbogens vor. Bei großem Elektrodenabstand erniedrigt der Arbeitstrom die Sperrspannung in der nächsten Halbperiode. Die Herabsetzung der Rückzündspannung beträgt beim Abstand von 40 mm mehr als 20%, sie ist also nicht unwesentlich.

Die Abb. 75 zeigt die entsprechenden Aufnahmen mit erheblich größerem Strom. Hier ist schon bei 20 mm Elektrodenabstand eine Erniedrigung der Rückschlagspannung mit Strom gegenüber der ohne Strom zu verzeichnen. Bei 30 mm Abstand liegen dagegen die Ver-

hältnisse wieder ganz ähnlich wie bei einem Strom von 8,5 A_{max}. Das ist ein interessantes und wichtiges Ergebnis, das auch aus anderen Versuchen hervorgeht: Bei richtig abgestimmten Größen für die Austrittsöffnungen und den Elektrodenabstand ist die Höhe der Sperrspannung von der Größe des Arbeitstromes nur sehr wenig abhängig. — Die höchste Sperrspannung (110 kV_{max}) wird bei 35 mm Abstand und bei einem Druck von 1,8 atü erreicht. Bei 40 mm Elektrodenabstand dagegen sinkt die Sperrspannung bei Belastung sehr stark. Es werden zwar bei 1,5 atü immer noch 80 kV Sperrspannung erreicht, also ein Wert, der bei solcher Stromstärke zur Zeit mit keinem anderen Ventil zu erzielen ist, aber die starke Absenkung der Sperrspannung durch den Arbeitstrom zeigt, daß die Lichtbogenlöschung nicht vollkommen ist.

Die Abb. 76 und 77 stellen noch weitere ähnliche Aufnahmen dar. Es sind gegenüber den soeben beschriebenen Aufnahmen nur die vorderen Teile der Elektroden E (Abb. 73) geändert. Die benutzten Elektroden sind auf den Bildern mit dargestellt. Man sieht aus diesen

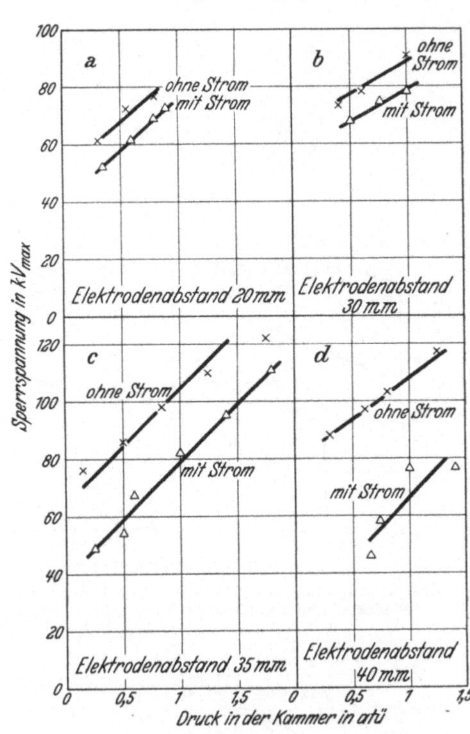

Abb. 75. Abhängigkeit der Sperrspannung vom Druck in der Lichtbogenkammer. Prüfstrom 58 A_{max}.

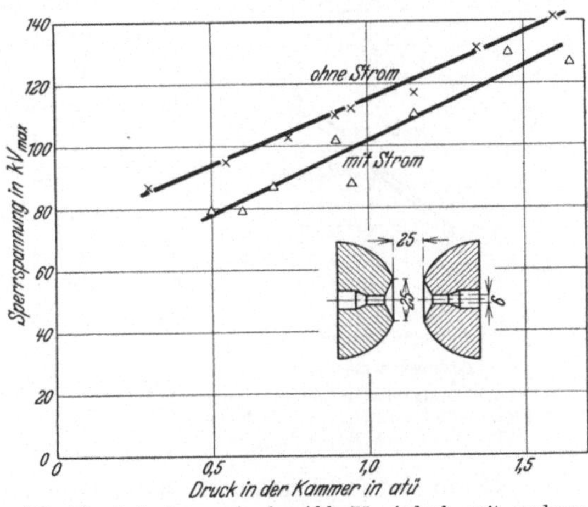

Abb. 76. Aufnahme wie in Abb. 75, jedoch mit anderer Elektrodenform.

Kurven, daß auch die Form der Elektroden außerhalb des Zündkranzes sehr wichtig ist. Bei den Elektroden mit Kugelform werden ohne Strom

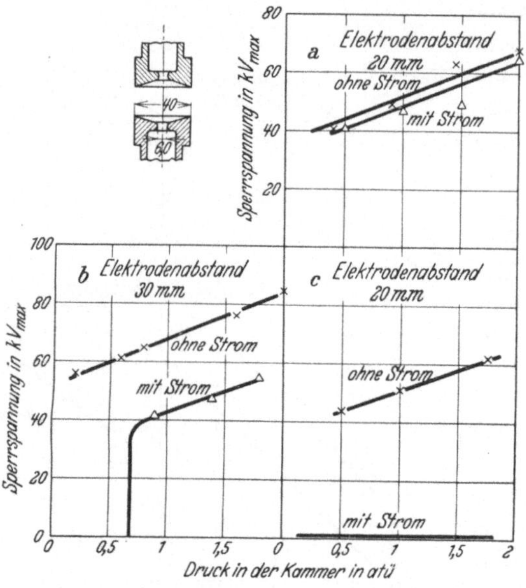

Abb. 77. Aufnahme wie in Abb. 75, jedoch mit verschiedenen Stromstärken und scharfkantigen Elektroden. Prüfstrom bei a und b 19 A_{max}, bei c 57,5 A_{max}.

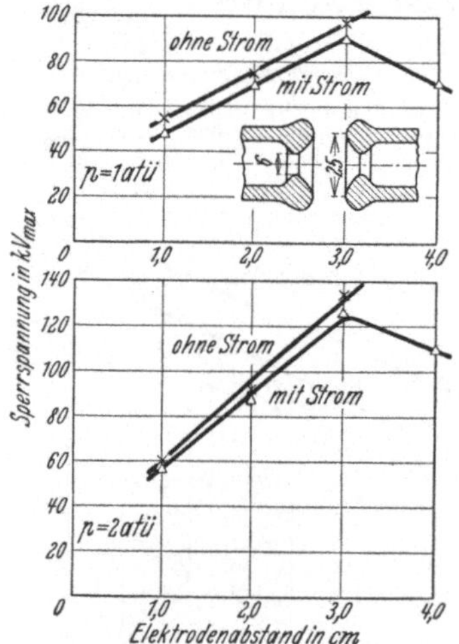

Abb. 78. Abhängigkeit der Sperrspannung vom Elektrodenabstand bei verschiedenen Drucken. Prüfstrom 19 A_{max}.

und mit Strom erheblich höhere Sperrspannungen erzielt als bei scharfkantigen Elektroden. Die günstigste Form und der beste Abstand für eine Stromstärke von etwa 60 A_{max}, einen Druck von 1,5 atü und einen Austrittsdurchmesser von 6 mm sind, wie auch aus anderen Versuchen folgte, etwa die in Abb. 76 enthaltenen. Hier wird eine Sperrspannung von 130 kV erreicht. Sehr ungünstig sind dagegen die in Abb. 77 dargestellten Verhältnisse, bei denen eine Stromstärke von 57,5 A_{max} schon bei einem Elektrodenabstand von 20 mm nicht mehr einwandfrei gelöscht wird. (Sperrspannung fast Null.) Elektroden mit scharfen Rändern sind also sehr unzweckmäßig; der Grund dafür ist offenbar in dem stark unhomogenen elektrischen Feld und in den ungünstigen Luftströmungsverhältnissen zu suchen.

Aus solchen Kurven, wie sie in Abb. 74 bis 77 dargestellt sind, lassen sich nun Abhängigkeiten der Rückschlagspannung vom Elektrodenabstand entnehmen. Die Abb. 78 bis 80 zeigen solche Kurven. Es ergibt sich daraus, daß für jede Elektrodenform ein gewisser kritischer Abstand besteht, bei dessen Überschreitung die Rückschlagspannung wieder sinkt. Wir wollen diesen Abstand den „Grenzabstand" nennen. Dieser Grenzabstand beträgt bei Abb. 78 30 mm, bei den nächsten beiden Abbildungen etwa 25 mm. Er hängt vom Durchmesser D des Zündkranzes, vom Durchmesser d der Ausströmöffnungen sowie von der Betriebstromstärke ab. Die Aufnahme Abb. 79 ist mit einem Betriebstrom von 200 A_{max}, die in Abb. 80 mit 180 A_{max} durchgeführt. In der letzten Abbildung wird eine Sperrspannung von etwa 130 kV erreicht, die Kammer ist also nach der Formel S. 116, Abschnitt 26, im Mehrphasenbetrieb für eine Durchgangsleistung von

$$N = \frac{1}{2{,}25} \cdot u_{Sp} \cdot i_P = 10000 \text{ kW}$$

geeignet.

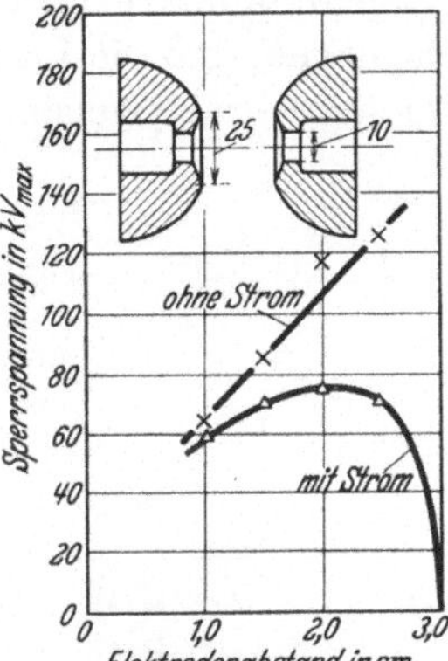

Abb. 79. Abhängigkeit der Sperrspannung vom Elektrodenabstand. Prüfstrom 200 A_{max}.

Wie man ohne weiteres sieht, ist dies weder bezüglich der Spannungshöhe noch bezüglich der Stromstärke ein Grenzwert. Eine Sperrspannungserhöhung kann man durch eine Erhöhung des Druckes in der Kammer erzielen[1]. Da durch die Druckerhöhung die Geschwindigkeit an der engsten Stelle nicht mehr steigt, wenn das kritische Druckverhältnis zwischen Kammer-Innenraum und -Außenraum überschritten ist, ist es dann zwecklos, die Preßluft auf Atmosphärendruck expandieren zu lassen. Man wird bei hohem Druck in der Kammer auf einen Gegendruck arbeiten, der nur so weit unter dem Kammerdruck liegt, daß die günstigsten Strömungsverhältnisse entstehen. Es ist dann nach Rückkühlung nur eine Zwischenkompression der Preßluft vom Gegendruck auf den Arbeitsdruck in der Kammer notwendig. Die erforderliche Kompressorleistung steigt also nicht so stark an wie die Sperrspannung (siehe hierzu auch S. 133). Außerdem wächst bei sonst gleichen Verhältnissen der Grenzabstand mit größer werdendem Ausströmquerschnitt. Auch dadurch kann also die Sperrspannung erhöht werden. Ferner kann auch einer Er-

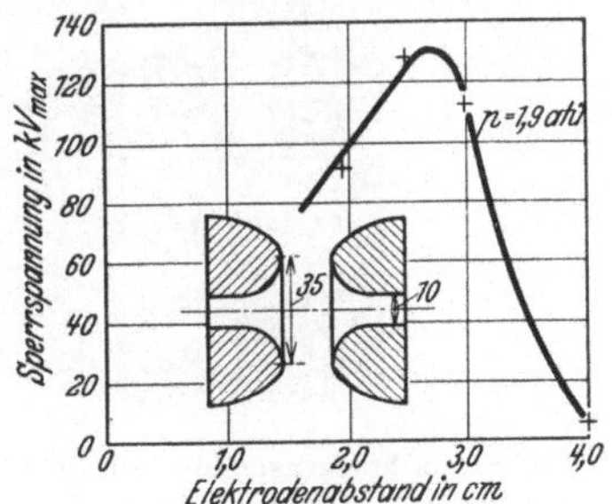

Abb. 80. Abhängigkeit der Sperrspannung vom Elektrodenabstand. Prüfstrom 180 A_{max}.

höhung der Betriebstromstärke durch Erweiterung der Austrittsquerschnitte Rechnung getragen werden. (Aus den bisher gezeigten Abbildungen folgt, daß ein Durchmesser $d = 6$ mm für 57,5 A_{max} und ein Durchmesser $d = 10$ mm für 200 A_{max} bei 2 atü zur sicheren Lichtbogenlöschung ausreichen. Eine rechnerische Bestimmung dieser Ab-

---

[1] Für die Versuche in Braunschweig stand leider ein Kompressor für höheren Druck nicht zur Verfügung.

hängigkeit folgt später.) Bei großem Austrittsquerschnitt muß auch der Zündkranzdurchmesser D und damit die Lichtbogenlauffläche vergrößert werden. Dadurch bleibt bei Vergrößerung der Stromstärke die spezifische Beanspruchung der Lichtbogenlauffläche durch die Lichtbogenfußpunkte gleich. Man sieht schon aus diesen einfachen Überlegungen, daß die Lichtbogenkammern ohne weiteres für ein hohes Vielfaches der angegebenen Leistung von 10000 kW gebaut werden können.

Abb. 81. Lichtbogenkammer von 1000 mm Länge und 400 mm lichter Weite auf einem Isoliergerüst.

Die größten, überhaupt für eine Kraftübertragung in Frage kommenden Leistungen lassen sich bei Verwendung einer Lichtbogenkammer für jeden Pol der Gleichstromleitung und für jede Phase umformen.

Für den in Abb. 80 dargestellten Versuch wurde eine Lichtbogenkammer von 1000 mm Länge mit einer lichten Weite des Druckzylinders von 400 mm benutzt, die eine hohe Außenüberschlagspannung besitzt und in die Elektroden mit magnetischer Lichtbogenablenkung sowie mit Wasserkühlung eingebaut wurden. Diese Kammer besitzt ein Glasfenster, das eine Beobachtung des Lichtbogenraumes während des Betriebes ermöglicht. Abb. 81 zeigt sie auf ihrem Isoliergerüst, auf dem zugleich die Akkumulatoren zur Speisung der Ablenkspulen aufgestellt sind[1]. Die Beobachtung des Lichtbogenvorganges erfolgte durch eine synchron umlaufende Scheibe mit Schlitz. Vor diesem Schlitz ist ein Fernrohr angebracht, dessen Lage sich so verändern läßt, daß die Phasen des Lichtbogenvorganges fortlaufend betrachtet werden können. Die Fernrohrachse beschreibt die Fläche eines Kegels, dessen Spitze an der Stelle des zu beobachtenden Vorganges liegt. Abb. 82 zeigt diese Beobachtungsanordnung. Beim Drehen der Handkurbel bewegt sich das Fernrohr in der beschriebenen Weise. Diese Beobachtungsmöglichkeit war eine wesentliche Hilfe bei der Aufklärung der Vorgänge.

Bei der Beobachtung durch das Fernrohr sieht man zunächst die Zündfunken an den verschiedenen Stellen des Zündkranzes und beim Drehen der Kurbel das Entstehen des Arbeitslichtbogens, das Wandern dieses Lichtbogens nach der Mittelachse hin und sein Verlöschen in dieser Achse. Ferner ist durch diese Beobachtung am einfachsten festzustellen, ob und an welchen Stellen der

Abb. 82. Synchronscheibe mit verstellbarem Fernrohr zur Beobachtung der Lichtbogenvorgänge in der Kammer.

Elektroden die Rückzünddurchschläge, die mit dem Rückzündkreis erzeugt werden, auftreten.

Abb. 83 stellt das Beobachtungsergebnis bei der Aufnahme nach Abb. 80 dar. Das Fernrohr ist auf den letzten Teil der Arbeitsperiode des Lichtbogens, also auf etwa 20° vor Verlöschen des Lichtbogens eingestellt. Bei den Abständen 20 und 25 mm zeigt sich ein geschlossener Lichtbogenstrang von etwa gleichbleibendem Querschnitt. Bei den großen Abständen dagegen tritt in der Mittelebene zwischen den Elektroden eine schließlich sehr erhebliche Aufbauschung des Lichtbogenstranges ein. Wir sehen darin den Grund für das Vorliegen eines Grenzabstandes und für das Absinken der Rückschlagspannung nach Überschreiten dieses Abstandes. Die Lichtbogenwärme in der Kammer, die ja mit Vergrößerung des Abstandes wächst, kann schließlich nicht mehr durch die Luft abgeführt werden. In der Mittelebene ist die Geschwin-

---

[1] Die Magnetspulen wurden bei den Versuchsanordnungen zunächst mit Gleichstrom gespeist. Versuche mit Erregerwicklungen, die von dem Lichtbogenstrom selbst durchflossen werden, sind im Gange.

digkeit der Luft am kleinsten, dort tritt infolge der Lichtbogenwärme bei großem Abstand eine so erhebliche Luftausdehnung ein, daß die ankommende Preßluft zurückgedrängt wird. Dadurch bleibt auch nach der Lichtbogenlöschung viel heiße Luft in der Kammer, die durch ihre geringere Dichte die Durchschlagspannung herabsetzt. Eine Vergrößerung des Austrittsquerschnittes hilft diesem unerwünschten Zustand ab.

Eine wesentliche Erhöhung der Betriebstromstärke über 200 A_{max} hinaus war bei Stromentnahme aus dem 6-kV-Netz nicht möglich. Es wurden deshalb einige Versuche mit 380 V vorgenommen[1]. Bei einem

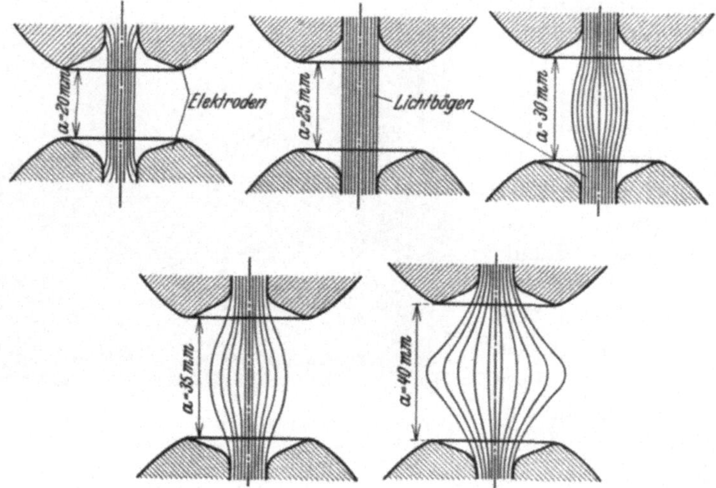

Abb. 83. Lichtbögen gegen Ende der Arbeitsperiode bei verschiedenen Elektrodenabständen.

Elektrodenabstand von 1 cm, einem Zündkranzdurchmesser von 5 cm und Luftaustrittsöffnungen von 1 cm Durchmesser wurden Stromstärken bis 1500 A_{max} einwandfrei gelöscht. Eine Steigerung dieses Stromes war wegen des 380-V-Transformators nicht durchführbar. Über Dauerversuche mit einer Arbeitspannung von 380 V wird noch berichtet.

Weitere Versuchsgruppen bezweckten die Feststellung der Zeit, die zur Wiederherstellung der elektrischen Festigkeit der Anordnung nach dem Nullwerden des Stromes nötig war. Dieser Versuch wurde nach dem in Abschnitt 25, S. 109 geschilderten Verfahren durch Verstellen des Rückzündzeitpunktes durchgeführt. In Abb. 70 wurde bereits schematisch der Gang eines solchen Versuches erörtert. Die Abb. 84 zeigt das Ergebnis der Messung. Man erkennt die günstige Tatsache, daß die Durchschlagspannung sofort nach dem Verlöschen des Stromes, also

---

[1] Ein Transformator von 250 kVA wurde hierzu von dem Elektrizitätswerk Braunschweig freundlicherweise zur Verfügung gestellt.

beim Nulldurchgang der Spannung, bereits 65% (bei 1,5 atü) bzw. 72% (bei 1,0 atü) der im negativen Scheitelwert der Spannung (270°) vorliegenden Durchschlagspannung beträgt. Diese Tatsache ist, wie früher ausgeführt wurde, deshalb wichtig, weil besonders beim Mehrphasenbetrieb nach dem Verlöschen des Stromes in einer Kammer die Spannung in der Sperrzeit meist rascher wieder ansteigt, als es sich nach einer Sinuskurve mit Betriebsfrequenz ergeben würde (vgl. Abschnitt 19 und 30). Der Verlauf der Kurven der Abb. 84 läßt sich unter Zugrundelegung des im Teil A über die Lichtbogenlöschung Gesagten wie folgt erklären:

Beim Verlöschen des Lichtbogens stehen seine Fußpunkte in einem Bereich, von dem aus eine Rückzündung unmöglich ist. Die Tatsache, daß die Rückzündspannung nach dem Verlöschen niedriger liegt als ohne vorherigen Stromdurchgang, kann nur auf den mittleren Teil des Kanals, und zwar auf dessen Wärmeinhalt und auf die durch ihn hervorgerufene Ionisation zurückgeführt werden (vgl. Abschnitt 18). Die Beobachtung zeigt, daß der Rückschlagkanal kurz nach dem Verlöschen des Stromes etwa in der Mittelachse der Anordnung verläuft, also dort, wo vorher der Lichtbogen stand. Das bedeutet, daß die Durchschlagspannung zu dem gegebenen Zeitpunkt in diesem Gebiete am niedrigsten ist.

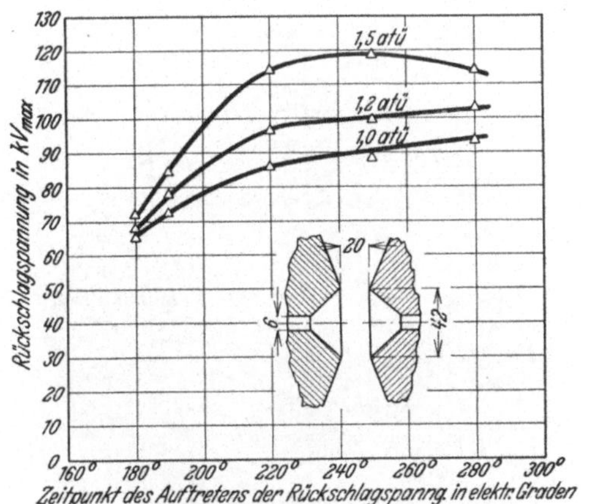

Abb. 84. Die Höhe der Sperrspannung in Abhängigkeit vom Zeitpunkt ihres Auftretens. (Der Lichtbogen brennt bis etwa 180°.)

Die Kurve bei 1,5 atü auf Abb. 84 besitzt ihren Höchstwert bei etwa 250°. Daß die Rückschlagspannung nach diesem Zeitpunkt wieder niedriger wird, ist offenbar auf die periodischen Druckschwankungen zurückzuführen, die infolge der Lichtbogenwärme in der Kammer entstehen. Der Druck ist im Augenblick der Zündung in der Kammer am niedrigsten. Er wächst dann infolge der Verlustwärme des Lichtbogens so lange an, wie der Lichtbogen brennt, um in der Sperrzeit allmählich wieder zu fallen[1]. Die Sperrspannung, die ja der Luftdichte in der Kammer annähernd proportional ist, fällt also von dem

---

[1] Eine versuchsmäßige Aufnahme dieses Druckverlaufes ist bisher noch nicht erfolgt; sie wäre z. B. auf dem von W. Kaufmann (Lit. 35) bei der Untersuchung von Expansionsschaltern bzw. von W. Uebermuth (Lit. 122) bei der Untersuchung von Druckgasschaltern benutzten Wege denkbar.

Zeitpunkt an ab, in dem die unmittelbaren Nachwirkungen des Lichtbogens durch Wärme und Ionisation verschwunden sind. Durch den Lichtbogenbetrieb wird bei den Versuchen auch der Mittelwert des Druckes in der Kammer erhöht, wie aus der Anzeige des Manometers, das sich an der Kammer befindet, hervorgeht.

Die Druckschwankungen in der Lichtbogenkammer müssen bei sonst gleichen Bedingungen um so stärker werden, je kleiner der mit Druckluft angefüllte Rauminhalt der Kammer ist. Um zu prüfen, ob dadurch ein starker Einfluß der Kammergröße auf die Sperrspannung besteht, wurden Kammern mit stark verschiedenem Rauminhalt untersucht. Nach diesen Versuchen ist aber ein Einfluß der Kammergröße auf den Löschvorgang oder die Höhe der Sperrspannung nicht wesentlich, so daß man also den Rauminhalt der Kammer aus Gründen der Kostenersparnis nur so groß machen wird, als es zur Vermeidung von Überschlägen auf der Isolierwand (innen oder außen) nötig ist.

Abb. 85. Eine Elektrode nach achtstündigem Dauerbetrieb mit 55 A_{max}.

Es sei nun über einen Dauerversuch berichtet, der im Transformatorenwerk der AEG durch Herrn Herbert Buchwald ausgeführt wurde. Es stand dazu eine Lichtbogenkammer ähnlich Abb. 71 mit $d = 6,5$ mm, $D = 40$ mm und einem Elektrodenabstand $a = 20$ mm zur Verfügung. Der Druck in der Kammer wurde auf etwa 2 atü gehalten. An einen Prüftransformator großer Leistung wurde über diese Lichtbogenkammer eine Erdschlußspule angeschlossen und eine künstliche Zündung, wie sie bereits wiederholt beschrieben wurde, angewandt. Durch die induktive Belastung des Transformators wurde an Energie gespart und ferner wurde die Beanspruchung der Kammer bei dieser Belastungsart besonders scharf, weil die Sperrspannung bekanntlich bei rein induktiver Last nach dem Verschwinden des Stromes ganz besonders rasch wieder ansteigt. (Es liegen dabei die Verhältnisse ähnlich wie beim Abschalten von Kurzschlüssen[1]). Als Abschluß verschiedener anderer mit dieser Schaltung durchgeführten Untersuchungen wurde ein achtstündiger Dauerversuch mit 55 A_{max} bei einer Sperrspannung von 80 kV_{max} durchgeführt. Dieser Dauerversuch verlief durchaus einwandfrei. Eine

---

[1] J. Biermanns, Lit. 1 S. 1074.

der Elektroden nach dem Versuch zeigt die Abb. 85. Die andere Elektrode hatte bis auf die Färbung das gleiche Aussehen. Ein Abbrand war auch mit Schablone nicht meßbar. Der Versuch zeigt, daß mit diesen Kupferelektroden bereits ein mehrwöchentlicher Dauerbetrieb durchführbar wäre.

Weitere Dauerversuche wurden in Braunschweig mit 380 V Betriebsspannung durchgeführt, um den Elektrodenabbrand und die Kühlung zu untersuchen (s. a. Abschnitt 16). Es wurde beispielsweise eine Stunde lang mit $375\,A_{max}$ gefahren. Auch nach einem Betrieb mit $1000\,A_{max}$ zeigten sich noch keine Schmelzperlen an den Elektroden, die Lichtbogenrotation infolge der magnetischen Ablenkung ging einwandfrei vor sich und es traten keine Rückzündungen auf.

Es soll nun zunächst im Abschnitt 28 der Versuch gemacht werden, auf rechnerischem Wege einen Überblick über die Verhältnisse zu erhalten, dann werden im Abschnitt 29 die Verluste erörtert und Meßergebnisse darüber mitgeteilt. Am Schlusse dieses Abschnittes 29 wird ferner eine Zusammenstellung der noch vorliegenden Aufgaben vorgenommen.

28. Vorausberechnung der wichtigsten Elektrodenabmessungen und des Druckes in der Kammer.

Für die Löschung von Lichtbögen in strömendem Gas ist es besonders wichtig, daß die Lichtbogenwärme durch die Elektrodenkühlung sowie durch das Gas laufend abgeführt werden kann. Durch die Elektrodenkühlung wird die Wärme abgeführt, die in deren unmittelbarer Nähe entsteht, dagegen muß die im mittleren Teil des Lichtbogens erzeugte Wärme durch das Gas abgeführt werden. Die Berechnung der zur Kühlung der Elektroden erforderlichen sekundlichen Kühlflüssigkeitsmenge macht keine Schwierigkeiten, wenn der Anteil der Lichtbogenspannung, der für deren Erwärmung in Frage kommt, angenähert bekannt ist. Dagegen ist zur Berechnung der erforderlichen Gasmenge eine genauere Betrachtung nötig. Entwickelt sich mehr Wärme im mittleren Teil des Lichtbogens, als durch das Gas abgeführt werden kann, dann muß unmittelbar nach dem Verlöschen des Lichtbogens eine Rückzündung durch das heiße und stark verdünnte Gas erfolgen (siehe z. B. die Abb. 83. Bei großem Elektrodenabstand kann die Lichtbogenwärme nicht mehr abgeführt werden.)

Die Betrachtung sei zunächst für Luft angestellt. Zur Berechnung der notwendigen Luftmenge kann man annehmen, daß ein Lichtbogen von konstanter Stromstärke und gleichbleibender Länge dauernd zwischen den Elektroden brennt und daß dementsprechend die strömende Luft ständig durch diesen Lichtbogen erwärmt wird. Wenn bei einem solchen konstanten Zustand die Lichtbogenwärme durch die Luft abgeführt werden kann, dann muß die Wärmeabfuhr auch im pulsierenden Betriebe (bei der Umformung) oder bei der einmaligen Löschung (z. B. bei Druckgasschaltern) möglich sein. Wenn die Wärmeabfuhr im konstanten Zustande möglich ist, dann wird beim intermittierenden Betrieb die erhitzte Luft zugleich mit dem Lichtbogen durch die Austrittsöffnungen abwandern, also nach dem Verlöschen des Lichtbogens nicht mehr in der Lichtbogenkammer vorhanden sein können.

Für gleichbleibenden Zustand gilt das folgende:

Die der Luft durch den Lichtbogen sekundlich zugeführte Wärmemenge ist

$$Q_z = J \cdot K \cdot U_L \cdot \frac{0{,}24}{1000} \frac{\text{kcal}}{\text{s}} \, .$$

Darin bedeutet J die Lichtbogenstromstärke in Ampere (Gleichstrom!), U_L die Lichtbogenspannung (einschließlich Kathoden- und Anodenfall) in Volt. $K \cdot U_L$ soll derjenige Teil der Lichtbogenspannung sein, der für die Erwärmung der Luft in Frage kommt. Der übrige Teil der Lichtbogenspannung, der etwa gleich der Summe von Anoden- und Kathodenfall ist, führt zur Elektrodenerwärmung.

Die durch die Luft sekundlich abgeführte Wärme Q_a ergibt sich aus dem Zuwachs an Wärmeeinheiten, die die in einer Sekunde aus der Kammer ausströmende Luftmenge erfahren hat. Im konstanten Zustand muß die zuströmende Luftmenge in kg/s natürlich gleich der ausströmenden Luftmenge sein. Es seien die Verhältnisse an der engsten Stelle des Ausströmquerschnittes betrachtet. Das Gewicht der in einer Sekunde dort strömenden Luftmenge ist

$$G = \frac{p_a \cdot V}{R \cdot T_a \cdot 100} \, \text{kg/s} \, .$$

In dieser Gleichung ist p_a der Absolutdruck in kg/cm², V das Volumen der in der Zeiteinheit an der engsten Stelle der Austrittsöffnungen ausströmenden Luft in cm³/s, R die Gaskonstante ($= 29{,}3$), T_a die absolute Temperatur der Luft. Das Gas besitzt dort Schallgeschwindigkeit, wenn das Verhältnis zwischen dem Druck p in der Kammer zum Druck außerhalb der Kammer größer ist als 1,9. Es gilt dann stets $p = 1{,}9 \cdot p_a$. Es ist ferner $V = F \cdot v_S$, worin F gleich dem Querschnitt der beiden Austrittsöffnungen zusammen in cm² und v_S gleich der Schallgeschwindigkeit in cm/s ist.

Die sekundlich ausströmende Luftmenge G hat eine Wärmemenge Q_a aufgenommen, die sich aus dem Ausdruck $G \cdot (T_a - T_e) \cdot c_p \cdot K_1$ kcal/s ergibt. In diesem Ausdruck ist mit T_e die absolute Temperatur der zuströmenden Luft und mit c_p die spezifische Wärme der Luft bei konstantem Druck bezeichnet. Da c_p temperaturabhängig ist, muß ein mittlerer Wert für c_p eingesetzt werden. Der Faktor K_1 ist deshalb hinzugesetzt, weil der Druck in der Lichtbogenkammer außerhalb des Elektrodengebietes nicht gleich dem Druck im engsten Querschnitt der Ausströmöffnungen ist. Wenn man bei dem Strömungsvorgang annimmt, daß es sich um eine Potentialströmung handelt, ist der Ausdruck $\left(p + \dfrac{v^2 \cdot \varphi}{2}\right)$ konstant. φ ist hierbei die Luftdichte. Da v, die Luftgeschwindigkeit in cm/s, in der Austrittsöffnung besonders groß ist, wird der Druck dort niedriger als im übrigen Raum. Der Faktor K_1 soll also die Tatsache berücksichtigen, daß die Gaserwärmung in Wirklichkeit nicht bei konstantem Druck vor sich geht. Man erhält nun durch Einsetzen der Werte für G und V für die abgeführte Wärme Q_a den Ausdruck

$$Q_a = \frac{p_a \cdot F \cdot v_S \cdot c_p \cdot K_1}{R \cdot 100} \frac{T_a - T_e}{T_a} \text{ kcal/s}.$$

Im gleichbleibenden Zustand muß $Q_z = Q_a$ sein[1], es entsteht also die Gleichung

$$J \cdot K \cdot U_L \cdot \frac{0{,}24}{1000} = \frac{p_a \cdot F \cdot v_S \cdot c_p \cdot K_1}{R \cdot 100} \frac{T_a - T_e}{T_a},$$

$$J \cdot K \cdot U_L = 41{,}6 \cdot p_a \cdot F \cdot c_p \cdot K_1 \cdot v_S \cdot \frac{T_a - T_e}{R \cdot T_a}.$$

Diese Gleichung stellt eine wichtige Grundlage für die Bemessung des Druckes p in der Kammer und des Querschnittes F der Ausströmöffnungen dar. Durch diese beiden Größen p und F ist der Preßluftbedarf gegeben. Die Gleichung war, wie eingangs gesagt ist, für konstante Lichtbogenstromstärke und gleichbleibende Lichtbogenlänge entwickelt worden. Wenn im Umformungsbetrieb (oder bei Schaltern) eine einwandfreie Lichtbogenlöschung erfolgen soll, so müssen also p und F mindestens so groß gemacht werden, wie es diese Gleichung fordert. Über die in der Gleichung vorkommenden Größen ist beim Umformungsbetrieb das Folgende zu sagen: J ist durch die Belastung der Anlage gegeben. Für J möge der Sicherheit halber der Scheitelwert des Stromes eingesetzt werden. U_L, der beim Scheitelwert des Stromes vorliegende Wert der Lichtbogenspannung, ist im allgemeinen aus Messungen bekannt und kann als bestimmter Prozentsatz der Sperrspannung angenommen werden. (Es ist dabei nur der Teil der Lichtbogenspannung in Rechnung zu setzen, der auf das Gebiet vor der engsten Stelle des Austrittsquerschnittes entfällt.) Der Faktor K, der ausdrückt, welcher Anteil der Lichtbogenwärme durch die Preßluft abgeführt werden muß, wird bei wachsender Lichtbogenlänge größer werden. Er mag bei einem mittleren Abstand schätzungsweise 0,75 betragen. Von

---

[1] Dabei ist nicht berücksichtigt, daß in der Kammer ein kleiner Teil der entstehenden Wärme in kinetische Energie umgesetzt wird (Abkühlung durch Expansion).

den auf der rechten Seite der Gleichung stehenden Größen sind p bzw. p_a und F wählbar. Ihr Produkt soll aus der Gleichung bestimmt werden. c_p ist annähernd bekannt, es beträgt zwischen 20 und 1000° C etwa 0,25. K_1 sei in roher Annäherung gleich 1 gesetzt, R ist durch die Wahl des Gases gegeben und beträgt bei Luft 29,3. Der Ausdruck $v_S \cdot \dfrac{T_a - T_e}{T_a}$ ist bei $T_e = 293$ durch die Austrittstemperatur gegeben. Die Schallgeschwindigkeit v_S ist nach der Beziehung $v_S = 3,38 \cdot \sqrt{R \cdot T_a}$ von der Austrittstemperatur abhängig[1]. Um einen Überblick über die Größe des Ausdruckes $v_S \cdot \dfrac{T_a - T_e}{T_a}$ in Abhängigkeit von T_a zu erhalten, ist er in Abb. 86 in einer Kurve dargestellt. Die Temperatur der ausströmenden Luft hängt von der Temperatur des Lichtbogenkanals ab. Nach den wenigen, in der Literatur enthaltenen Angaben hierüber ist diese Temperatur zu etwa 6000° C anzunehmen (vgl. Abschnitt 11, S. 36). Der Kanal muß die in ihm entstehende Wärme laufend an seine Umgebung abgeben, es muß dazu ein starkes Temperaturgefälle zwischen dem Kanal und seiner Umgebung herrschen. Außerdem kommt natürlich nicht alle ausströmende Luft mit dem Lichtbogen in Berührung, so daß die Temperatur der im engsten Austrittsquerschnitt vorhandenen Luft während der Zeit, in der annähernd der Scheitelwert des Stromes vorliegt, nur einen geringen Bruchteil der Temperatur des Lichtbogenkanals betragen wird.

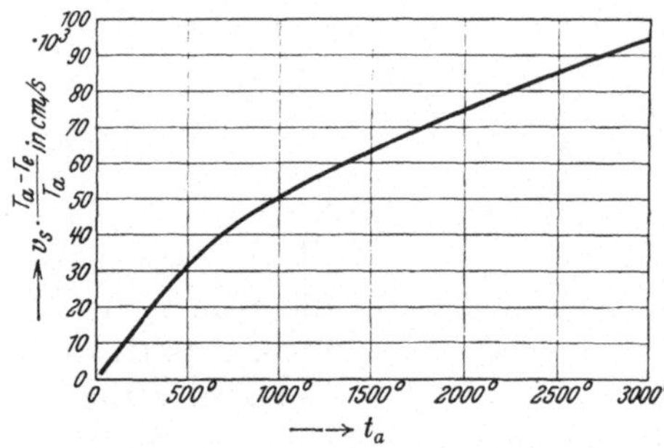

Abb. 86. Ausdruck $v_S \dfrac{T_a - T_e}{T_a}$ in Abhängigkeit von t_a.

In den unter Abschnitt 27 beschriebenen Versuchen wurde verschiedentlich derjenige Luftausströmquerschnitt bestimmt, der bei gegebener Stromstärke und gegebenem Elektrodenabstand zur zuverlässigen Lichtbogenlöschung gerade noch ausreichend war. Aus diesen Versuchen, bei denen der Druck und die Lichtbogenspannung gemessen wurden, läßt sich der temperaturabhängige Ausdruck

$$Z = c_p \cdot K_1 \cdot v_S^2 \cdot \frac{T_a - T_e}{T_a}$$

berechnen. Setzt man z. B. nach S. 123 $J = 200\,\text{A}_{\max}$, $U_L = 300$ V, $p = 3$ ata ($p_a = 1,58$ ata), $d = 10$ mm, $F = 1,57$ cm² und nimmt K zu 0,75 an, dann wird $Z = 12\,800$. Der Ausdruck $v_S \cdot \dfrac{T_a - T_e}{T_a}$ wird dann

––––––––––
[1] Siehe z. B. W. Schüle, Lit. 96 S. 162.

(bei $K_1 = 1$) gleich 51200. Nach Abb. 86 ergibt sich dafür eine Ausströmtemperatur der Luft von etwa 1000°.

Bei anderen Gasen erhalten U_L, c_p, R und v_S andere Werte. Die dadurch bedingten Unterschiede gegenüber Luft lassen sich mit der angegebenen Gleichung ermitteln.

Wenn in dieser Gleichung auch viele Faktoren nur in roher Annäherung bekannt sind, so ist sie doch für die Vorausberechnung der Lichtbogenkammer wertvoll. Es ergibt sich aus ihr, daß das Produkt $p \cdot F$ der Belastungsstromstärke und der Lichtbogenspannung proportional ist.

Bei der vorstehenden Rechnung wurde angenommen, daß das Verhältnis zwischen Kammerdruck und Druck im Außenraum größer als 1,9 ist. Es soll jedoch damit nicht gesagt werden, daß sich bei hohem Druckverhältnis besonders günstige Resultate ergeben. Bei den Versuchen mit den Lichtbogenventilen zeigte es sich, daß bis herab zu Druckunterschieden von ca. 0,03 at zwischen Kammer und Raum, in den die Luft ausströmt, noch sehr gute Löschwirkungen erzielt werden. Bei so niedrigem Druckgefälle werden die Verluste in der Kammer, sowie die zur Drucklufterzeugung erforderliche Leistung besonders klein. Auch auf diese Verhältnisse läßt sich der entwickelte Rechnungsgang ohne Schwierigkeiten anwenden.

Eine weitere wichtige Größe ist der Zündkranzdurchmesser, denn durch diesen wird bei festgelegtem Luftaustrittsquerschnitt und Elektrodenabstand die Zeitdauer der Lichtbogenwanderung zur Elektrodenmitte bestimmt. Er muß gerade so groß sein, daß der Lichtbogen kurz vor dem Nullwerden des Stromes in dem Gebiet sehr hoher Luftgeschwindigkeit ankommt. Ist er kleiner, dann werden die Lichtbogenverluste zu hoch, ist er größer, dann treten Rückzündungen auf. Eine Berechnung der Luftgeschwindigkeit an den verschiedenen Stellen in dem Gebiet zwischen den Elektroden ist, auch unter vereinfachten Annahmen, bei diesen Elektrodenformen kaum möglich. Eine solche Berechnung ist auch wegen des starken Einflusses der Lichtbogenwärme ausgeschlossen[1]. Es ist ferner noch nicht bekannt, wie sich die Geschwindigkeit des Lichtbogens und insbesondere die seiner Fußpunkte zur Geschwindigkeit der strömenden Luft verhält.

Die Geschwindigkeit der Luft vor deren Eintritt in das Lichtbogengebiet ist durch große Strömungsquerschnitte klein zu halten. Dann werden Wirbelungen in diesem Gebiet keine Störungen nach sich ziehen. Im übrigen müssen, wie bereits betont wurde, die Elektroden so geformt werden, daß eine möglichst wirbelfreie Strömung auftritt. Dazu sind gute Abrundungen notwendig.

---

[1] Der Versuch einer Berechnung des Zündkranzes in Abhängigkeit von den übrigen Größen befindet sich in der Forschungsarbeit Delor, Lit. 8.

29. Die bei Lichtbogen-Stromrichtern entstehenden Verluste.

Bei Lichtbogen-Stromrichtern entstehen Verluste durch den Lichtbogen, den Druckgasverbrauch, die Elektrodenkühlung, die magnetische Ablenkung des Lichtbogens und die künstliche Zündung. Die von den Ablenkspulen benötigte Leistung ist hier sehr gering. Sie braucht bei der Berechnung des Wirkungsgrades nicht berücksichtigt zu werden. Auch für die künstliche Zündung der Lichtbögen reicht im allgemeinen eine Leistung von einigen Kilowatt aus. Diese Leistung ist nur von der Spannungshöhe und der Zahl der Lichtbogenkammern abhängig, nicht von der Lichtbogenstromstärke. Bei Anlagen mit großer Durchgangsleistung ist deshalb auch der Bedarf der Zündanlage völlig zu vernachlässigen.

Die Leistung der Anlage für die Elektrodenkühlung ist im allgemeinen auch sehr gering. Man kann überschlägig rechnen, daß durch die Elektrodenkühlung die Wärme abzuführen ist, die im Anoden- und Kathodenfall entsteht. Rechnet man die Summe dieser beiden Abfälle z. B. gleich 25 V (s. Abschnitte 12, 13 und 15), so läßt sich sofort für jede Betriebsstromstärke die Verlustleistung angeben, die in Wärme umgesetzt wird und die durch die Kühlung abgeführt werden muß. (Wie man sieht, ist diese Leistung nicht von der Betriebsspannungshöhe, sondern nur von der Stromstärke abhängig!) Jedenfalls ist hiernach die durch die Elektrodenkühlung erforderliche Leistung bei großen Anlagen für hohe Spannung prozentual so gering, daß sie ebenfalls bei der Beurteilung des Gesamtwirkungsgrades außer acht gelassen werden kann. Bei hoher Betriebspannung macht es Schwierigkeiten, den Elektroden Kühlwasser unmittelbar aus einer Wasserleitung, etwa durch Gummi- oder Glasrohre, zuzuführen, weil dann in dem Kühlwasser ein zu großer Strom zur Erde abfließen würde. Das ist vor allem dann der Fall, wenn das vorhandene Leitungswasser eine zu große Leitfähigkeit besitzt. Man benutzt dann am besten eine Umlaufkühlung mit destilliertem Wasser oder mit einer anderen Flüssigkeit von geringem Leitvermögen.

Als für den Wirkungsgrad wichtige Faktoren verbleiben also der Druckluftbedarf und die Lichtbogenverluste. Dabei ist insbesondere nach den Ausführungen des Abschnittes 28 festzustellen, daß der Druckluftbedarf den Lichtbogenverlusten in der Kammer etwa proportional ist. Die Lichtbogenverluste können bei den bisher entwickelten Anordnungen zu ungefähr 1% der Durchgangsleistung angenommen werden; der Leistungsbedarf für die Druckluftanlage ist wesentlich geringer. Der Gesamtwirkungsgrad einer Stromrichteranordnung für sehr hohe Spannung kann zu 98 bis 99% angegeben werden.

Im Abschnitt 15 war eine eingehende Erörterung über die Mindesthöhe der prozentualen Lichtbogenverluste bei ruhenden Elektroden

angestellt worden. Dabei war unter Zugrundelegung einer Lichtbogenfeldstärke von 30 V/cm ein Lichtbogenverlust von 0,2% gefunden worden. Da die Lichtbogenfeldstärke, wie aus den weiteren Ausführungen
des Abschnittes 15 (siehe z. B. Abb. 28) hervorgeht, bei großen Stromstärken und bei Atmosphärendruck auf weniger als den zehnten Teil
dieses Betrages heruntergehen kann, sehen wir, daß der mögliche Höchstwert des Wirkungsgrades beim Lichtbogen-Stromrichter außerordentlich günstig liegt. In diesem Falle wird sich auch der prozentuale Leistungsbedarf der Druckluftanlage in entsprechender Weise erniedrigen.
Jedenfalls liegt es ohne weiteres im Bereich der Möglichkeit, bei den
Lichtbogen-Stromrichtern in atmosphärischer Luft Wirkungsgrade zu
erreichen, wie sie z. B. bei gasgefüllten Röhren (Thyratrons) vorliegen.

Wenn, wie oben angegeben, diese zur Zeit gemessenen Lichtbogenverluste in der Größenordnung von 1% der Durchgangsleistung liegen,
so ist der Hauptgrund hierfür in den Strömungsverhältnissen der Luft
zu suchen. Die Lichtbogenfußpunkte bleiben bei der Wanderung gegenüber dem Kanal zurück und es tritt eine nachteilige Verlängerung des
Lichtbogens ein. Die Luft strömt dadurch schon bald nach der Lichtbogenentstehung zum Teil parallel zur Lichtbogenachse und entzieht ihm
dadurch Wärme. Diese Wärme muß laufend ersetzt werden. Die oben
wiederholt als besonders wichtig betonte Förderung: „Der Lichtbogen
darf während des eigentlichen Stromdurchganges nur sehr wenig verlängert werden; die Lichtbogenlöschung soll erst unmittelbar vor dem
Nullwerden des Stromes einsetzen", ist also mit den bisherigen Anordnungen noch nicht voll erreicht. Die Messung der Lichtbogenspannung
oder der in der Lichtbogenkammer auftretenden Verluste ist wegen der
Kleinheit dieser Werte, wegen der in der Sperrzeit auftretenden hohen
Spannungen und schließlich wegen der hohen Zündspannungen recht
schwierig. Es konnte bei diesen Messungen noch kein abschließendes
Bild über die zahlreichen vorliegenden Einflüsse (Elektrodenabstand,
Zündkranzdurchmesser, Durchmesser der Luftausströmöffnung, Gestalt
der Lichtbogenlauffläche, Stromstärke, Luftdruck, Elektrodenkühlung,
Elektrodenmaterial, magnetische Lichtbogenablenkung usw.) gewonnen
werden. Es sollen deshalb auch hier nur einige charakteristische Meßergebnisse angeführt werden[1]. Das klarste Bild über die Verhältnisse
ist aus Oszillogrammen der an der Lichtbogenkammer liegenden Spannung zu gewinnen. Die Betriebspannung war bei diesen Versuchen,
wie bei den meisten des Abschnittes 27, 6000 V_{eff} (Schaltung nach
Abb. 69). Als Spannungsquelle dienten zwei Phasen eines Drehstromsystems, dementsprechend durfte in der Anlage kein Punkt geerdet

---

[1] Diese Untersuchungen wurden, ebenso wie die grundsätzlichen Messungen
über die Lichtbogenspannung (Abschnitt 15) durch Herrn Walter Schneider
durchgeführt. Lit. 94.

werden. Das Oszillographieren war trotzdem mit isolierten Meßschleifen ausführbar. Die hochfrequenten Zündschwingungen wurden durch einen zur Meßschleife parallel gelegten Kondensator und einen gegen Erde geschalteten Kondensator unschädlich gemacht. Diese Schutzkondensatoren waren also so bemessen, daß die niederfrequenten Vorgänge trotzdem getreu wiedergegeben wurden.

Die Abb. 87 bis 91 zeigen solche Oszillogramme. Die Daten bei den Aufnahmen waren die folgenden:

Abbildung Nr.	Elektrodenabstand cm	Zündkranzdurchmesser cm	Durchmesser d. Luftausströmöffnungen cm	Stromstärke A_{max}	Druck in der Kammer atü	Magnetische Lichtbogenablenkung u. Kühlung	Verlauf der Lichtbogenspannung
87	2,5	4,0	0,8	188	1,0	nein	günstig
88	2,5	5,0	1,0	188	0,5	ja	günstig
89	2,5	4,0	1,2	163	1,0	nein	zu hoch
90	2,8	5,0	1,0	46	1,2	ja	{zu starker Anstieg
91	2,5	4,5	1,5	83	1,2 *	nein	günstig

In Abb. 87 ist ein Oszillogramm wiedergegeben, das einen äußerst günstigen zeitlichen Verlauf der Lichtbogenspannung aufweist. Der Lichtbogen wird in richtiger Weise auf dem Zündkranz gezündet und läuft, ohne wesentlich gelängt zu werden, bis zur Luftaustrittsöffnung. Da die Luftmenge gegenüber den folgenden Oszillogrammen bedeutend kleiner ist (d nur 0,8 cm), ist die künstliche Wärmeentziehung durch den Luftstrom geringer. Auch deswegen hält sich die Lichtbogenspannung auf einem sehr kleinen Wert.

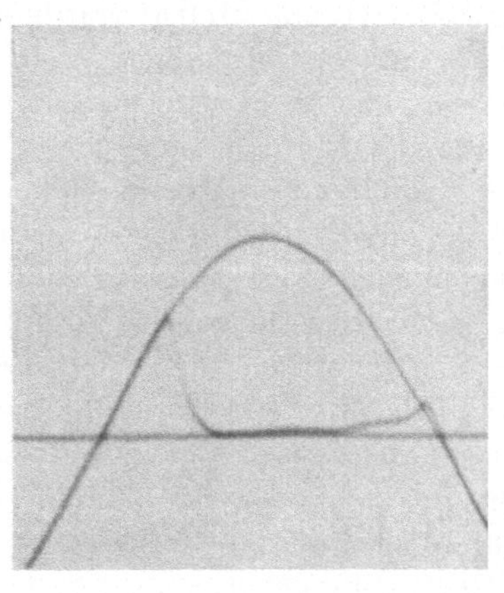
Abb. 87.

Auch die Abb. 88 zeigt einen günstigen Verlauf der Lichtbogenspannung. Die in der Tabelle angeführten Größen sind richtig aufeinander abgestimmt, so daß die Verluste nicht zu hoch werden.

Bei Abb. 89 ist offenbar die Zündung des Lichtbogens nahe bei der Mittelachse der Anordnung erfolgt (s. S. 119). Die Lichtbogenspannung kommt deshalb gar nicht auf einen niedrigen Wert.

---

* Die Preßluft strömte bei diesem Versuch aus der Lichtbogenkammer nicht unmittelbar ins Freie, sondern in eine Gegendruckkammer.

Bei Abb. 90 sind Luftdruck und der Austrittsdurchmesser für die kleinere Stromstärke zu groß. Hier nimmt die Lichtbogenspannung

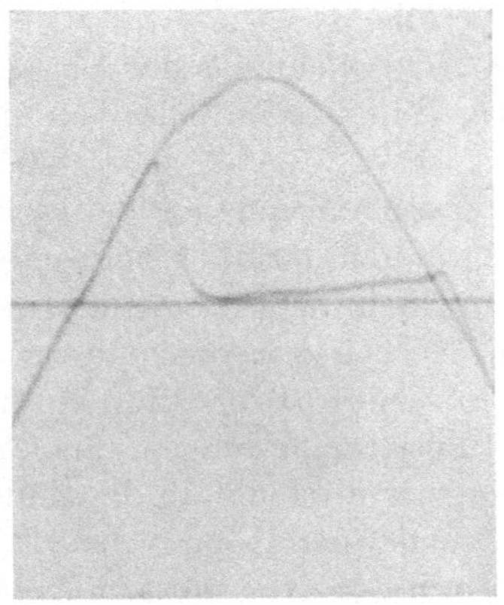

Abb. 88.

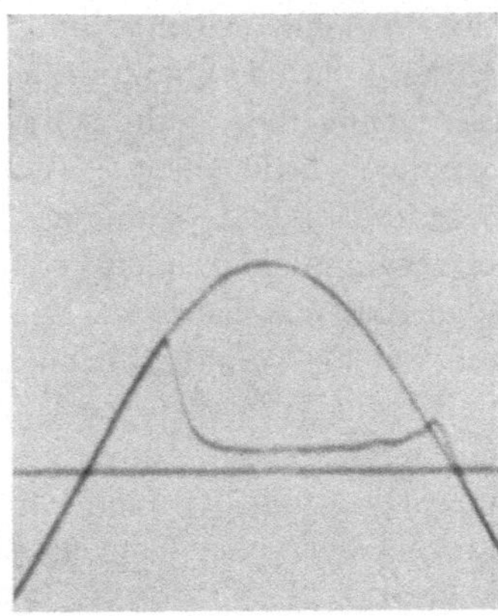

Abb. 89.

zunächst einen kleinen Wert an, sie steigt aber bald stark an, so daß ihr Mittelwert unnötig hoch wird.

Abb. 90.

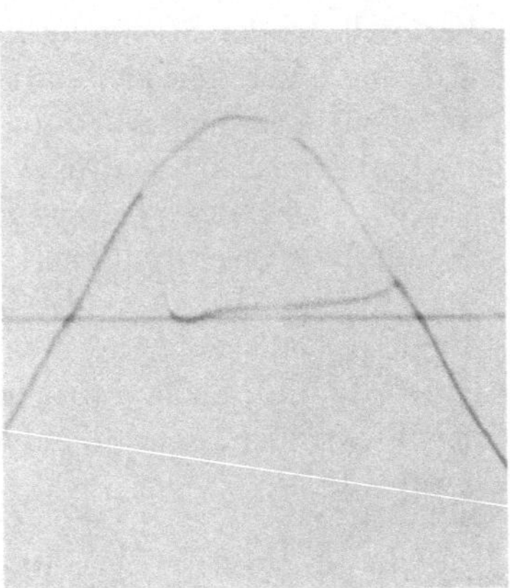

Abb. 91.

Abb. 87 bis 91. Oszillographische Aufnahmen der Lichtbogenspannung an der Kammer. Die bei den Aufnahmen vorliegenden Verhältnisse sind aus der nebenstehenden Zahlentafel zu ersehen.

In Abb. 91 ist der Verlauf der Lichtbogenspannung bei Anwendung von Gegendruck gezeigt. Das ist, wie schon früher gesagt wurde, bei hohem Druck in der Kammer ratsam, um das Druckgefälle zu verringern. Der Gegendruck wurde durch Probieren so auf den Kammer-

druck abgestimmt, daß der Lichtbogen gerade zur richtigen Zeit in die
Elektrodenmitte kam, so daß einerseits die Lichtbogenspannung, wie
das Oszillogramm zeigt, einen günstigenVerlauf besitzt, und daß andererseits die Lichtbogenlöschung einwandfrei erfolgt[1].

Diese fünf Oszillogramme mögen zur Kennzeichnung der Verhältnisse genügen. Auf die sehr interessanten Vorgänge im einzelnen einzugehen, würde hier zu weit führen.

Diese in den Abschnitten 27 und 29 kurz beschriebenen mit der Lichtbogenkammer durchgeführten Versuche enthalten natürlich bei weitem
nicht alles Wissenswerte. Es soll deshalb in Stichworten angeführt werden, welche Aufgaben noch systematisch bearbeitet werden müssen:

Bestimmung der günstigsten Elektrodenform (Zündkranz-
Durchmesser und Durchmesser der Luftausströmöffnungen, Schräge
und Gestaltung der Lichtbogenlaufflächen, Form außerhalb des Zündkranzes) bei verschiedenen Stromstärken und Sperrspannungen.

Feststellung, ob verschiedene Formgebung beider Elektroden günstig ist (Vorteile bei Zündung, Sperrspannung, Wanderung, Abbrand zu erwarten).

Ermittlung des geeignetsten Elektrodenmaterials (Wanderung, Abbrand, Anoden- und Kathodenfall).

Bestimmung der wirtschaftlichsten Druck- und Strömungsverhältnisse (Druck in der Lichtbogenkammer, Gegendruck,
Feststellung der Strömungslinien, des Druck- und Temperaturverlaufes
während einer Periode, sowie der günstigsten Kammergrößen) bei verschiedenen Stromstärken und Sperrspannungen.

Untersuchung der Verhältnisse bei anderen Gasen als
Luft (Lichtbogenspannung, Durchschlagfestigkeit, Löschfähigkeit,
Wanderungsgeschwindigkeit des Lichtbogens).

Untersuchungen darüber, ob Verbesserungen erzielt werden
durch periodische Drucksteuerungen (periodische Änderung von Lufteintritts- und Luftausströmöffnungen), periodische Abstandsänderung
der Elektroden, schraubenförmige Luftbewegung um den Lichtbogen
herum usw.

---

[1] In den Oszillogrammen ist die Spannung an der Lichtbogenkammer einmal
ohne Lichtbogen (bei ausgeschalteter Zündung) und einmal mit Zündung geschrieben. Ohne Zündung erhält man den normalen sinusförmigen Verlauf der Netzspannung (6 kV$_{eff}$). Durch Vergleich mit dem Scheitelwert dieser Spannung lassen
sich die Augenblickswerte der Lichtbogenspannung ermitteln. Wenn aus diesen
die prozentualen Verluste bestimmt werden sollen, so sind diese Spannungsbeträge
in das Verhältnis zur Sperrspannung zu setzen, die natürlich weit höher liegt
als $6000 \cdot \sqrt{2}$ (vgl. die Abbildungen des Abschnittes 27).

Bei den Aufnahmen mit großer Stromstärke fällt die Löschspitze der Lichtbogenspannung infolge der Induktivität des Stromkreises über die normale Spannungskurve hinaus.

Untersuchung über die zweckmäßigste Unterbrechung von Kurzschlußströmen mit Lichtbogenstromrichtern.

Viele Untersuchungen grundsätzlicher Art sind ferner noch über Lichtbögen zwischen Metallelektroden notwendig. Bei den Lichtbogen-Stromrichtern wird der Lichtbogen zum ersten Male zur elektrischen Arbeitsleistung im großen Umfange herangezogen; dadurch wird das Interesse an diesen Vorgängen sehr wachsen, so daß bald weitere grundsätzliche Arbeiten, die weitere Aufklärung über das physikalische Verhalten des Lichtbogens bringen, zu erhoffen sind. Die umfangreiche Aufzählung der noch durchzuführenden Untersuchungen, die keineswegs einen Anspruch auf Vollständigkeit macht, soll zeigen, wie viele interessante Probleme bei Lichtbogen-Stromrichtern zur Zeit noch bestehen und soll zu einer Mitarbeit an anderen Stellen anreizen. Es liegt andererseits bei dem zur Zeit erreichten Stand kein Grund vor, mit praktischen Ausführungen zu warten, bis noch weitere Fragen geklärt sind. Die Lichtbogenkammer ist schon jetzt zur praktischen Verwendung reif und gerade die Betriebserfahrungen mit ihr werden zeigen, welche der angeführten Aufgaben die dringlichsten sind. Viele dieser Aufgaben, wie beispielsweise die Abbranduntersuchungen, werden am besten erst während des praktischen Betriebes durchgeführt.

30. Die Lichtbogenumformung von Mehrphasenstrom in Gleichstrom.

Über die Gleichrichtung von Mehrphasenstrom mit Ventilen, insbesondere mit Quecksilberdampf-Gleichrichtern, ist schon sehr viel veröffentlicht worden[1]. Hier soll deshalb lediglich auf die besonderen Verhältnisse bei der Verwendung von Lichtbogenventilen zur Mehrphasengleichrichtung eingegangen werden.

Die Mehrphasengleichrichtung mit Lichtbogenventilen wurde in Braunschweig bereits zu Beginn des Jahres 1931 in Angriff genommen, also etwa ein halbes Jahr bevor die in den Abschnitten 26 bis 29 beschriebene Form der Lichtbogenkammer gefunden war. Diese gleichzeitige Inangriffnahme der Mehrphasenuntersuchungen bezweckte die Klärung der Bedingungen, unter denen die Lichtbogenkammern in diesem Betrieb arbeiten müssen, insbesondere die Feststellung, ob schon mit verhältnismäßig einfachen Funkenstrecken ein Mehrphasenbetrieb durchführbar sei. Der Erfolg dieser Untersuchungen rechtfertigte später dieses Vorgehen. Es ergaben sich dabei eine Reihe wichtiger Feststellungen, die anschließend wenigstens in großen Zügen geschildert werden sollen[2].

---

[1] Siehe z. B.: Güntherschulze, Lit. 25. Kurt E. Müller-Lübeck, Lit. 60.

[2] Die Untersuchungen wurden durchgeführt durch die Herren Kurt Delor, Walter Stieghan, Walter Böhlau. Die nachfolgenden Ausführungen sowie die Meßergebnisse sind hauptsächlich der Dissertation Böhlau entnommen. Lit. 2.

Zu den Untersuchungen stand ein Sechsphasentransformator von 100 kVA, 380/6 × 50000 V zur Verfügung[1]. Dieser Transformator war über einen Stufentransformator von 100 kVA und über einen weiteren Transformator derselben Leistung an das 6-kV-Kabelnetz des Elektrizitätswerkes Braunschweig angeschlossen. Der Sechsphasentransformator war vielfach umschaltbar, so daß auch bei dreiphasigem Betrieb die volle Leistung zu entnehmen war. Die Gesamtanordnung besaß bei Dreiphasenschaltung eine Kurzschlußspannung von etwa 17%.

Dem damaligen Stand der Entwicklung entsprechend wurden zur Mehrphasengleichrichtung Ventile benutzt, die in ihrem grundsätzlichen Aufbau der Abb. 66 entsprachen. Der Elektrodenabstand blieb nach Abschluß der Vorversuche unverändert gleich 32 mm. Der zur Luftführung an der Spitzenelektrode vorgesehene Hartpapierkörper reichte nicht bis zur Spitze selbst vor, um Verbrennungen dieses Hartpapierrohres zu verhüten. Trotzdem war die Löschfähigkeit der Kammer völlig ausreichend. Mit Strömen bis zu etwa 3 A_{max} konnte ununterbrochen etwa 15 Minuten gearbeitet werden. Nach einer solchen Arbeitszeit mußte der Betrieb einige Minuten unterbrochen werden, damit sich die Lichtbogenkammern abkühlen konnten. Da die Kammern zufriedenstellend arbeiteten, wurde auch später ein Umbau auf günstigere Elektrodenformen mit Kühlung, die für einen Dauerbetrieb geeignet gewesen wären, aus Gründen der Kostenersparnis nicht durchgeführt. Bei der Beurteilung der Ergebnisse muß allerdings berücksichtigt werden, daß diese Lichtbogenkammern die folgenden nicht unerheblichen Nachteile gegenüber den neuen Elektrodenformen besitzen:

1. Durch die starke Unhomogenität des elektrischen Feldes zwischen den Elektroden wird ein verhältnismäßig großer Elektrodenabstand zur Erzielung der erforderlichen Sperrspannung nötig. Dadurch ergibt sich eine prozentual sehr hohe Lichtbogenspannung und eine hohe Zündspitze.

2. Der Fußpunkt der Zündungsdurchschläge liegt auf der Plattenelektrode in der Nähe der Luftausströmöffnung, also im Gebiete hoher Luftgeschwindigkeit. Dadurch ist ebenfalls eine große Zündspitze bedingt und es ist eine große Energie der Zündanlage nötig, um trotzdem den Betriebstrom einzuleiten.

3. Die Zündungsfußpunkte streuen stark auf der Plattenelektrode, wie sich bei Betrachtung der Platte nach dem Betriebe zeigte. Dadurch ergeben sich für die Wanderung des Lichtbogens nach der Ausströmöffnung hin ganz verschiedene Zeiten, die Schwankungen in der Lichtbogenspannung zur Folge haben.

---

[1] Der Transformator wurde freundlicherweise von der Landelektrizität G. m. b. H., Halle a. d. S., geschenkweise überlassen.

Es ist erstaunlich, daß trotz dieser Nachteile mit den primitiven Lichtbogenventilen einwandfreie Ergebnisse erzielt wurden.

Zunächst soll, in Ergänzung der Ausführungen des Abschnittes 23, einiges über die periodische Zündung der Lichtbögen im Mehrphasenbetrieb gesagt werden. Grundsätzlich kann diese Zündung durch Spannungstöße oder durch hochfrequente Schwingungen vorgenommen werden, wie das im Abschnitt 23 beschrieben wurde. Im Mehrphasenbetrieb wurde bisher ausschließlich mit hochfrequenten Schwingungen gezündet. Die Schaltung für die Drehstromgleichrichtung, nach der in der Hauptsache gearbeitet wurde, zeigt Abb. 92. An den Drehstrom-Haupttransformator Tr sind drei Lichtbogenkammern LK angeschlossen, in denen periodisch Lichtbögen durch die drei Tesla-Transformatoren Te gezündet werden. (Die Tesla-Transformatoren können

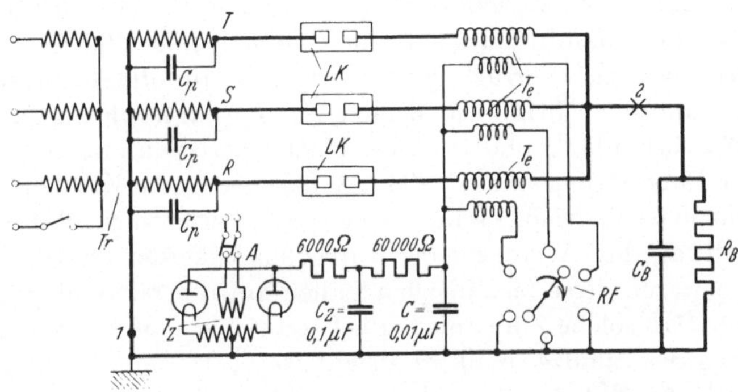

Abb. 92. Schaltung für die Drehstromgleichrichtung mit Lichtbogenkammern.

entweder auf der Gleichspannungseite oder auf der Transformatorseite der Lichtbogenkammern eingebaut werden.) Für die primären Schwingungskreise dieser Tesla-Transformatoren konnte nach einem Vorschlag von Böhlau der gleiche Kondensator C benutzt werden. Die rotierende Zündfunkenstrecke RF erhält dann sechs nicht rotierende Kontakte, die gemeinsam verstellt werden können, um den Zündzeitpunkt zu ändern. Die Aufladung von C erfolgt, wie das bereits in den Abb. 53 und 56 gezeigt wurde, durch Gleichspannung. Dadurch ist die Spannungshöhe an C bei der Zündung von der Einstellung der rotierenden Funkenstrecke unabhängig. Für die Speisung der Zündeinrichtung ist ein besonderer Transformator T_Z vorgesehen, damit die Zündspannung unabhängig von der Betriebspannung verändert werden kann. Bei Mehrphasenbetrieb ist eine regelmäßige Zündung bei nicht zu großer Zündspitze ganz besonders wichtig. Bei großer Zündspitze muß nämlich, um ein gelegentliches Aussetzen einzelner Lichtbogenkammern zu vermeiden, verhältnismäßig spät gezündet werden, und dadurch wird die Kurvenform des Gleichstromes sehr verschlechtert. Die Kapazität C mußte deshalb recht groß gemacht werden. Es wurde meist mit $C = 10000 \cdot 10^{-12}$ F gearbeitet. Außerdem durfte der Luftdruck in der Kammer nicht zu hoch gemacht werden, da sonst ebenfalls die Zündspitze zu groß wurde. Bei Vorversuchen im Einphasenbetrieb wurde z. B. festgestellt, daß bei $C = 10000 \cdot 10^{-12}$ F und bei einem Luftdruck von 50 cm Wassersäule im Raum 1 der Lichtbogenkammer, Abb. 66, eine regelmäßige Zündung erst 17^0 nach dem Nulldurchgang der Spannung zu erreichen war, wenn die Betriebspannung $u_{\max} = 13$ kV betrug. Die Zündspitze war also noch sehr hoch. Als Grund hierfür kommt neben der bereits früher erwähnten ungünstigen Bauart der Kammer die Tatsache in Betracht, daß der Betriebstrom sehr klein war. Bei kleiner Betriebstromstärke ist die regelmäßige Einleitung von Lichtbögen weit schwieriger als bei großen Stromstärken (siehe auch Abb. 62)[1]. Die Kapazität C muß in einer Periode sechsmal aufgeladen werden, damit jedesmal zur Zündung einer Phase wieder die volle Spannung zur Verfügung steht. Das ist für die Bemessung des Vorwiderstandes wichtig. Die beiden an T_Z angeschlossenen Ventile haben Wasserkühlung und sind bei einer Sperrspannung von 125 kV für einen Dauerstrom von ca. 200 mA bemessen. Die Zündanlagen für den Mehrphasenbetrieb stellen einen sehr wichtigen Teil der Gesamtschaltung dar. Wenn zuerst Unregelmäßigkeiten im Betrieb auftraten, so waren diese fast in allen Fällen auf die Zündanlage zurückzuführen[2]. Daß solche Zündanlagen betriebssicher und mit sehr genauer Einhaltung des Zündzeitpunktes gebaut werden können, wird andererseits durch die Motorenzündanlagen bewiesen, die zwar für viel niedrigere Spannung bemessen sind, aber oft, z. B. bei Automobilmotoren, unter sehr viel schwierigeren Betriebsbedingungen arbeiten.

Ein Vergleich der Arbeitsweise der Quecksilberdampf-Gleichrichter mit der der Lichtbogenkammern im Mehrphasenbetrieb ergibt folgendes: Mehrphasige Quecksilberdampf-Gleichrichter besitzen mehrere Anoden und nur eine Kathode; die positive Stromrichtung liegt von der Anode zur Kathode hin fest. Beides ist bei den Lichtbogenkammern nicht der Fall. Bei der Verwendung einanodiger Ventile, wie sie die Lichtbogenkammern darstellen, ist völlige Freiheit

---

[1] Die hohe Zündspitze ist einer der Hauptpunkte, in denen sich die hier durchgeführten Untersuchungen vom Großbetrieb in der Praxis unterschieden. Die Verhältnisse liegen in der Praxis wesentlich günstiger.

[2] Es ist einerseits notwendig, die zur Zündung vorhandene Energie groß zu machen. Andererseits besteht die Gefahr, daß bei zu kleinen Vorwiderständen an der rotierenden Funkenstrecke Lichtbögen oder „Schleppfunken" entstehen; das ist für die Zündung sehr ungünstig. Bei Anlagen für sehr hohe Spannung muß deshalb auch auf möglichst rasche Löschung der Funken an der rotierenden Funkenstrecke Wert gelegt werden. Es kann das beispielsweise dadurch begünstigt werden, daß der rotierenden Funkenstrecke eine Löschfunkenstrecke vorgeschaltet wird.

in der Schaltung vorhanden. Ferner kann die Stromrichtung und Energierichtung während des Betriebes durch Verstellen der Zündung beliebig geändert werden. Die Lichtbogenkammern erfordern, wie die Quecksilberdampf-Gleichrichter ohne Dauererregung, eine gewisse Mindestbelastung, weil sich die Lichtbögen nur bei gewisser Stromstärke zünden und aufrecht erhalten lassen. Die Mindeststromstärke beträgt bei den auch in dieser Hinsicht ungünstigen Elektroden nach Abb. 66 etwa 0,35 A. Fällt während des Betriebes die Belastung unter diese Stromstärke ab, dann wird der Betrieb unregelmäßig. Die Regelmäßigkeit wird jedoch selbsttätig sofort wieder erreicht, wenn die Stromstärke wieder wächst.

Eine große Rolle spielt ferner bei Mehrphasenbetrieb die „Phasenablösung", d. h. der Übergang des Stromes von einer Phase auf die nächste. Es ist zwar an sich möglich, den Gleichrichterbetrieb und, wie wir später sehen werden, auch den Wechselrichterbetrieb so durchzuführen, daß der Strom in einer Phase bereits Null geworden ist, ehe der Strom in der nächsten Phase einsetzt. Das ist jedoch bezüglich der Ausnützung der Transformatoren sowie bezüglich der Kurvenformen auf der Gleich- und Wechselstromseite ungünstig. Die unmittelbare Phasenablösung veranschaulicht Abb. 93. Die Spannungsabfälle im Transformator sind dabei vernachlässigt und es ist reine

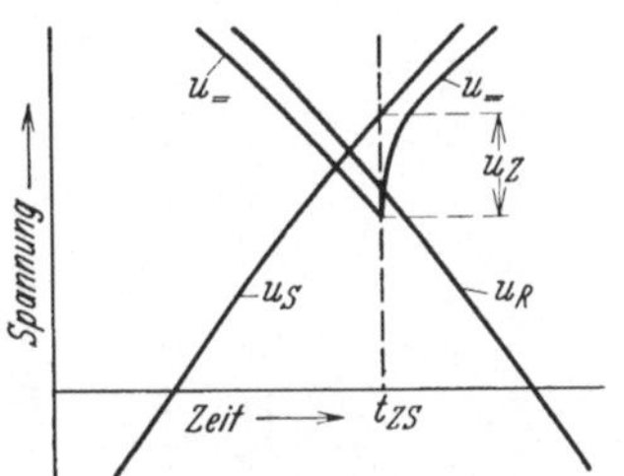

Abb. 93. Spannungsverlauf bei der Phasenablösung. (Drehstromgleichrichtung.)

Wirklast auf der Gleichstromseite angenommen. Die Zündung des Lichtbogens in einer Phase, beispielsweise der Phase S, muß kurz nach dem Zeitpunkt erfolgen, in dem die Augenblickswerte der Phasenspannungen u_S und u_R gleich groß waren. u_S ist dann im Zündzeitpunkt t_{ZS} größer als u_R. Der Augenblickswert der Gleichspannung $u_=$ ist stets um den Betrag der Lichtbogenspannung kleiner als die gerade arbeitende Phasenspannung. Durch die Zündung der Phase S wird also, wie das in Abb. 93 zu sehen ist, die Gleichspannung höher werden müssen als u_R, so daß sich die Stromrichtung in der Phase R umkehrt und der Lichtbogen verlischt. (Man kann auch sagen: Durch die Zündung der Phase S entsteht zwischen den Phasen R und S des Transformators über die beiden Lichtbogenkammern ein Kurzschluß. Der Kurzschlußstrom sucht die Stromrichtung in der Phase R umzukehren.) Die Zündung der Phase S darf frühestens dann erfolgen, wenn der in Abb. 93 eingezeichnete Spannungsbetrag u_Z gleich der Zündspitze der Lichtbogenkammer ist. Bei der Gleichrichtung ist es sehr einfach, diesen Zeitpunkt zu bestimmen. Man stellt die Zündung allmählich immer früher, bis der Lichtbogen gelegentlich in einer Phase aussetzt (Beobachtung mit dem Oszillographen). Ein solches Aussetzen ist bei der Gleichrichtung ganz ungefährlich, da der Lichtbogen dann, wenn in einer Phase keine Zündung erfolgt, in der vorhergehenden Phase spätestens beim Nulldurchgang der Spannung verlischt. Sowohl das Anwachsen des Stromes in der neugezündeten Phase S wie das Absinken des Stromes in der abzulösenden Phase R geht wegen der vorhandenen Induktivitäten allmählich vor sich. Eine Zeitlang arbeiten also beide Phasen gemeinsam. Der in das Gleichstromnetz gelieferte Strom behält inzwischen annähernd seine Größe bei. Wenn der Augenblickswert des Stromes in der Lichtbogenkammer der Phase R allmählich gleich dem „Minimalstrom" geworden ist, (wenn, mit anderen Worten, die mit kleiner werdendem Strom wachsende Lichtbogenspannung größer werden will als die Betriebspannungsdifferenz der Kammer), verlischt der Lichtbogen in dieser Kammer und die Kammer der Phase S arbeitet allein.

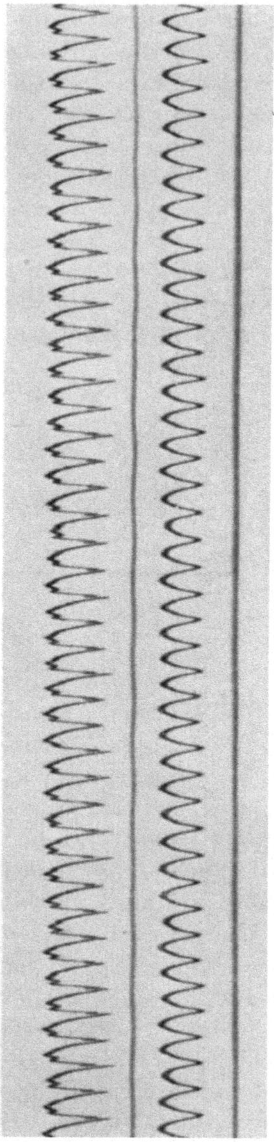

Die Abb. 94 zeigt ein Oszillogramm, das mit der Schaltung Abb. 92 gewonnen wurde. Die obere Kurve stellt den Stromverlauf am Punkt 1, die untere Kurve die Spannung zwischen Punkt 2 und Erde dar. Der Scheitelwert der Spannung beträgt 27 kV, der Scheitelwert des Stromes etwa 0,4 A. Man sieht an dem Bild, daß eine einwandfreie „Phasenablösung" erfolgt ist, denn die Strom- und Spannungswerte gehen nicht auf Null. Die verhältnismäßig geringfügigen Unregelmäßigkeiten in den Strom- und Spannungskurven ergeben sich durch die erwähnten Unzulänglichkeiten der Lichtbogenkammern.

Es wurde bereits gesagt, daß die Zündung bei der mehrphasigen Gleichrichtung im allgemeinen so früh wie möglich vorgenommen werden soll. Bei später Zündung werden die Kurvenformen und die Wirkungsgrade ungünstiger. Der Zeitpunkt, in dem eine regelmäßige Zündung gerade

Abb. 94. Strom- (oben) und Spannungs- (unten) Verlauf bei der Drehstromgleichrichtung.

noch erreicht werden kann, hängt, wie aus dem Vorstehenden leicht zu ersehen ist, außer von der Zündanlage von der Art und der Höhe der Belastung ab[1].

Von Wichtigkeit für die Löschung der Lichtbögen in den Kammern ist der zeitliche Verlauf der zwischen den Elektroden wiederkehrenden Spannung. In der bereits erwähnten Arbeit von Böhlau ist eine eingehende Berechnung dieses Verlaufes der wiederkehrenden Spannung durchgeführt. Es ergibt sich, daß die Wiederkehr der Spannung um so rascher erfolgt, je größer die Streuinduktivität des Betriebstransformators, die Belastung, die Lichtbogenspannung und der Minimalstrom sind. Es entsteht bei der Unterbrechung des Stromes in einer Phase infolge der zu dieser Phase des Betriebstransformators parallel geschalteten Kapazität eine Schwingung. Die Frequenz dieser Schwingung ist der Quadratwurzel aus dem Produkt von Streuinduktivität des Transformators und von Kapazität des Schwingungskreises umgekehrt proportional. Die Sperrspannung an den Kammern kehrt um so rascher wieder, je größer diese Frequenz ist. Man könnte demnach durch Vergrößerung der Parallelkapazitäten zu den Transformatorphasen ein langsames Wiederkehren der Sperrspannung erzwingen. Es ist aber bei den Lichtbogenkammern die nach Verlöschen des Lichtbogens vorhandene Durchschlagspannung schon kurze Zeit nach dem Nullwerden des Stromes sehr hoch (vgl. Abschnitt 27, Abb. 84), sodaß im Betriebe Rückzündungen infolge zu rascher Wiederkehr der Sperrspannung nicht zu befürchten sind.

Die nächsten Bilder zeigen nun noch den zeitlichen Verlauf von Spannungen und Strömen bei verschiedenen mehrphasigen Gleichrichterschaltungen. In den Schaltbildern, in denen der Deutlichkeit halber die Zündeinrichtungen nicht mit dargestellt sind, ist jeweils mit einem Kreuz eine Stelle angedeutet, an der die Spannung gegen Erde, und mit einem Kreis eine Stelle, an der der Strom oszillographiert wurde. Da das Oszillographieren mit den vorhandenen Einrichtungen nur mit einpolig geerdeten Oszillographenschleifen möglich war, konnte der Stromverlauf lediglich an geerdeten Punkten aufgenommen werden. Die Schaltungen ließen sich jedoch so durchführen, daß trotzdem der erforderliche Überblick gewonnen wurde. Die Hochspannungskurven sind unter Verwendung der auf S. 94 bereits beschriebenen Jungesblut-Widerstände aufgenommen worden. Das Oszillogramm der Abb. 95 zeigt in der Kurve *1a*

---

[1] Nach einem Vorschlag von Böhlau kann im praktischen Betriebe eine automatische Einstellung des Zündzeitpunktes vorgesehen werden. Eine solche Reguliereinrichtung müßte so arbeiten, daß die Zündung stets gerade bei der Größe und Richtung der Spannungsdifferenz an einer Lichtbogenkammer eintritt, bei der die Einleitung des Arbeitsstromes noch mit Sicherheit gewährleistet ist.

den Verlauf der Spannung einer Transformatorphase[1] bei Leerlauf
des Gleichrichters. Diese Aufnahme wurde einfach dadurch gewonnen,
daß die periodische Hochfrequenzzündung ausgeschaltet blieb. Die
Kurve *1b* zeigt den Spannungsverlauf am gleichen Punkt während
des normalen Betriebes; die Kurve *2* stellt den Spannungsverlauf auf
der Gleichspannungsseite dar. Die Differenz zwischen *1b* und *2*, die
aus dem Oszillogramm leicht zu entnehmen ist, ergibt den Spannungsverlauf zwischen den Elektroden einer Lichtbogenkammer. Während
des Stromdurchganges durch diese Kammer gleicht die Spannungsdifferenz der Lichtbogenspannung, während der Stromunterbrechung der
Sperrspannung. Der Sperrspannungsverlauf zeigt in der Kurve *1b*
die bereits erwähnte
Schwingung, die der
Kurve *1a* überlagert
ist. Diese Schwingung
erhöht hier die An-
stiegsgeschwindigkeit
der wiederkehrenden
Spannung nicht we-
sentlich. Die Strom-
kurve *3* zeigt den
Gleichstrom, der, wie
das bei der Drehstrom-
gleichrichtung mit ge-
erdetem Transforma-
tornullpunkt zu erwar-
ten ist, große Schwan-
kungen enthält. Bei

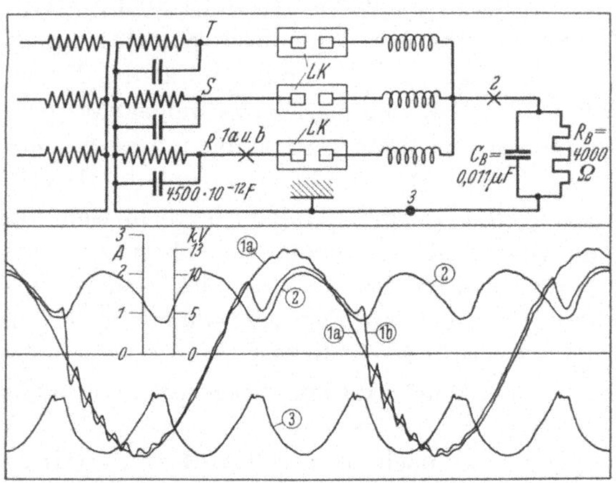

Abb. 95. Schaltbild und Oszillogramm einer Drehstromgleichrichtung bei geerdetem Transformator-Nullpunkt. Zündzeitpunkt:
43° nach dem Nulldurchgang der betr. Phasenspannung.

günstigstem Zündzeitpunkt würden diese Schwankungen etwa 50%
des Stromscheitelwertes betragen. Hier sind diese Schwankungen deshalb noch größer, weil die Zündung ziemlich spät vorgenommen wurde.
Aus dieser Kurve *3* ist auch die Zeit zu ersehen, während der zwei
Lichtbogenkammern gemeinsam arbeiten, in der also die Phasenablösung erfolgt.

In Abb. 96 ist die Schaltung insofern geändert, als die Erdung an eine
andere Stelle verlegt wurde. Der Strom- und Spannungsverlauf zwischen
den einzelnen Punkten der Schaltung wird dadurch nur unerheblich
geändert. Es ist jedoch nun möglich, zwei benachbarte Phasenströme
aufzunehmen und daraus die Phasenablösung genau zu verfolgen. Das
Oszillogramm läßt erkennen, daß der Strom *4*, also der abzulösende
Strom, etwas steiler in seinen Nullwert hineinläuft, als er es im Ein-

---

[1] Die oszillographierten Kurven sind mit Ausnahme der des Oszillogrammes
in Abb. 97 der Deutlichkeit halber nachgezeichnet worden.

phasenbetrieb tun würde. Der Strom *3* setzt dagegen mit kleinerer Anstiegsgeschwindigkeit ein. Kurve *5* stellt den Gesamtstrom auf der Gleichspannungseite, also die Summe von 3 und 4, dar. Diese Strom-

kurve *5* ist lediglich der Deutlichkeit halber auf die andere Seite der Nullinie geschrieben. Die Kurve *1a* ist wieder bei Leerlauf der Gleichrichteranlage aufgenommen. Die Kurve *1b* zeigt unmittelbar den Spannungsverlauf an einer der Kammern. Diese Spannung ist während der Durchlaßzeit sehr klein, sie steigt dagegen in der Sperrzeit etwa bis zum doppelten Betrag des Gleichspannungs-Höchstwertes an. (Die Schwingungen im Verlauf der Sperrspannung haben hier wegen der kleineren Parallel-

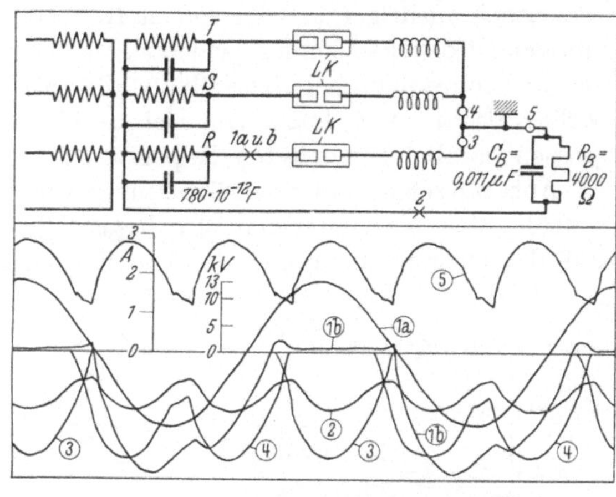

Abb. 96. Schaltbild und Oszillogramm einer Drehstromgleichrichtung. Einzelaufnahme der Ströme. Zündzeitpunkt: 35° nach dem Nulldurchgang der betr. Phasenspannung.

kapazitäten zu den Transformatorwicklungen eine so hohe Frequenz, daß sie der Oszillograph nicht mit aufgezeichnet hat.) Kurve *2* zeigt den Verlauf der Gleichspannung.

Abb. 97 zeigt eine sechsphasige Schaltung, bei der die Welligkeit der Spannungen und Ströme wesentlich geringer ist. Die Amplitude der dem arithmetischen Mittelwert

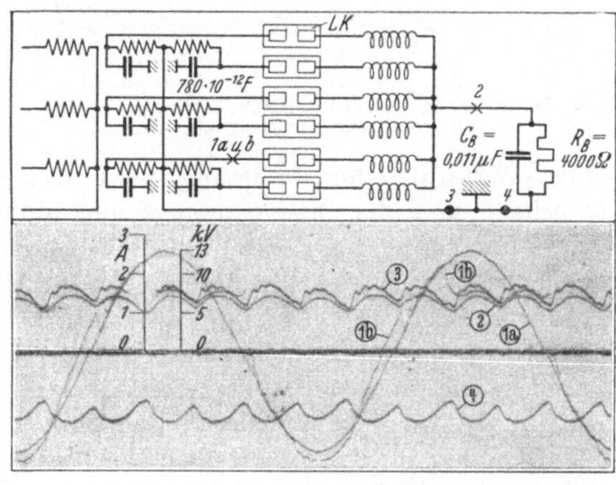

Abb. 97. Schaltbild und Oszillogramm einer sechsphasigen Gleichrichterschaltung. Zündzeitpunkt: 60°.

überlagerten Schwingung beträgt in der Spannungskurve etwa 15% des Mittelwertes. Wie das Oszillogramm zeigt (Kurve *1b*), arbeitet jede Funkenstrecke trotz der Sechsphasenschaltung etwa während des dritten Teiles einer Periode. Es arbeiten demnach jeweils zwei Funken-

10*

strecken gemeinsam. Diese Erscheinung ist offenbar durch die bei dieser Schaltung des Transformators besonders große Induktivität auf der Wechselspannungseite begründet. Die Gleichspannung wird dadurch wesentlich niedriger als der Scheitelwert einer Phasenspannung. Im übrigen ist die Erscheinung jedoch wegen der geringeren Beanspruchung der Lichtbogenkammern vorteilhaft. Der Strom *3* zeigt stärkere Oberwellen als Strom *4*. Das ergibt sich durch die zu den Transformatorphasen parallel geschalteten Kapazitäten.

Abb. 98 zeigt die Graetz-Schaltung[1] für Drehstrom und die dabei auftretenden Kurvenformen. In dieser Schaltung ist der Nullpunkt auf der Oberspannungseite des Transformators nicht mehr mit dem Nullpunkt der Belastung verbunden. Durch die auf der Gleichstromseite vorhandene Kapazität wird deshalb dort die Spannungschwankung trotz der dreiphasigen Anordnung auf den gleichen Betrag reduziert, den die Schwankung im Sechsphasenbetrieb bei geerdetem Transformatornullpunkt haben würde.

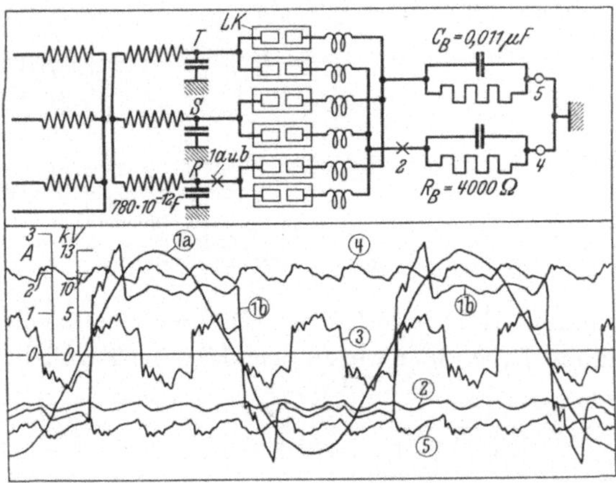

Abb. 98. Schaltbild und Oszillogramm einer Graetz-Schaltung für Drehstrom. Zündzeitpunkt: 40°.

(Bei Erdung der Mitte einer Wirkwiderstandsbelastung wird dasselbe erreicht.) Dementsprechend muß der Oberspannungsnullpunkt des Transformators eine Wechselspannung gegen Erde von dreifacher Frequenz annehmen. Den zeitlichen Verlauf dieser Spannung zeigt die Kurve *3* in Abb. 98, die an sich nach einer Dreieckskurve verlaufen müßte. Daß dies in dem gezeigten Oszillogramm nicht der Fall ist, ist hauptsächlich auf die Parallelkapazitäten zu den Transformatorwicklungen und auf die einige Zeit in Anspruch nehmende Phasenablösung zurückzuführen. Diese Schaltung hat für den praktischen Betrieb große Vorzüge. Es sind bei sechsphasiger Welligkeit und Ausnutzung beider Halbwellen der Transformatorspannungen insgesamt nur sechs Lichtbogenkammern nötig. Diese Schaltung, die sowohl für die Gleichrichtung von Drehstrom wie als Wechselrichterschaltung benutzbar ist, kommt in der Praxis vor allem für Stromrichter an den beiden Enden einer Gleichstromleitung

---

[1] Siehe Güntherschulze, Lit. 25 S. 116.

in Frage, die zwei vorhandene Drehstromanlagen zum Energieaustausch verbinden soll.

Bei der Graetz-Schaltung müssen immer mindestens zwei Lichtbogenkammern gleichzeitig arbeiten. Wie das Oszillogramm zeigt, ergeben sich dadurch keine Schwierigkeiten. Auch die Phasenablösung, die grundsätzlich ebenso wie nach Abb. 93 erfolgt, geht einwandfrei vor sich. Aus theoretischen Überlegungen folgt, daß das Einschalten des Betriebes bei dieser Graetz-Schaltung schwierig sein müßte. Der Versuch zeigt jedoch, daß das praktisch nicht der Fall ist. Die gesamte Stromrichtereinrichtung läßt sich stets allein durch Einlegen des Schalters A in der Unterspannungszuleitung zum Transformator T_Z (Abb. 92) in Betrieb nehmen. Auch sehr häufiges Ein- und Ausschalten der Gesamtanlage mit diesem Schalter A ging stets einwandfrei vor sich.

Schließlich ist in Abb. 99 noch eine wichtige Erscheinung zu sehen, nämlich der große Einfluß, den eine Verbindung des Unterspannungsnullpunktes

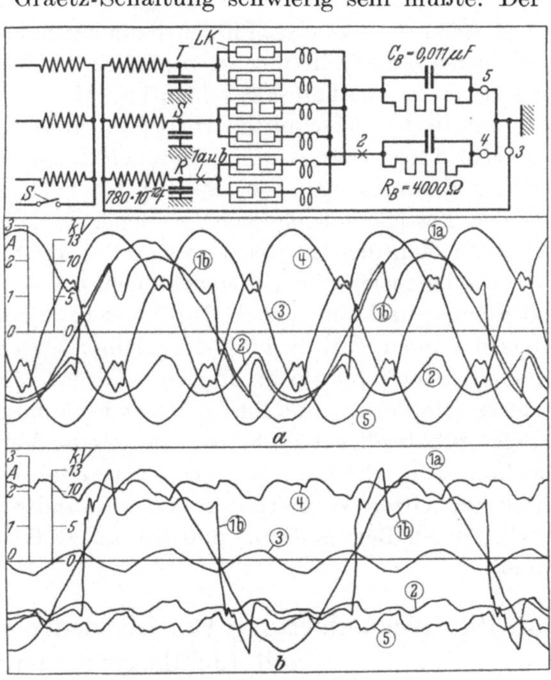

Abb. 99. Schaltbild und Oszillogramm einer Drehstromgleichrichtung mit Ausnutzung beider Halbwellen. Zündzeitpunkt: 40°. a) Schalter S geschlossen. b) Schalter S offen.

des Gleichrichter-Transformators mit dem Nullpunkt des ihn speisenden Transformators auf die Gleichspannungskurve besitzt. Bei Bestehen dieser Nullpunktsverbindung ergibt sich unter Ausnutzung beider Halbwellen des Drehstromsystems ein Strom- und Spannungsverlauf, dessen Schwankungen etwa 50 % der Höchstwerte betragen (s. Abb. 99a). Läßt man jedoch die Nullpunktsverbindung auf der Unterspannungseite weg, dann wirken die Unterspannungswicklungen wie die Kathodendrossel eines Quecksilberdampf-Gleichrichters und glätten die Schwankungen des Gleichstroms (s. Abb. 99b). Die weit günstigeren Kurvenformen sind also ohne Verbindung des primären Nullpunktes mit der Energiequelle zu erzielen.

Die in diesem Abschnitt beschriebenen Untersuchungen können also dahin zusammengefaßt werden, daß auch die Mehrphasen-Gleichrichtung mit Lichtbogenkammern in einwandfreier Weise möglich ist und daß deren Verwendung gegenüber Quecksilberdampf-Gleichrichtern durch die freie Wahl der Stromrichtung sowie durch die Unabhängigkeit der Kathoden voneinander erhebliche Vorteile besitzt. Wichtig ist dabei, daß die Energie der Zündung recht groß ist, damit die „Zündspitze" klein bleibt. Die Zündung in jeder Phase kann dann kurz nach dem Schnittpunkt der Phasenspannungen (s. Abb. 93) erfolgen. Eine möglichst frühe Zündung ist bezüglich der Kurvenformen günstig. Die sonstigen Eigenschaften der Lichtbogenkammer, die in der Hauptsache bereits in den Abschnitten 26 bis 29 im Hinblick auf den Einphasenbetrieb besprochen wurden, nämlich kleine Lichtbogenspannung, geringer Minimalstrom, hohe Sperrspannung, rasch wiederkehrende elektrische Festigkeit nach dem Verlöschen der Lichtbögen usw. sind auch für den Mehrphasenbetrieb von großer Wichtigkeit.

Die beschriebenen Untersuchungen wurden unter recht schwierigen Bedingungen durchgeführt. Infolge der ungünstigen Bauart der Lichtbogenkammer (vgl. S. 140), der kleinen Durchgangsleistung sowie der hohen Streuinduktivität der Transformatoren war eine große Zündspitze erforderlich und die Lichtbogenspannung prozentual recht groß. Beim praktischen Großbetrieb liegen die Verhältnisse in diesen Hinsichten sehr viel günstiger. Die Tatsache, daß sich schon bei diesen unvorteilhaften Verhältnissen ein einwandfreier Betrieb ermöglichen ließ, ist ein Beweis dafür, daß das im großen erst recht möglich sein muß.

31. Die Rückumformung von Gleichstrom in Mehrphasenstrom mit Lichtbogenkammern.

Die grundsätzliche Möglichkeit der Umformung von Gleichstrom in Ein- oder Mehrphasenstrom durch gesteuerte Ventile, zu denen das in den vorhergehenden Kapiteln beschriebene Lichtbogenventil gehört, ist aus zahlreichen Arbeiten bekannt[1]. Die Lichtbogenkammern arbeiten grundsätzlich ebenso wie die in diesen Arbeiten behandelten Ventile mit ruhenden Elektroden: Der Stromdurchgang wird zu einstellbarer Zeit periodisch freigegeben und der Strom fließt so lange, bis sein Augenblickswert gleich Null wird. Von diesem Zeitpunkt des Strom-

---

[1] Vgl. Calverley u. Highfield, Lit. 6. D. C. Prince, Lit. 71, 72. A. W. Hull, Lit. 32 S. 398. R. Mitsuda, Lit. 57 S. 10. Hartmann, Lit. 29 S. 124. K. Sachs, Lit. 86. M. Schenkel u. J. v. Issendorff, Lit. 87 S. 142. M. Schenkel, Lit. 88. Niethammer, Lit. 63. M. Stöhr, Lit. 109. R. Feinberg, Lit. 16. W. Wechmann, Lit. 127. R. Tröger, Lit. 121. O. Löbl, Lit. 41. M. Schenkel, Lit. 89.

nulldurchganges an muß das Ventil möglichst sofort wieder eine hohe Sperrspannung aushalten können. — Neben den in den vorhergehenden Kapiteln bereits besprochenen Vorzügen, daß die Lichtbogenkammer die Umformung beliebig hoher Spannungen und Ströme gestattet, besitzt diese gegenüber allen anderen Ventilen noch den Vorteil, daß die Stromrichtung in der Kammer ohne Schwierigkeiten umgekehrt werden kann. Bei einer Großkraftübertragung durch Gleichstrom, bei der an jedem Leitungsende der Transformator über Lichtbogen-Stromrichter mit der Gleichstrom-Fernleitung verbunden ist, ist demnach eine Umkehr der Energierichtung ohne weiteres möglich. Bei dem Wechsel der Energierichtung auf einer Fernleitung bleibt die Polarität der Gleichspannung auf jeder Leitung erhalten. Wenn also die Elektroden der Lichtbogenkammer verschiedene Gestalt

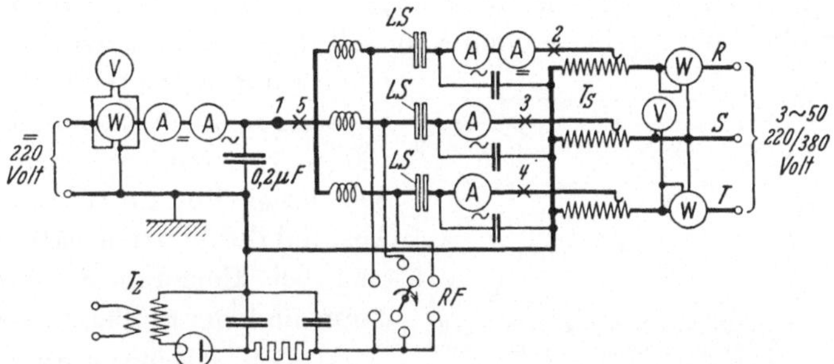

Abb. 100. Schaltbild zur Rückumformung von Gleichstrom in Drehstrom.

erhalten, so sind stets die schwach gekrümmten Elektroden an die positive Gleichstromleitung, die stark gekrümmten an die negative Gleichstromleitung anzuschließen. Die in der Sperrzeit auftretende Beanspruchung besitzt dann stets die Polarität, bei der die höhere Durchschlagspannung erreicht wird.

Für die Kraftübertragung, die wir hier in erster Linie im Auge haben, kommen in der Hauptsache Stromrichter für die Umformung von Gleichstrom in Drehstrom in Frage. Eine solche Wechselrichterschaltung wurde ebenfalls mit Lichtbogeneinrichtungen betrieben. Zunächst wurden die Versuche in der Hauptsache mit Niederspannung durchgeführt, da sich bereits hierbei der gewünschte Überblick ergab. Nachteilig ist hierbei nur, daß die Lichtbogenspannung im Verhältnis zur Betriebsspannung recht groß ist, so daß die Spannungsabfälle erheblich und der Wirkungsgrad schlecht werden. Von den zahlreichen ausgeführten Versuchen sei nur einer angeführt, der nach der Schaltung Abb. 100 vorgenommen wurde[1]. Der grundsätz-

----

[1] Die Durchführung dieser Versuche erfolgte durch Herrn Gerd Hoppe, Lit. 31.

liche Aufbau dieser Schaltung ähnelt dem der Abb. 92. Die Schaltung nach Abb. 100 gestattet, aus dem (einpolig geerdeten) 220-V-Gleichstromnetz Energie in das Drehstromnetz 380/220 V zu liefern. Die Stromstärke, Spannung und Leistung können auf der Gleichstrom- und auf der Wechselstromseite gemessen, die Kurvenformen von Spannungen und Strömen mit dem Oszillographen aufgenommen werden. Die Höhe der übertragenen Leistung läßt sich erstens durch die Zündzeitpunkte verändern und zweitens durch die Höhe der Wechselspannung, die sich durch den Spartransformator T_S einstellen läßt. An Stelle der Lichtbogenkammern waren hier einfach je zwei Eisenplatten von 20 cm Durchmesser und 1,5 cm Dicke einander gegenübergestellt, zwischen denen der Lichtbogen durch Spannungstöße periodisch eingeleitet wurde. Eine besondere Lichtbogenlöschung ist nicht nötig, da bei diesen niedrigen Spannungen der Strom nach dem Nullwerden nicht wieder von selbst eingeleitet wird. Es war bereits mit dieser einfachen Einrichtung möglich, Ströme bis etwa 100 A_{max} längere Zeit ohne Schwierigkeiten umzuformen. Der Abstand der Plattenelektroden betrug bei kleineren Stromstärken 3 mm und bei größeren 6 mm.

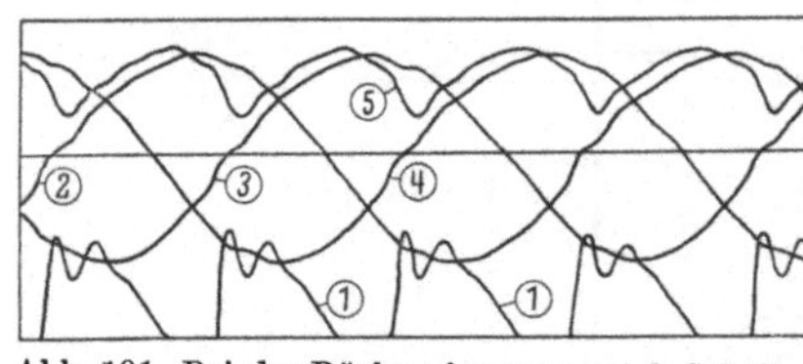

Abb. 101. Bei der Rückumformung nach Schaltbild Abb. 100 aufgenommene Strom- und Spannungskurven.

Als Beispiel einer Aufnahme mit dieser Schaltung seien die folgenden Werte angeführt: Elektrodenabstand 6 mm, Gleichspannung 222 V (arithmetischer Mittelwert), Wechselspannung zwischen zwei Leitern (hinter der Lichtbogenstrecke auf der Wechselspannungseite gemessen) 220 V_{eff}, Zündzeitpunkt -10^0, d. h. 10^0 vor dem Nulldurchgang der betreffenden Spannungskurve, Gleichstrom arithmetischer Mittelwert 24 A, Effektivwert 26 A, Wechselstrom arithmetischer Mittelwert 8,6 A, Effektivwert 19,5 A (in allen Phasen gleich), aus dem Gleichstromnetz entnommene Leistung 4,4 kW, vom Wechselstromnetz aufgenommene Leistung 2,7 kW (der Wirkungsgrad ist, wie bereits angegeben, deshalb so niedrig, weil hier die Lichtbogenspannung im Verhältnis zur Betriebspannung sehr hoch ist. Bei praktischen Verhältnissen liegt natürlich der Wirkungsgrad bei der Wechselrichtung ebenso hoch wie bei der Gleichrichtung, d. h. bei 98 bis 99%). Die zur Zündung benötigte Leistung betrug etwa 40 Watt. Die zu diesen Werten gehörigen Strom- und Spannungskurven zeigt Abb. 101. Die Gleichspannung schwankt verhältnismäßig stark. Im Zündaugenblick, der durch einen Anstieg in der betreffenden Wechselspannungskurve zu erkennen ist, sinkt die Gleichspannung etwa auf die Hälfte des arithmetischen Mittelwertes ab, um dann in fast gleichbleibendem Abstand zur Wechsel-

spannungskurve (der der Lichtbogenspannung entspricht) wieder anzusteigen. Die Gleichspannung schwingt dann über ihren Mittelwert
ziemlich weit hinaus. Der Lichtbogen erlischt, wenn der Spannungsunterschied zwischen Gleichspannung und Wechselspannung zu klein
wird. Wie das Oszillogramm zeigt, ist das schon vor dem Scheitelwert
der Wechselspannung der Fall. (Die Schwingungen in der Stromkurve
treten wieder infolge der Schutzkondensatoren und der Induktivitäten
auf. Bei Großanlagen würden diese
Schwingungen fast völlig wegfallen.)

Wie bereits gesagt wurde, ist die
übertragene Leistung weitgehend vom
Zündzeitpunkt und von der Höhe der
Wechselspannung abhängig. Abb. 102
zeigt die Abhängigkeiten nach einer
Aufnahme mit der Schaltung Abb. 100.
Die Veränderung des Zündzeitpunktes
erfolgte in den Grenzen von $+ 15^0$
und $- 20^0$. Bei $+ 15^0$ findet noch
keine Leistungsübertragung aus dem
Gleichstrom- in das Wechselstromnetz
statt, da der Spannungsunterschied
im Zündmoment zwischen Gleich- und
Wechselspannungskurven kleiner ist,
als die zum Zustandekommen des
Lichtbogens nötige „Zündspitze". Bei
einer Zündung vor $- 20^0$ nahm die ins
Drehstromnetz übertragene Leistung
wieder ab. Die Veränderung der
Spannungshöhe auf der Wechselspannungseite besitzt einen geringen Einfluß auf die Höhe der Leistung.
Auch das liegt an der im Verhältnis

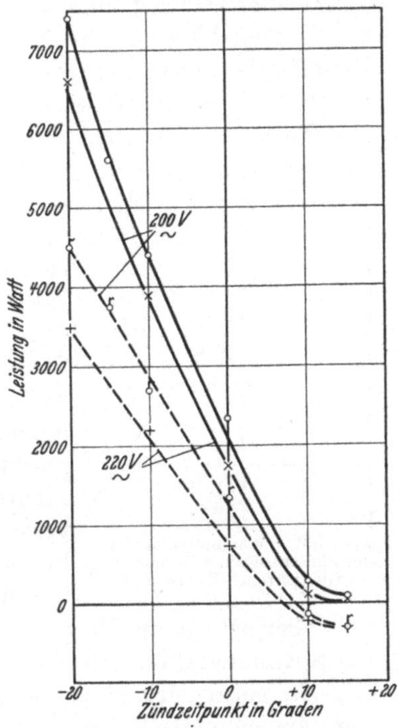

Abb. 102. Die bei der Rückumformung aus
dem Gleichstromnetz entnommene (ausgezogene Kurven) und an das Drehstromnetz abgegebene Leistung (gestrichelte
Kurven) in Abhängigkeit vom Zündzeitpunkt.

zur Betriebspannung außergewöhnlich hohen Lichtbogenspannung.

Die Versuche sind zunächst mit drei Funkenstrecken durchgeführt
worden. Mit sechs Funkenstrecken läßt sich ohne weiteres während
beider Spannungshalbwellen jeder Phase Leistung ins Drehstromnetz
übertragen. Es können natürlich zur Rückformung alle Schaltungen
benutzt werden, die bei der Gleichrichtung anwendbar sind (z. B. die
Schaltungen nach Abb. 95 bis 99).

Auch bei der Rückumformung wird man im praktischen Betrieb
meist den Wunsch haben, den Lichtbogen in einer Phase so lange bestehen zu lassen, bis der Lichtbogen in der nächsten Phase gezündet ist

(Phasenablösung). Dann werden die Kurvenformen im Gleichstrom- und Wechselstromnetz am günstigsten und die Transformatoren werden am besten ausgenutzt. Auch bei der Rückumformung ist die Phasenablösung ohne weiteres möglich. Die Zündung muß dann zu einem Zeitpunkt erfolgen, der v o r der Spannungsgleichheit der beiden in Frage kommenden Phasen liegt. Abb. 103 zeigt schematisch den Spannungsverlauf der Gleichspannung $u_=$ und der Phasenspannungen u_R, u_S bei der Phasenablösung. Der Spannungsunterschied zwischen $u_=$ und der betreffenden Phasenspannung ist durch die Lichtbogenspannung gegeben. Es kann bei Wirklast nur Strom aus dem Gleichspannungsnetz in das Wechselspannungsnetz fließen, wenn $u_=$ höher ist als die betreffende Phasenspannung. Wird im Zeitpunkt t_{ZS} die Phase S gezündet, dann wird $u_=$ auf einen Wert heruntergehen müssen, der niedriger ist als u_R. Während der Zeit, in der $u_=$ niedriger ist als u_R, muß sich die Strom-

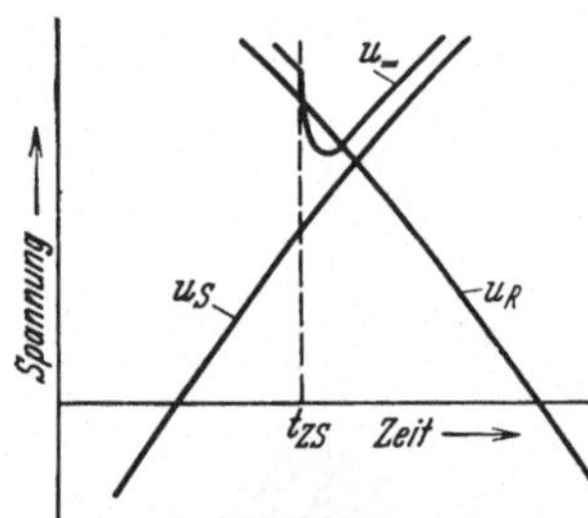

richtung in der Phase R umkehren und die Löschung dieses Lichtbogens erfolgen. Wenn die Zeit hierzu infolge der Induktivität im Stromkreise nicht hinreicht, kann das durch weitere Vorschiebung des Zündzeitpunktes immer erreicht werden. Wenn der Zündzeitpunkt zu spät gewählt wird, dann kann der Lichtbogen in der abzulösenden Phase nicht verlöschen. Es tritt dann im allgemeinen ein kurzschlußartiger Vorgang ein. Eine zu späte Zündung muß deshalb bei der Rückumformung

Abb. 103. Spannungsverlauf bei der Phasenablösung (Umformung Gleichstrom—Drehstrom).

von Gleichstrom in Drehstrom vermieden werden. In Abb. 103 sind die Spannungsabfälle in den Phasen R und S der Deutlichkeit halber als sehr gering gegenüber dem Spannungsabfall auf der Gleichstromseite angenommen worden. Wie man sieht, ist eine große Spannungsabsenkung auf der Gleichstromseite für die Phasenablösung günstig. Gegebenenfalls wird man in die Gleichstromzuleitung eine Drosselspule einbauen, um den Spannungsabfall während der Phasenablösung künstlich zu vergrößern. Das Bild ist für Drehstrom mit geerdetem Nullpunkt des Drehstrom-Transformators gezeichnet, bei dem die Spannungschwankungen des Gleichstromnetzes etwas mehr als 50% betragen müßten. Diese Schaltung wird man im Großbetrieb nicht benutzen, sondern z. B. eine Schaltung nach Abb. 98 (Graetz-Schaltung), bei der die Spannungschwankungen ganz erheblich geringer werden.

32. Praktische Anwendungen der Lichtbogen-Stromrichter.

Durch die Lichtbogenventile werden Stromrichter bei großen Leistungen und bei allen Spannungshöhen ausführbar; bisher konnte man bei großen Leistungen nur Spannungen bis etwa 20000 V in einem

Gerät umformen. Der Gesamtwirkungsgrad eines Lichtbogen-Stromrichters beträgt zur Zeit 98 bis 99%; die Verluste lassen sich unzweifelhaft noch verringern. Lichtbogen-Stromrichter sind ferner sehr einfach und widerstandsfähig. Es läßt sich bei diesem Stand der Entwicklung daher annehmen, daß die Lichtbogen-Stromrichter mit der Zeit sehr viele Anwendungen finden werden. Eines der größten und interessantesten Anwendungsgebiete für diese Stromrichter ist die Gleichstromkraftübertragung. Außerdem kommen sie dort in Frage, wo Spannungsregulierung, Leistungsregulierung, Frequenzumformung oder Blindstromkompensation bei sehr hoher Spannung vorgenommen werden sollen. Inwieweit die Lichtbogen-Ventile wegen ihrer Einfachheit, Widerstandsfähigkeit und wegen ihres geringen Gewichtes bei niedrigeren Spannungen die Quecksilberdampf-Gefäße ersetzen werden, muß die Zukunft zeigen.

An dieser Stelle soll nur das Gebiet der Gleichstrom-Großkraftübertragung unter Verwendung von Lichtbogen-Stromrichtern kurz behandelt werden. Es erscheint hierbei am zweckmäßigsten, die Drehstrom-Verteilungsnetze unverändert bestehen zu lassen und nur die großen Übertragungsleitungen mit Gleichstrom zu betreiben. Am Anfang und am Ende einer jeden Gleichstromleitung würden dann Stromrichter zur Aufstellung kommen, die den Drehstrom in Gleichstrom bzw. den Gleichstrom in Drehstrom umformen.

Über die Vorteile des Gleichstromes vor dem Drehstrom bei der Großkraftübertragung elektrischer Energie ist bereits eine große Reihe von Arbeiten erschienen[1]. Die Tatsache, daß diese Frage so oft und eingehend behandelt wurde, ohne daß bisher ein technisch und wirtschaftlich günstiger Weg zur Erzeugung und Wechselrichtung von sehr hohen Gleichspannungen vorhanden war, zeigt die Wichtigkeit, die diesem Problem·zugesprochen wird. Alle Autoren sind sich darüber einig, daß die Übertragung von sehr großen Leistungen über weite Entfernungen viel günstiger mit Gleichstrom als mit Drehstrom ausgeführt werden kann. Dagegen sind die Meinungen darüber sehr verschieden, bis zu welchen Leistungen und Entfernungen herab der Gleichstrom zu bevorzugen ist. Bevor auf diese Frage eingegangen wird, sei eine Zusammenstellung der wichtigsten Unterschiede zwischen der Gleichstrom- und der Drehstrom-Großkraftübertragung gegeben.

1. Bei Gleichstromübertragung fallen der induktive Spannungsabfall und die kapazitive Spannungserhöhung auf der Fern-

---

[1] Beschreibung einer Gleichstrom-Hochspannungsübertragung siehe Elektrotechn. Z. 1906 S. 1091, Gleichstrom-Hochspannungsübertragung Montiers-Lyon. Ossana, Lit. 67. Scherbius, Lit. 90. Glaser, Lit. 17. Dahl, Lit. 7. Thury, Lit. 114. Glaser, Lit. 18. Gosebruch, Lit. 19. Niethammer, Lit. 63. Piloty, Lit. 70, S. 284. E. Schjölberg-Henriksen, Lit. 92. Gosebruch, Lit. 20.

leitung weg. Prozentualer Spannungsabfall und Leistungsverlust sind umgekehrt proportional dem Leitungsquerschnitt und lassen sich sehr gering halten, wenn der Leitungsquerschnitt entsprechend vergrößert wird. (Eine Vergrößerung des Querschnittes bei Drehstrom über ein gewisses Maß hinaus ist dagegen wegen des vom Leitungsquerschnitt nur sehr wenig abhängigen induktiven Spannungsabfalles zwecklos.) Die bei langen Drehstromfreileitungen und Drehstromkabeln notwendig werdenden Kompensationseinrichtungen für die Blindleistung der Leitung fallen bei Gleichstrom fort[1].

2. Bei Gleichstrom werden die Isolationslängen viel kleiner, da eine starre Erdung des Nullpunktes ohne Schwierigkeiten möglich ist. Der Erdschluß eines Leiters wird zwar dann zum Kurzschluß, der Kurzschlußstrom stört jedoch benachbarte Leitungen nicht, da es sich um Gleichstrom handelt[2]. Die Abschaltung eines Kurzschlusses kann sehr rasch dadurch vorgenommen werden, daß die Hilfszündung der Lichtbögen in den Lichtbogenventilen selbsttätig abgeschaltet wird. Eine Drehstromleitung, die für eine normale Betriebspannung U kV$_\text{eff}$ isoliert ist, kann bei Erdung des Nullpunktes mit einer Gleichspannung von $2 \cdot U \cdot \sqrt{2}$ kV zwischen den Leitern betrieben werden. Dadurch kann, wie später an einem Beispiel gezeigt wird, mit der gleichen Leitung bei Gleichstrom ein Vielfaches der bei Drehstrom in Frage kommenden Leistung übertragen werden.

Die Überschlagspannung und Durchschlagspannung von Stützern, Stützenisolatoren und Kettenisolatoren liegt bei Gleichspannung nicht viel höher als bei Wechselspannung, wenn man die Spannungscheitelwerte dem Vergleich zugrunde legt. Dagegen liegt die Überschlagspannung von Durchführungen bei Gleichspannung ganz erheblich höher als bei Wechselspannung, weil bei Gleichspannung keine Gleitfunken auftreten. Bei Gleichspannung können ferner die Isolationsverhältnisse dadurch erheblich verbessert werden, daß die bei den Überschlag- und Durchschlagspannungen bestehenden großen Polaritätseinflüsse bei der Formgebung der Leiter, Armaturen und Isolatoren berücksichtigt werden (siehe Abschnitt 5 und 9).

Bei Gleichstrom besteht schließlich die Möglichkeit, die Erde als

---

[1] Über Kompensationseinrichtungen bei langen Drehstromleitungen siehe z. B. Rüdenberg, Lit. 85.

[2] Die Gleichstrom-Übertragungsanlagen nach dem System Thury arbeiten ausschließlich mit geerdetem Nullpunkt (siehe z. B. Elektrotechn. Z. 1906 S. 1091 „Gleichstrom-Hochspannungsübertragung Montiers-Lyon" und Thury, Lit. 114, S. 122). Es haben sich dadurch keine Schwierigkeiten ergeben. Auch in den Arbeiten von Glaser, Lit. 17 und Gosebruch, Lit. 19 S. 690 wird die Erdung des Nullpunktes bei der Gleichstromübertragung als ohne weiteres zulässig erklärt.

Rückleiter zu benutzen. Nach den Angaben von Thury[1] ist das ohne Schwierigkeiten möglich. Dadurch werden die Leistungsverluste nur halb so groß und es wird die Hälfte des Leitungsmaterials erspart!

3. Bei Gleichspannung werden die Koronaverluste erheblich geringer als bei Drehstrom. Zunächst kann die Gleichspannung $\sqrt{2}$ mal höher gewählt werden als der Effektivwert der Wechselspannung gegen Erde, weil erst dann die gleiche Feldstärke auf der Leiteroberfläche vorliegt; außerdem sind die Koronaverluste bekanntlich frequenzabhängig[2]. Über die Höhe der Verluste bei Gleichspannung sind bisher nur sehr wenige Messungen durchgeführt worden. Watson[3], der mit einer Influenzmaschine und mit sehr dünnen Leitern arbeitete, fand, daß die Koronaverluste bei Gleichspannung nur etwa 60% derer bei Wechselspannung betragen, wenn man die gleichen Scheitelwerte zugrunde legt. Diese Messungen können allerdings kaum als Grundlage für die Koronaverluste bei praktischen Verhältnissen angesehen werden[4].

Solange keine genaueren Unterlagen bestehen, wird man etwa 400 kV Gleichspannung gegen Erde, also 800 kV zwischen den Polen, als Grenze für eine Übertragungsgleichspannung ansehen müssen. Bei fest geerdetem Nullpunkt müßte eine solche Leitung ebenso isoliert werden wie eine Drehstromleitung für 280 kV verkettete Spannung. Bau und Isolation der Leitung würden also keine Schwierigkeiten machen.

4. Als weiterer wichtiger Vorteil der Gleichspannung ist die Verwendbarkeit von Kabeln, auch bei sehr hohen Spannungen, anzusehen. Diese Tatsache ergibt sich daraus, daß bei Gleichspannung keine dielektrischen Verluste in dem Isoliermaterial auftreten. Dadurch kann dieses Material mit einem Vielfachen der bei Wechselspannung zulässigen Feldstärke beansprucht werden. Nach dem Urteil von Fachleuten werden Kabel für eine Gleichspannung von 300 kV gegen Erde schon nach dem heutigen Stand der Kabeltechnik als ausführbar angesehen[5]. Zwischen positivem und negativem Leiter würde also eine Spannung von 600 kV in Frage kommen, so daß auch für sehr große Entfernungen und Leistungen Kabel benutzt werden können. Die Verwendung von Kabeln bei sehr hohen Gleichspannungen ist besonders

---

[1] Lit. 114 S. 122. In der Schweiz ist z. B. eine Gleichstromkraftübertragung (22 kV, 56 km) mit der Erde als Rückleiter länger als ein Jahr in ununterbrochenem störungsfreiem Betrieb gewesen.

[2] Siehe Peek, Lit. 68. Schwaiger, Lit. 101. Piloty, Lit. 70. Schien, Lit. 90 a.

[3] Watson, Lit. 126 siehe auch Peek, Lit. 68 S. 183.

[4] Es ist zu hoffen, daß bald Messungen über die Gleichstromkorona durchgeführt werden. Prüfanlagen zur Erzielung sehr hoher Gleichspannung können ohne Schwierigkeiten gebaut werden (siehe Abschn. 21). Messungen an ausgeführten Leitungen sind viel einfacher durchzuführen als bei Wechselspannung, weil die hierzu benötigten Gleichspannungsprüfanlagen nur kleine Leistung brauchen, und weil nur Strommessungen auszuführen sind.

[5] E. Schjölber-Henriksen, Lit. 92.

für Meereskreuzungen von Wichtigkeit, weil diese mit sehr hoher Wechselspannung nicht ausführbar sind[1]. Es wird angegeben, daß bei sehr hohen Spannungen Gleichspannungskabel nicht teurer werden als Freileitungen[2]. In diesem Falle würde der Elektrizitätstransport durch Kabel vorteilhafter sein, weil bei ihnen atmosphärische Störungen nicht in Frage kommen und die Wartungskosten geringer werden. In vielen Fällen werden sich ferner bei Kabeln kürzere Leitungslängen ergeben als bei Freileitungen. Die bei Wechselspannung vorhandenen Schwierigkeiten durch hohe Ladeströme bei langen Kabeln fallen bei Gleichspannung weg.

Vorhandene Kabelstrecken, die mit Drehstrom betrieben werden, können dann, wenn mit ihnen eine höhere Leistung übertragen werden soll, auf Gleichspannung umgeschaltet werden. Dadurch wird eine viel höhere Spannung verwendbar, und es kann ein Vielfaches der Drehstromleistung mit diesen Kabeln übertragen werden. Von diesem Verfahren wird man beispielsweise in Großstädten dann Gebrauch machen können, wenn alte Kabelstrecken unbrauchbar geworden sind und die noch brauchbaren Strecken die erforderliche Leistung mit Drehstrom nicht übertragen können.

5. Weiter ist als besonderer Vorteil anzuführen, daß bei Gleichstrom die bei großen Drehstromnetzen bestehenden **Stabilitätsschwierigkeiten** nicht vorhanden sind. Bei Wechselstromnetzen sind alle parallel arbeitenden Synchrongeneratoren an dieselbe Drehzahl gebunden. Dadurch ergibt sich bei Lastschwankungen sowie bei Kurzschlüssen im Netz die Gefahr des Außertrittfallens der verschiedenen Kraftwerke. Bei sehr langen Drehstromleitungen sind zur Erhaltung der Stabilität Phasenschieber-Zwischenstationen nötig. Drehstromnetze, die über eine Gleichstromleitung miteinander verbunden sind, sind dagegen in der Frequenz voneinander frei. Es gibt also kein Außertrittfallen oder Pendeln der Generatoren[3].

---

[1] Meereskreuzungen mit Freileitungen sind zwar projektiert worden, die Ausführung solcher Kreuzungen dürfte jedoch außerordentlich hohe Kosten verursachen, so daß sie praktisch kaum in Frage kommt. Kabel für sehr hohe Wechselspannung müssen bekanntlich als Einleiterkabel ausgeführt werden. Dreileiterkabel würden für die Unterseeverlegung ein zu großes Gewicht erhalten. Einleiterkabel sind jedoch auf dem Meeresgrund auch nicht anwendbar, weil sie nicht in genügend kleinem gegenseitigen Abstand verlegt werden können. Bei großem Abstand werden jedoch in den Bleimänteln, die durch das Seewasser verbunden sind, hohe elektromotorische Kräfte und starke Wirbelströme erzeugt.

[2] Siehe Glaser, Lit. 18.

[3] Das Problem der „elastischen Kupplung" von verschiedenen Wechselstromnetzen spielt auch bei der Speisung von elektrischen Fernbahnen aus Drehstromnetzen eine große Rolle. Siehe z. B. Wechmann, Lit. 127 S. 50. Tröger, Lit. 121. Meyer-Delius, Lit. 56 S. 62. Schenkel, Lit. 89. M. Stöhr, Lit. 109. R. Feinberg, Lit. 16.

Auch eine automatische Regelung der Leistung und Spannung in Kraftwerken ist oft sehr erwünscht. Eine solche Regelung ist bei Gleichstrom sehr viel leichter möglich als bei Drehstrom.

6. Ferner soll die Frage der Blindstromübertragung kurz gestreift werden. Petersen[1] hat eine Kunstschaltung entwickelt, bei der es möglich ist, bei der Umformung von Gleichstrom in Wechselstrom auch Blindleistung zu erzeugen. Dadurch ergibt sich für die Gleichstromübertragung, mit der ja nur Wirklast befördert werden kann, ein weiterer erheblicher Vorteil. Soll beispielsweise ein Abnehmer mit einem $\cos \varphi = 0{,}7$ über eine Drehstromleitung gespeist werden, dann werden die Stromwärmeverluste auf der Leitung doppelt so groß, als wenn nur die entsprechende Wirklast übertragen würde. Speist man diesen Abnehmer über eine Gleichstromleitung, wobei der Hauptteil der Blindlast vom Wechselrichter gedeckt wird, dann werden Phasenschieber bei diesem Abnehmer erspart und in der Gleichstromleitung treten viel geringere Stromwärmeverluste auf als bei Drehstrom. Daß es grundsätzlich möglich ist, mit einem Wechselrichter Blindleistung zu decken, geht aus der Tatsache hervor, daß die Summe der Augenblickswerte der Blindleistung bei einem symmetrischen Drehstromsystem stets gleich Null ist[2].

7. Die Schaltanlagen auf der Gleichstromseite der Stromrichter-Werke können sehr einfach gehalten werden. Auf der Gleichstromseite werden keine Leistungschalter benötigt, da die Stromrichter auch unter Last stets mit der Hilfszündung aus- und eingeschaltet werden können. Auch bei Kurzschlüssen kann, wie bereits gesagt wurde, die Abschaltung der Anlage durch Unterbrechung der Hilfszündung vorgenommen werden. Es werden hierzu nur Schalter für sehr kleine Leistung, die innerhalb kürzester Zeit geschaltet werden können, benötigt. (Bei großen Kurzschlußstromstärken wird unter Umständen gleichzeitig mit der Unterbrechung der Hilfszündung selbsttätig eine Druckerhöhung in den Lichtbogenkammern vorgenommen werden müssen.)

Der Überstromschutz auf der Gleichstromseite läßt sich in vielen Fällen dadurch in einfacher Weise selektiv ausgestalten, daß die Stromrichtung ausgenutzt wird.

Diese zahlreichen Vorzüge der Gleichstrom-Kraftübertragung spielen, wie aus der Aufzählung hervorgeht, vor allem bei hohen Leistungen und großen Entfernungen eine Rolle. Bei kleinen Leistungen wird sich oft die Beschaffung und der Betrieb der Stromrichter an den beiden Enden der Gleichstromleitung nicht lohnen. Die Frage, von welchen Leistungen und Entfernungen an die Gleichstromübertragung günstiger ist als die Drehstromübertragung, ist schwer allgemein zu beantworten,

---

[1] Petersen, Lit. 69.   [2] Siehe Tröger, Lit. 121 S. 57.

weil hierauf viele Faktoren von Einfluß sind[1]. Wir wollen hier lediglich
an einem Beispiel feststellen, welcher Vorteil durch die günstigeren
Isolationsverhältnisse bei Gleichstrom entsteht. Eine Drehstromdoppelleitung von 100 kV verketteter Spannung und von 200 km Länge
mit einem Kupferquerschnitt von 120 mm^2 kann bei cos $\varphi = 1$ etwa
eine Leistung von 60000 kW übertragen. Es tritt dann ein Leistungsverlust von etwa 10 % und zwischen Leerlauf und Vollast eine Spannungsänderung von etwa 13 % auf. Wenn die gleiche Leitung zu einer
Gleichstromübertragung benutzt werden soll, dann kann bei geerdetem
Nullpunkt die Gleichspannung jedes Leiters gegen Erde 140 kV betragen. Es würden dann drei Gleichstromleitungen mit je einem Hin-
und Rückleiter entstehen; die Spannung zwischen je zwei zusammen-
gehörigen Leitern würde 280 kV betragen. Die Leitung kann mit dieser
Gleichspannung bei einem gleichen Leistungsverlust wie oben eine
Leistung von 400000 kW, also das 6,7fache der Leistung bei Drehstrom
übertragen[2]. Auch wenn man die in den Stromrichtern auf beiden Seiten
der Gleichstromleitung entstehenden Verluste berücksichtigt, ergibt
sich bei gleichem Gesamtverlust ein Vielfaches der Übertragungs-
leistung bei Gleichstrom. In entsprechender Weise werden natürlich
auch neu zu errichtende Leitungen bei gegebener Leistung für Gleichstrom viel billiger als für Drehstrom. Bei einer neuen Leitung wird man
im allgemeinen nur vier Leiter an Stelle von sechs verlegen. (In vielen
Fällen genügt eine Gleichstrom-Einfachleitung mit zwei Leitern oder,
bei Benutzung der Erde als Rückleitung, mit einem Leiter.) Bei Um-
schaltung einer bestehenden Drehstromdoppelleitung auf Gleichstrom
kann man zwei Leiter als Reserve betrachten und im Störungsfalle,
unter Umständen durch selbsttätige Umschalter, an Stelle eines kranken
Leiters einen gesunden in Betrieb nehmen. Bei Kabeln wird ein solcher
Vergleich für den Gleichstrom noch günstiger, weil das Verhältnis der
Gleichspannung zur Wechselspannung noch höher gewählt werden
kann als bei Freileitungen.

---

[1] Eine sehr interessante Abhandlung über diese Frage ist von Piloty, Lit. 70
durchgeführt worden. Er entwickelt allgemeine Gesetzmäßigkeiten für die Wirtschaftlichkeit der beiden Übertragungsarten, mit deren Hilfe man einen Überblick
in die Verhältnisse gewinnt. Durch die in dieser Arbeit angegebenen formelmäßigen
Beziehungen ist man in der Lage, auch bei verschiedenen Betriebsbedingungen
und wirtschaftlichen Voraussetzungen einen zahlenmäßigen Vergleich zu erzielen.

[2] Siehe hierzu auch die Abhandlung von Gosebruch, Lit. 20, wo ein ähnlicher Vergleich durchgeführt ist. Gosebruch ermittelt die Kosten für eine
Gleichrichter- und eine Wechselrichteranlage mit je 30 in Reihe geschalteten Queck-
silberdampfgefäßen für eine Gesamtleistung von 100000 kW und eine Spannung
von 300 kV zu 4,4 Millionen RM. Bei der Verwendung von Lichtbogenventilen,
bei denen eine Reihenschaltung nicht erforderlich ist, kommt nur ein sehr geringer
Bruchteil dieser Kosten in Frage.

Bei diesem Vergleich ist nur von der oben unter 2. angeführten Tatsache Gebrauch gemacht, daß bei Gleichstrom die Isolation günstiger wird. Die weiteren Vorzüge der Gleichspannungsübertragung, die geringeren Spannungsabfälle, die kleineren Koronaverluste, der Wegfall von Kompensationseinrichtungen im Leitungszug und der Wegfall der Stabilitätsschwierigkeiten treten im allgemeinen erst bei höheren Spannungen maßgeblich in Erscheinung. Die großen durch die Isolation gegebenen Vorteile der Gleichspannungsübertragung lassen es aber nicht ausgeschlossen erscheinen, daß in vielen Fällen auch Drehstrom-Mittelspannungsleitungen auf Gleichstrom umgeschaltet werden.

Man sieht aus diesen Ausführungen, daß bei Verwendung von sehr hohen Gleichspannungen, wie sie durch die Lichtbogenstromrichter möglich werden, die bei Drehstrom erforderlichen Kosten für die Übertragung sehr großer elektrischer Leistungen auf einen geringen Bruchteil heruntergehen. Die großen Übertragungsprojekte, wie die Energielieferung von Norwegen nach Deutschland[1] und die Errichtung eines europäischen Großkraftnetzes[2] werden dadurch stark in den Bereich der Möglichkeit gerückt. Auch innerhalb der Länder sind durch weitgehende Ausnutzung der Wasserkräfte und durch stärkere, aber elastische Kupplung der Netze sehr erhebliche Verbesserungen zu erwarten. Die gesamte zentralisierte Großerzeugung von Elektrizität wird bei Erniedrigung der Übertragungskosten einen erheblichen Aufschwung erfahren. So ist zu hoffen, daß eine wesentliche Verbilligung der elektrischen Energie durch die Gleichstromkraftübertragung und dadurch eine größere Steigerung des Elektrizitätsverbrauches eintritt. Erinnert man sich daran, daß der Elektrizitätsverbrauch in Norwegen vor der jetzigen Krise auf den Kopf der Bevölkerung bezogen 14 mal stärker war als in Deutschland, so sieht man, daß bei uns noch eine sehr große Aufnahmefähigkeit für elektrischen Strom besteht. Die rasche weitere Elektrifizierung der Eisenbahnen, die allgemeine Einführung des elektrischen Kochens und der Übergang zur elektrischen Raumheizung sind beispielsweise Aufgaben, die durch die Gleichstromkraftübertragung sehr stark gefördert werden können.

---

[1] Siehe z. B. Gosebruch, Lit. 19.
[2] Oliven, Lit. 65. G. Viel, Lit. 124. R. Lorette, Lit. 42.

Literaturverzeichnis.

— Baker, B. D. s. Lit. 10.

1. Biermanns, J.: Hochleistungsschalter ohne Öl. Elektrotechn. Z. 1929 S. 1073, 1114, 1746.
2. Böhlau, W.: Entwicklung und Arbeitsweise mehrphasiger Schaltungen zur Gleichrichtung hoher Wechselspannungen mit Lichtbogenkammern nach Marx. Forschungsarbeit Braunschweig 1932. Erscheint demnächst.
3. Brasch, A., u. F. Lange: Experimentell-technische Vorbereitungen zur Atomzertrümmerung mittels hoher elektrischer Spannungen. Z. Physik Bd. 70 (1931) S. 10.
4. Buchwald, H.: Der Polaritätsunterschied der Luft-Durchschlagspannungen in unhomogenen, unsymmetrischen elektrischen Feldern unter Berücksichtigung ihrer Verwendungsfähigkeit als Gleichrichter für sehr hohe Spannungen. Dissertation Braunschweig 1930.
5. Burghoff, H.: Über die magnetische Ablenkung eines bei einphasiger Gleichrichtung erzeugten, intermittierenden Gleichstromlichtbogens unter besonderer Berücksichtigung der Geschwindigkeit der Lichtbogenfußpunkte. Forschungsarbeit Braunschweig 1932. Erscheint demnächst.
6. Calverley, J. E., u. W. E. Highfeld: Der Transverter. Electrician Bd. 92 (1924) Nr. 2399 u. 2400, Auszug: Elektrotechn. u. Maschinenb. 1924 S. 523.
7. Dahl, M. F.: Kabel oder Freileitung für Fernübertragungen. Gesamtbericht der Zweiten Weltkraftkonferenz Berlin 1930. Bd. 14 S. 133. Berlin: VDI-Verlag 1930.
8. Delor, K.: Untersuchung der Löschfähigkeit von Lichtbogenkammern. Forschungsarbeit Braunschweig 1932. Erscheint demnächst.
9. Deppe, R.: Einfluß der Elektrodentemperatur auf die Durchschlagspannung bei verschiedenen Spannungsarten. Forschungsarbeit Braunschweig 1932. Erscheint demnächst.
10. Dickinson, R. C., u. B. D. Baker: The Structural Development of the Deion. (Circuit Breaker up to 15000 Volts.) J. Amer. Inst. electr. Engr. 1929 S. 96. Auszug: Elektrotechn. Z. 1929 S. 686.
11. Duncan, L., A. J. Rowland u. R. J. Todd: Der elektrische Lichtbogen unter Druck. Elektrotechn. Z. 1893 S. 602.
12. Elwell, C. F.: Der Poulsen-Lichtbogengenerator. Berlin: Julius Springer 1926.
13. Engel, v., A.: Elektrische Messungen an Gleichstrom-Lichtbogen in Luft. Z. techn. Physik 1929 S. 505.
14. — u. M. Steenbeck: Über die Temperatur in der Gassäule eines Lichtbogens. Wiss. Veröff. Siemens-Konz. Bd. 10 (1931) S. 155.
15. Ernstberg, A.: Untersuchungen von Tesla-Transformatoren, Überschlag und Luftdurchschlag bei gedämpfter Hochfrequenzspannung mit dem Kathodenstrahl-Oszillographen nach Rogowski. Forschungsarbeit Braunschweig 1930. Noch nicht veröffentlicht.
16. Feinberg, R.: Zur Theorie der Drehstrom-Einphasenstrom-Umformung mit Gleich- und Wechselrichtern. Arch. Elektrotechn. Bd. 26 (1932) S. 200.
— Franck, J. s. Lit. 30.

17. Glaser, H.: Einfluß der Stromart auf das Übertragungsproblem. Gesamtbericht der Zweiten Weltkraftkonferenz Berlin 1930. Bd. 14 S. 248. Berlin: VDI-Verlag 1930.

18. — Kraftübertragung mit hochgespanntem Gleichstrom durch Kabel. BBC Nachr. 1931 S. 169.

18a. Göschel, H.: Untersuchungen über den Wärmedurchschlag von Hartpapier unter Verwendung einer randwirkungsfreien Prüfanordnung nach Marx. Dissertation Braunschweig 1930.

19. Gosebruch, W.: Kraftübertragung auf große Entfernungen bei verschiedenen Stromarten. Elektrotechn. Z. 1931 S. 689.

20. — Die Aussichten der Gleichstromkraftübertragung. Elektrotechn. Z. 1932 S. 453.

21. Greinacher, H.: Über einen Gleichrichter zur Erzeugung konstanter Gleichspannung. Ber. dtsch. phys. Ges. 1914 S. 320.

21a. Großmann, K.: Untersuchungen über den Durchschlag in Luft und Flüssigkeiten bei Wechselspannung stark verschiedener Frequenz. Dissertation Braunschweig 1931.

22. Grotrian, W.: Der Gleichstromlichtbogen großer Bogenlänge. Ann. Physik Bd. 47 (1915) 4. Folge S. 141.

— Guckel, M. s. Lit. 38.

23. Güntherschulze, A.: Über den Spannungsverlust im elektrischen Lichtbogen. Dissertation Hannover 1902. Ann. Physik Bd. 12 (1903) 4. Folge S. 828.

24. — Die Vorgänge an der Kathode des Quecksilbervakuumlichtbogens. Z. Physik Bd. 11 (1922) S. 74.

25. — Elektrische Gleichrichter und Ventile. Berlin: Julius Springer 1929.

26. Hagenbach, A.: Der elektrische Lichtbogen. Handbuch der Radiologie, E. Marx Bd. 4, 2. Teil, 2. Aufl. Leipzig: Akademische Verlagsgesellschaft 1924.

27. — Der elektrische Lichtbogen. Handbuch der Physik, Geiger u. Scheel Bd. 14. Berlin: Julius Springer 1927.

28. Hámos, v., L.: Optische Untersuchung der Funkenzündung in Luft von Atmosphärendruck mittels des Kerreffektes. Ann. Physik Bd. 7 (1930) 5. Folge S. 857.

29. Hartmann, J.: Der Wellenstrahl und seine Anwendung. Electr. Engng. Bd. 126 (1928) S. 345. Auszug: Elektrotechn. u. Maschinenb. 1929 S. 124.

— Highfeld, W. E. s. Lit. 6.

30. Hippel, v., A., u. J. Franck: Der elektrische Durchschlag und Townsends-Theorie. Z. Physik Bd. 57 (1929) S. 696.

— Honda, K. s. Lit. 64.

31. Hoppe, G.: Umformung von Gleichstrom in Drehstrom. Diplomarbeit Braunschweig 1931.

32. Hull, A. W.: Hot-cathode Thyratrons. Gen. electr. Rev. 1929 S. 213, 390.

— Issendorff, v., J. s. Lit. 87.

33. Jamienson, B. G.: Field Tests of the Deion Circuit Breaker. J. Amer. Inst. electr. Engr. 1929 S. 101. Auszug: Elektrotechn. Z. 1929 S. 686.

34. Kampschulte, J.: Luftdurchschlag und Überschlag mit Wechselspannung von 50 und 100000 Hertz. Dissertation Braunschweig 1929. Arch. Elektrotechn. Bd. 24 (1930) S. 525.

35. Kaufmann, W.: Druck in Flüssigkeiten (Druckmessung an Hochleistungsschaltern). Arch. techn. Mess. Bd. 1 Blatt T 7.

36. Kesselring, F.: Das Schalten großer Leistungen. Elektrotechn. Z. 1929 S. 1005, 1309, 1865.

37. Klemperer, H.: Dynamisches Verhalten des Lichtbogens nach Untersuchung mit dem Kathodenstrahloszillographen. Arch. Elektrotechn. Bd. 25 (1931) S. 73.

38. **Kohn, H.**, u. M. **Guckel:** Untersuchungen am Kohlelichtbogen; Dampfdruckbestimmung des Kohlenstoffs. Z. Physik Bd. 27 (1924) S. 305.

39. **Krüger, K.:** Gleichrichtung hoher Wechselspannung. Diplomarbeit Braunschweig 1930.

— **Lange, F.** s. Lit. 3.

40. **Laub, H.:** Stromrichter. (Anwendung gesteuerter Dampfentladungen: Gleichrichter, Wechselrichter, Umrichter.) Eletrotechn. u. Maschinenb. 1932 S. 317, 332.

40a. **Lenz, J.:** Künstliche Zündung von Lichtbögen zwischen feststehenden Elektroden mittels hochfrequenter oder stoßartiger Zündspannungen. Forschungsarbeit Braunschweig 1932. Erscheint demnächst.

41. **Löbl, O.:** Bahnumrichter System Löbl/RWE. Elektr. Bahnen 1932 S. 65.

42. **Lorrette, R.:** Über ein europäisches Großkraftnetz. Interconnexion Bd. 1 S. 5. Auszug: Elektrotechn. Z. 1932 S. 163.

43. **Marx, Erwin:** Versuche und Massenprüfungen mit der Stoßprüfanlage im zentralen elektrotechnischen Versuchsfeld der Hermsdorf-Schomburg-Isolatoren G. m. b. H. in Hermsdorf. Hescho-Mitt. 1924 Heft 10.

44. — Versuche über die Prüfung von Isolatoren mit Spannungstößen. Elektrotechn. Z. 1924 S. 652.

45. — Verfahren zur Schlagprüfung von Isolatoren und anderen elektrischen Vorrichtungen. D. R. P. 455933, 12. 10. 1923.

46. — Überschlagspannung von Isolatoren bei verschiedenem zeitlichen Verlauf der angelegten Spannung. Hescho-Mitt. 1925 Heft 17. Auszug: Elektrotechn. Z. 1925 S. 886.

47. — Untersuchungen über den elektrischen Durchschlag und Überschlag im unhomogenen Felde. Arch. Elektrotechn. Bd. 20 (1928) S. 589.

48. — Die Bestimmung der Durchschlagfestigkeit von festen Stoffen im homogenen Felde. Elektrotechn. Z. 1929 S. 41.

49. — Die neuen elektrotechnischen Institute der Technischen Hochschule Braunschweig. Elektrotechn. Z. 1929 S. 217.

50. — Der elektrische Durchschlag von Luft im unhomogenen Felde. Arch. Elektrotechn. Bd. 24 (1930) S. 61.

51. — Gleichrichtung sehr hoher Wechselspannungen. Elektrotechn. Z. 1930 S. 1089.

52. — Der Durchschlag der Luft im unhomogenen elektrischen Felde bei verschiedenen Spannungsarten. Elektrotechn. Z. 1930 S. 1161.

53. **Mathiesen, W.:** Untersuchungen über den elektrischen Lichtbogen. Leipzig: E. H. Berland 1921.

54. **Mayr, O.:** Über die Dynamik des Wechselstrom-Hochspannungslichtbogens. „Forschung und Technik", i. A. der AEG herausgeg. von W. Petersen. Berlin: Julius Springer 1930.

55. — Hochleistungschalter ohne Öl. Elektrotechn. Z. 1932 S. 75, 121.

56. **Meyer-Delius:** Die Strom- und Spannungsverhältnisse in Anlagen zur Umrichtung von Drehstrom mit 50 Hz in Einphasenstrom mit 16⅔ Hz. Elektr. Bahnen 1932 S. 59.

57. **Mitsuda, R.:** Recent Developments of the Mercury-Inverter and its Applications with Particular Reference to the Construction of a „Rectiverter", namely, a Statical Frequency Changer. Gesamtber. der Zweiten Weltkraftkonferenz. Berlin 1930 Bd. 12 S. 262. Berlin: VDI-Verlag.

58. **Müller, Harald:** Neuere Messungen mit dem Klydonographen. Hescho-Mitt. 1927 Heft 34.

59. — Der Anstoß quasistationärer und nicht stationärer Schwingungskreise durch aperiodisch gedämpfte Kondensatorkreise mit Selbstinduktion bei induktiver Kopplung. Z. techn. Physik 1930 S. 405.

60. Müller-Lübeck, K. E.: Der Quecksilberdampf-Gleichrichter. Bd. 1 (1925); Bd. 2 (1929). Berlin: Julius Springer.

61. Murphy: Electricity-Rectifier. Amerik. Pat. 914499. Patented March, 9, 1909.

62. Nedderhut, P.: Die Bestimmung der einzelnen Elemente in der Gleichrichterschaltung nach Marx. Dissertation Braunschweig 1932.

63. Niethammer, F.: Gleichstrom-Höchstspannungs-Übertragungen. Elektrotechn. u. Maschinenb. 1931 S. 261.

64. Nishi, P., u. K. Honda: A Study of Spark Discharge and Corona in Air.

65. Oliven, O.: Europas Großkraftlinien. Gesamtber. der Zweiten Weltkraftkonferenz Berlin 1930. Bd. 19 S. 30. Berlin: VDI-Verlag. Auszug: Elektrotechn. Z. 1930 S. 986.

66. Ornstein, L. S., u. D. Vermeulen: Intensitätsmessungen im Kupferbogen. Z. Physik Bd. 70 (1931) S. 564.

67. Ossana, J.: Fernübertragungsmöglichkeit großer Energiemengen. Elektrotechn. Z. 1922 S. 1025.

67a. Oyama, M.: Der Polaritätseffekt der elektrischen Überschlagsvorgänge im unhomogenen Feld. Dissertation Braunschweig 1931.

68. Peek jr., F. W.: Dielectric Phenomena in High-Voltage Engineering 3. Aufl. M. Graw-Hill Book Company 1929.

69. Petersen, W.: Diskussion zu dem Vortrag von Dr. M. Schenkel, E. V. Berlin, Februar 1932. Noch nicht erschienen.

70. Piloty, H.: Elektrische Hochleistungsübertragung auf weite Entfernung. „Wirtschaftlichkeit der Drehstrom- und Gleichstrom-Übertragung", Rüdenberg, R. Berlin: Julius Springer 1932.

71. Prince, D. C.: The Inverter. Gen. Electr. Rev. 1925 S. 676.

72. — The Direct-current Transformer Utilizing Thyratron Tubes. Gen. Electr. Rev. 1928 S. 347.

73. Przibram, K.: Die elektrischen Figuren. Hand. d. Phys., Geiger und Scheel Bd. 14 S. 391. Berlin: Julius Springer 1927.

74. Ramberg, W.: Über den Mechanismus des elektrischen Lichtbogens. Ann. Physik Bd. 12 (1932) 5. Folge S. 319.

75. Reher, C.: Durchschlag und Überschlag in Luft bei Drucken von 1 bis 30 at. Arch. Elektrotechn. Bd. 25 (1931) S. 277.

76. Reukema, L. E.: The Relation Between Frequency and Spark-Over. J. Amer. Inst. Electr. Engr. 1927 S. 1314.

77. Rittmeyer, K.: Weiterentwicklung des Druckgasschalters. Hochspannungsforschung und Hochspannungspraxis von J. Biermanns und O. Mayr. Berlin: Julius Springer 1931.

78. Rogowski, W.: Townsends Theorie und der Durchschlag der Luft bei Stoßspannung. Arch. Elektrotechn. Bd. 16 (1926) S. 496.

79. — Der elektrische Durchschlag von Gasen, festen und flüssigen Isolatoren. Arch. Elektrotechn. Bd. 23 (1930) S. 569.

80. — Durchschlag von Gasen und Raumladung. Arch. Elektrotechn. Bd. 24 (1930) S. 679.

81. — Townsends Theorie, Gasentladung und Durchschlag. Arch. Elektrotechn. Bd. 25 (1931) S. 551.

82. — Die Zündung beim Durchschlag einer Funkenstrecke. Elektrotechn. u. Maschinenb. 1932 S. 7.

83. Roser, H.: Dünne Schirme im raumladungsbeschwerten Entladungsfeld zum Zwecke der Erhöhung der Durchschlagspannung und Begrenzung der Trägerströme in Luft. Dissertation Braunschweig 1930 und Elektrotechn. Z. 1932 S. 411.

84. Roth, A.: Hochspannungstechnik. Berlin: Julius Springer 1927.
— Rowland, A. J. s. Lit. 11.
85. Rüdenberg, R.: Elektrische Hochleistungsübertragung auf weite Ent-
    fernung. Berlin: Julius Springer 1932.
86. Sachs, K.: Neuerungen an Quecksilberdampf-Gleichrichtern. BBC Mitt.
    1931 S. 20. Auszug: Elektrotechn. u. Maschinenb. 1931 S. 194.
87. Schenkel, M., u. J. v. Issendorff: Neue Anwendungen der Großgleich-
    richter für Spannungs- und Leistungsregelung, Energierückgabe, Hoch-
    spannungsübertragung und Frequenzumformung. Siemens-Z. 1931 S. 142.
88. — Anwendung gesteuerter Großgleichrichter und Umrichter. Vortrag E. V.
    Berlin Februar 1932. Noch nicht veröffentlicht.
89. — Eine unmittelbare asynchrome Umrichtung für niederfrequente Bahn-
    netze. Elektr. Bahnen 1932 S. 69.
90. Scherbius, A.: Gesichtspunkte für den Vergleich von Energieübertragungen
    mit Hochspannungsgleichstrom und Wechselstrom. Elektrotechn. Z. 1923
    S. 657.
90a. Schien, R.: Leiterseile für Fernleitungen mit höchsten Spannungen. Disser-
    tation Braunschweig 1927.
91. Schilling, W.: Die Umbildung der Wellenform durch Kapazitäten und
    Induktivitäten bei durch Funken ausgelösten Wanderwellen. Arch. Elektro-
    techn. Bd. 25 (1931) S. 97.
92. Schjölberg-Henriksen, E.: Übertragung und Ausfuhr von Energie mit
    Gleichstrom-Höchstspannung. Elektrotechn. u. Maschinenb. 1932 S. 65.
93. Schmidt, O. H.: Bestimmung von Überschlagspannungen und Feststellung
    der Streuung von Überschlagfußpunkten. Studienarbeit Braunschweig 1931.
94. Schneider, W.: Der Spannungsabfall im Metallichtbogen unter besonderer Be-
    rücksichtigung der Verhältnisse in der Lichtbogenkammer bei der Lichtbogen-
    stromrichtung. Forschungsarbeit Braunschweig 1932. Erscheint demnächst.
95. Schrum, G. M., u. H. G. Wiest jr.: Experiments With Short Arcs. J.
    electr. Engng. 1931 S. 827.
96. Schüle, W.: Leitfaden der Technischen Wärmemechanik, 2. Aufl. Berlin:
    Julius Springer 1920.
97. Schumann, W. O.: Elektrische Durchbruchfeldstärke von Gasen. Berlin:
    Julius Springer 1923.
98. — Über Durchschlag und Raumladung. Z. techn. Physik 1930 S. 58.
99. — Über Gasdurchschlag und Raumladung. Z. techn. Physik 1930 S. 131.
100. — Über stationäre Townsendentladung mit Berücksichtigung der Raum-
    ladung. Z. techn. Physik 1930 S. 194.
101. Schwaiger, A.: Elektrische Festigkeitslehre. Berlin: Julius Springer 1925.
102. Seeliger, R.: Entstehung und Eigenschaften des Lichtbogens. Elektrotechn.
    Z. 1926 S. 1153.
103. — Einführung in die Physik der Gasentladungen. Leipzig: Barth 1927.
104. — Allgemeine Eigenschaften der selbständigen Entladungen. Die Bogen-
    entladung. Handb. d. Exp. Phys. von Wien u. Harms Bd. 13, 3. Teil. Leipzig:
    Akad. Verlagsgesellschaft 1929.
105. — u. H. Wulfhekel: Über den Materialverlust der Kathode von Metall-
    bogen. Ann. Physik Bd. 6 (1930) 5. Folge S. 87.
106. Slepian, J. S.: Theory of the Deion Circuit Breaker. J. Amer. Inst. electr.
    Engr. 1929 S. 93. Auszug: Elektrotechn. Z. 1929 S. 686.
107. Staack, H.: Untersuchungen über die Gesetzmäßigkeiten elektrischer
    Gleiterscheinungen auf Isolatoren in Transformatorenöl. Dissertation Braun-
    schweig 1931. Arch. Elektrotechn. Bd. 25 (1931) S. 607.
— Steenbeck, M. s. Lit. 14.

108. Stelling, F.: Feststellung der Lichtbogenbewegungen. Diplomarbeit Braunschweig 1931.

109. Stöhr, M.: Technische Grundlagen der elastischen Kupplung von Wechselstromnetzen mittels gesteuerter Entladungsgefäße. Arch. Elektrotechn. Bd. 26 (1932) S. 143.

110. Stolt, H.: Die Rotation des elektrischen Lichtbogens bei Atmosphärendruck. Ann. Physik Bd. 74 (1924) 4. Folge S. 80.

111. — Über die Existenz des Lichtbogens bei nicht glühender Kathode. Z. Physik 1924 S. 95.

112. — Über die Temperaturverhältnisse der kathodischen Ansatzfläche eines Lichtbogens. Z. Physik Bd. 31 (1925) S. 240.

113. — Über den im radialen Magnetfeld rotierenden Lichtbogen. Dissertation Upsala 1925.

114. Thury, R.: Kraftübertragung auf große Entfernung durch hochgespannten Gleichstrom. Elektrotechn. Z. 1930 S. 114.

— Todd, R. J. s. Lit. 11.

115. Toepler, Max.: Funkenkonstante, Zündfunken und Wanderwelle. Arch. Elektrotechn. Bd. 14 (1925) S. 305.

116. — Neuer Weg zur Bestimmung der Funkenkonstanten, einzelne Spannungstöße mit berechenbarem gesamtem Spannungsverlaufe. Arch. Elektrotechn. Bd. 17 (1926) S. 61.

117. — Zur Bestimmung der Funkenkonstante. Arch. Elektrotechn. Bd. 18 (1927) S. 549.

118. — Zur Benennung elektrischer Entladungsformen in Luft von Atmosphärendruck. Z. techn. Physik 1929 S. 73, 113.

119. Toulon, R.: Convertisseur de courant électrique de grande puissance a étincelle pilote. Rev. gén. Electr. Bd. 25 (1929) S. 477, 518. Auszug: Elektrotechn. Z. 1930 S. 578.

120. Townsend, J. S.: Die Ionisation der Gase. Handb. d. Radiologie E. Marx Bd. 1. Leipzig: Akadem. Verlagsgesellschaft 1920.

121. Tröger, R.: Technische Grundlagen und Anwendungen der Stromrichter. Elektr. Bahnen 1932 S. 51.

122. Übermuth, W.: Thermodynamik des Hochspannungs-Druckgasschalters. Hochspannungsforschung und Hochspannungspraxis von J. Biermanns und O. Mayr. Berlin: Julius Springer 1931.

123. Uhlmann, E.: Der elektrische Durchschlag von Luft zwischen konzentrischen Zylindern. Dissertation Braunschweig 1929. Arch. Elektrotechn. Bd. 23 (1929) S. 323.

— Vermeulen, D. s. Lit. 66.

124. Viel, G.: Résultats d'essais effectués sur des isolateurs suspendus: étude de l'influence de la longueur des attaches. Rev. gén. Electr. 1928 S. 945.

125. — Etude d'un réseau à 400000 volts. Rev. gén. Electr. 1930 S. 729.

126. Watson, E. A.: Losses off Transmission Lines due to Brush Discharge with Special Reference to the Case of Direct Current. J. Amer. Inst. electr. Engr. Bd. 45 (1910) S. 5.

127. Wechmann, W.: Physikalische Grundlagen der Stromrichter. Elektr. Bahnen 1932 S. 46.

— Wiest jr., H. G. s. Lit. 95.

— Wulfhekel, H. s. Lit. 105.

128. Ziegenbein, W.: Periodische Lichtbogenlöschung und Verhinderung der Rückzündung bei der Gleichrichtung hoher einphasiger Wechselspannungen durch unsymmetrische Funkenstrecken. Dissertation Braunschweig 1931.

*** Der Poulsen-Lichtbogengenerator.** Von C. F. Elwell. Ins Deutsche übertragen von Dr. A. Semm und Dr. F. Gerth. Mit 149 Textabbildungen. X, 180 Seiten. 1926. RM 12.—; gebunden RM 13.50

Das Buch behandelt außer den wissenschaftlichen Grundlagen des Lichtbogensenders dessen praktische Ausführungen. Die wichtigsten Poulsensenderstationen werden beschrieben. Hochfrequenzmeßmethoden werden angegeben, die mit dem Poulsensender ausgeführt werden können.

*** Elektrizitätsbewegung in Gasen.** Bearbeitet von G. Angenheister, R. Bär, A. Hagenbach, K. Przibram, H. Stücklen, E. Warburg. Redigiert von W. Westphal. („Handbuch der Physik", Band XIV.) Mit 189 Abbildungen. VII, 444 Seiten. 1927. RM 36.—; gebunden RM 38.10

Inhaltsübersicht:

Die unselbständige Entladung zwischen kalten Elektroden. — Ionisation durch glühende Körper. — Flammenleitfähigkeit. Von Dr. H. Stücklen, Zürich. — Über die stille Entladung in Gasen. Von Professor Dr. E. Warburg, Berlin. — Die Glimmentladung. (Selbständige Elektrizitätsleitung in verdünnten Gasen.) Von Dr. R. Bär, Zürich. — Der elektrische Lichtbogen. Von Professor Dr. A. Hagenbach, Basel. — Funkenentladung. Von Professor Dr. E. Warburg, Berlin. — Die elektrischen Figuren. Von Professor Dr. K. Przibram, Wien. — Atmosphärische Elektrizität. Von Professor Dr. G. Angenheister, Potsdam. — Sachverzeichnis.

*** Elektrische Durchbruchfeldstärke von Gasen.** Theoretische Grundlagen und Anwendung. Von Professor W. O. Schumann, Jena. Mit 80 Textabbildungen. VII, 246 Seiten. 1923.

RM 7.20; gebunden RM 8.40

*** Forschung und Technik.** Im Auftrage der Allgemeinen Elektricitäts-Gesellschaft herausgegeben von Professor Dr.-Ing. Dr. rer. pol. e. h. W. Petersen. Mit 597 Abbildungen im Text. VII, 576 Seiten. 1930.

Gebunden RM 40.—

Enthält u. a.: Über die Dynamik des Wechselstrom-Hochspannungslichtbogens. Von O. Mayr.

*** Lichtbogenüberschläge hoher Leistung an Freileitungsisolatoren ohne Schutzvorrichtungen.** Von Dr.-Ing. K. Draeger. („Mitteilungen der Porzellanfabrik Ph. Rosenthal & Co. A.-G.", Heft 15.) Mit 36 Textabbildungen. 42 Seiten. 1929. RM 2.80

*** Lichtbogenüberschläge hoher Leistung an Freileitungsisolatoren mit Schutzvorrichtungen.** Von Dr.-Ing. K. Draeger. („Mitteilungen der Porzellanfabrik Ph. Rosenthal & Co. A.-G.", Heft 16.) Mit 48 Textabbildungen. 43 Seiten. 1930. RM 2.80

** Auf alle vor dem 1. Juli 1931 erschienenen Bücher wird ein Notnachlaß von 10% gewährt.*